수학의 언어로 세상을 본다면

오구리 히로시 지음
서혜숙 · 고선윤 옮김

수학은
세상을 보는
가장 강력한 도구다

수학의
언어로
세상을
본다면

바다출판사

아버지가 딸에게 전하는 수학

네가 태어났을 때, 나는 네가 행복한 삶을 사는 동시에 이 사회의 발전에 공헌할 수 있는 사람이 되기를 바랐단다. 비록 현대 사회는 다양한 문제를 안고 있지만, 우리들이야말로 인류 역사상 가장 멋진 시대에 살고 있지 않겠니? 부모라면 누구나 제 자식이 이 세상에서 가장 좋은 혜택을 누리면서 살아가기를 바란단다. 그러나 그것만은 아니다. 사회는 인류가 지혜와 노력으로 만들어 놓은 것이란다. 그러기에 나는 너희가 이것을 즐기는 것만이 아니라 더 좋은 것으로 만들어 미래의 세대로 이어나가기를 바란다.

21세기는 불확실성의 시대라고들 한다. 국제 사회의 규칙도 조금씩 변하고 있다. 중국에는 13억 명, 인도에는 12억 명의 인구가 있다. 이 사람들이 고등교육을 받고 지식산업에 종사하게 된다면 세계는 크게 바뀌겠지. 이런 이야기를 하면, 일본이나 미국과 같은 선진국 젊은이들의 미래가 막막해질 것이라고 생각하는 사람도 있지만

나는 그렇게 생각하지 않는다. 개발도상국에 사는 수억 명의 사람들이 좋은 교육을 받을 기회를 가진다면, 현대 사회의 문제를 해결하기 위한 새로운 아이디어도 점차 많아질 것이다. 전 세계의 교육수준이 올라가면 분배해야 할 파이도 커진다. 이것은 21세기에 사는 너에게 도전이기도 하고, 동시에 큰 기회이기도 하다고 생각한다.

이처럼 큰 변화를 맞이한 세상에서 필요로 하는 것은, 자신의 머리로 생각할 수 있는 능력이란다. 구미 교육에는 '리버럴 아트(자유교과 또는 고전인문교과)'라는 전통이 있지. 이것은 고대 그리스나 로마시대에 시작된 것인데 리버럴이란 본래 자유, 이른바 노예가 아니라는 뜻이다. 즉 리버럴 아트는 자신의 의사로 운명을 개척해나가는 일이 허락된 자유인의 교양이라는 말이다. 지도자가 되기 위해서는 상정된 일 이외의 문제에 직면했을 때 자신의 머리로 생각하고 해결할 수 있는 능력을 연마해두어야 한다는 뜻이지.

고대 그리스에서 리버럴 아트는 '논리' '문법' '수사' '음악' '천문' 그리고 '산술'과 '기하' 7가지 교과로 이루어져 있었단다. 앞의 세 가지 교과는 설득력 있는 언어로 말하기 위한 기술이다. 생각이란 말로 표현해서 처음으로 모양을 갖추는 것이므로, 제대로 된 언어로 말하는 것은 스스로 생각할 수 있는 능력을 키우기 위해서 반드시 필요함을 알 수 있지.

이 가운데 '산술'과 '기하'라는 수학 분야가 들어 있는 것이 재미나다. 언어를 다루는 문학이나 외국어는 문과계열의 과목이고, 수학은 이과계열 과목이다. 그런데 나는, 수학 공부는 언어를 배우는 것과 같다고 생각한단다. 수학은 영어나 일본어로는 도저히 표현할 수 없는, 사물에 대한 정확한 표현을 위해서 만든 언어라고 할 수 있지.

그래서 수학을 알면 이제까지 말하지 못했던 것을 말할 수 있게 된단다. 이제까지 보이지 않았던 것이 보이고 이제까지 생각하지 못했던 것을 생각할 수 있게 되는 것이지.

나는 초등학교 때 산수를 그다지 좋아하지 않았단다. 중학생이 된 후에야 수학의 즐거움을 알았다. 스스로 생각하는 즐거움을 알았거든. 수학 문제를 바르게 풀었을 때 답은 하나이고, 그 이외는 없단다. 학교에서 배우지 않은 문제를 자력으로 풀었을 때의 기쁨은 더욱 크지. 그리고 이 답이 옳은가 아닌가도, 선생님께 물어볼 필요 없이 스스로 판단할 수 있단다. 갓난아이가 자신의 발로 걸을 수 있게 되었을 때처럼, 새로운 힘이 생기고 세계가 넓어졌다고 느꼈던 기억이 나는구나. 너도 그 기쁨을 알아주기 바란다.

이 책에서는 21세기에 의미 있는 인생을 보내기 위한 수학을 이야기하려고 한다. 물론 수학을 체계적으로 공부하기 위해서는 학교 교과서를 사용하는 것이 가장 좋겠지. 수학은 언어라고 했는데, 수학을 프랑스어라고 가정해본다면 이 책은 문법을 처음부터 공부하는 교과서는 아니란다. 프랑스 여행을 위한 회화집과 같은 것이라고 생각하면 된다. 파리의 레스토랑에 가서 프랑스어로 음식을 주문한다고 해보자. 나는 네가 조금 더 욕심을 내서 웨이터가 '오늘의 메뉴'를 설명했을 때, 어떤 것인지 대강 이해하고 주문할 것인지 아닌지를 판단할 수 있길 바란다. 때로는 루브르 미술관에 가서 과거의 위대한 작품을 접하는 것으로 영혼을 풍요롭게 만들 수 있길 바란다. 이 책에서도 나는 수학의 실천적 응용과 더불어 고대 바빌로니아나 그리스 시대부터 성장해온 수학의 멋진 모습을 이야기하고 싶다.

나는 수학자가 아니다. 1989년 도쿄 대학에서 물리학으로 박사학위를 받고 5년 후 캘리포니아 주립대학교 버클리 캠퍼스의 교수가 되었을 때도, 또한 2000년에 캘리포니아 공과대학으로 옮겼을 때도 물리학과에 소속되어 있었다. 그런데 2010년 수학과 교수님 한 분이 나에게 수학교수를 겸임하도록 권했다. 나는 "이름을 남길 만한 정리를 증명하지도 못했습니다."라면서 사양했지만, "정리의 증명만이 수학에 공헌하는 방법이 아닙니다. 당신의 연구는 수학에 새로운 문제를 제시했고, 그 발전을 촉진하고 있습니다."라는 말을 듣고 교수직을 받아들이기로 했다. 수학에는 내 이름을 딴 예측이 있고, 그 몇 가지가 수학자에 의해 제대로 증명되기도 했단다. 이런 이유로 나는 정리를 증명하는 수학자는 아니지만 수학을 사용하는 학자로서 인정을 받고 있다. 이 책에서 말하는 것도 사용자의 입장에서 본 수학이란다.

이 책에서 못다한 해설이나 그 밖의 이야깃거리들, 참고문헌 등을 보태고 채우기 위해서 나의 웹페이지를 공개하겠다. 이렇게 하면 수학에 새로운 발전이 있었을 때 웹페이지에 반영할 수 있고 새로운 참고문헌을 추가할 수도 있기 때문이다. 물론 이 책은 웹페이지를 참조하지 않아도 읽을 수 있다. 그러나 더 자세한 것을 알고 싶다면 http://ooguri.caltech.edu/japanese/mathematics 에 들어가보는 것도 좋다. 본문 중에서도 관련된 부분을 인용하도록 하겠다.

이제부터 이야기를 시작해보자.

차례

제1장

불확실한 정보를 가지고
판단한다

O. J. 심슨 재판, 변호측 교수의 주장

살다보면 결정적인 판단을 하거나 단정을 내려야 할 일이 생긴다. 학교에서는 해답이 하나인 문제만 시험에 나온다. 그러나 현실 사회에서는 정답이 없는 경우가 더 많다. 그뿐만 아니라 문제를 풀기 위한 재료가 제대로 갖추어져 있다고도 할 수 없다. 불확실한 정보를 가지고 판단해야 할 때는 어떻게 해야 할까. 또한 새로운 정보를 얻었을 때는 어떤 기준으로 판단을 수정해나가야 할까. 여기서는 이런 방법에 대해서 이야기하겠다.

　네가 아직 태어나기 전의 일이다. 1994년 로스앤젤레스에서 O. J. 심슨 사건이라는 것이 있었다. 유명한 미식축구선수였던 심슨의 전 부인 니콜 브라운이 친구 로널드 골드먼과 함께 자택 앞에서 시체로 발견되었다. 심슨이 유력한 용의자로 지목되었다. 심슨은 은퇴한 후에도 할리우드 영화배우로 그리고 미식축구 해설가로 이름을 날리고 있었기 때문에 큰 화제가 되었다. 심슨을 변호하기 위해서 전미에서 모인 변호단은 '심슨 팀'이라고 불렸고, 한편 검찰 측도 서물급 인원으로 구성되었다. 이것은 '세기의 재판'으로, 재판 진행상황이 텔레비전에 생중계되었다.

검찰 측은 심슨이 오랜 세월에 걸쳐서 브라운에게 폭력을 가한 증거를 제출하고, 가정 내 폭력이 살인으로 이어졌다는 사실을 입증하려고 했다. 그런데 변호단의 한 사람인 하버드 대학교 법과대학원의 앨런 더쇼위츠 교수는, 부인을 폭행하는 남편 중 부인을 실제로 죽이는 자는 2500명 중 한 사람밖에 되지 않는다는 미국연방조사국의 범죄통계를 인용해서 가정 내 폭력의 증거는 무시해야 한다고 주장했다. 검찰 측은 이에 대해서 적절한 반론을 하지 못했다. 심슨이 아내 브라운을 때렸다는 사실만으로 아내의 살인범일 수 있다는 가능성에 대해서 아무런 단서를 제공하지 못했고, 배심원들의 심증을 얻을 수도 없었다. 그러나 더쇼위츠 교수의 주장은 궤변이다. 이 논리를 완벽하게 깰 수 있는 것이 수학의 언어다.

형사재판에서 문제가 되는 것은 유죄의 확률이다. 범죄가 발생하고 있는 현장을 눈앞에서 보지 않는 한 100퍼센트 유죄라고 할 수 없다. 검찰 측에 요구되는 것은 무죄일 확률이 대단히 낮고, 법률용어로는 '합리적인 의심의 여지없이 유죄'라는 사실을 입증하는 일이다. 어느 정도 확률이 낮아야 합리적 의심의 여지가 없다고 할 수 있는가는 주관적 문제이므로 수학만으로는 판단할 수 없다. 이런 판단을 하는 것이 재판관이나 배심원의 역할이다. 그러나 확률을 이용하면 의심의 정도를 숫자로 나타낼 수가 있다. 합리적 의심이 있는가 아닌가가 그 판단의 재료가 된다. 이것이 수학의 역할이다.

확률의 언어를 사용하면, 가정 내 폭력을 일삼는 남편이 부인을 살해할 확률은 2500분의 1이다. 이것은 너무나 작은 수이므로 증거로서는 의미가 없다는 것이 더쇼 위츠 교수의 주장이다. 그러나 판단할 때는 관련된 여러 정보를 고려해야 한다. 실제로 더쇼 위츠 교수가 무시하고 있는 중요한 정보가 있다. 이것은 '니콜 브라운이 이미 죽었다'는 사실이다. 이 정보를 이용하면 확률의 계산은 전혀 달라진다. 이것을 설명하는 것이 이번 이야기의 목적 중 하나다.

우선 주사위를 던져본다

확률이란 어떤 사건이 어느 정도 확실한가를 숫자로 나타내는 방법이다. 이를테면 주사위를 던졌을 때 1의 눈이 나올 확률을 생각을 보자. 주사위에는 1에서 6까지 6개의 눈이 있다. 만약 어떤 숫자의 눈이 같은 정도로 나온다면 평균 6번에 한 번은 1의 눈이 나올 것이다. 이것을 '1의 눈이 나오는 확률은 $\frac{1}{6}$'이라고 표현한다.

그런데 주사위에는 제각각 어떤 성질이나 버릇이 있어서 1의 눈이 특별히 잘 나오는 것도 있다. 이 경우 $\frac{1}{6}$은 확률의 기준으로 옳지 않다. 어떤 버릇이 있는 주사위의 확률을 구하기 위해서는 실험을 하면 된다. 이를테면 주사위를 1000번 던졌을 때 1의 눈이 496번 나왔다고 하자. 이것은 6번에 1번보다 많다. 확률을 비교하면 $\frac{496}{1000}$ =0.496은 $\frac{1}{6}$≒0.167보다 크다.(여기서는 $\frac{1}{6}$을 소수점 이하 4자리까지 계산해서 마지막 자리를 반올림했으므로 근삿값을 나타내고 있다. 따라서 ≒ 기호로 표시했다.) 확률이 $\frac{1}{6}$보다 크기 때문에 이 주사위는 1의 눈이 잘 나오는 버릇이 있다는 것을 알 수 있다. 주사위의 상태가 바뀌지 않는다면 다시 1000번 던져도 같은 정도의 확률로 1의 눈이 나올 것이다. 단, 주사위는 '우연'에 좌우되는 것이므로 정확하게 496번 나온다고 확신할 수는 없다. 더 정확한 확률을 알고 싶다면 횟수를 늘릴 필요가 있다. 실험에서 구한 확률은 횟수를 늘리면 늘릴수록 신뢰성이 높은 일정한 값으로 안착되어 간다. 이것은 '큰 수의 법칙'으로 알려져 있는 수학의 정리다.

확률 계산 방법에는 2가지가 있다고 이야기했다. 정리하면,

방법 A: 주사위 눈이 나오는 가짓수(1에서 6까지)를 모두 생각하고, 어느 것이나 같은 확률로 일어난다고 가정하면, 가능성이 6가지 있으므로 확률은 $\frac{1}{6}$이다.

방법 B: 주사위를 실제로 던져서 $\frac{1의\ 눈이\ 나오는\ 횟수}{던진\ 횟수}$로 확률을 생각한다.

방법B라면 정확한 확률은 모르지만, 큰 수의 법칙에 따라 실험의 횟수를 늘리면 확률은 일정한 값(주사위에 어떤 버릇이 없다면 $\frac{1}{6}$)에 근접한다. 한편 방법A는 어떤 가능성도 같은 확률로 발생한다고 가정하므로 특별한 버릇이 있는 주사위에는 맞지 않는다. 지금부터는 주사위에 어떤 버릇이 있을 것 같다고 생각한다면, 확률을 어떻게 수정해야 하는가에 대해서 이야기하겠다.

이번에는 두 개의 주사위를 던졌을 때를 생각해보자. 두 주사위 모두 1의 눈이 나왔다. 즉 1의 눈이 동시에 나오는 확률은 얼마나 될까? 방법A를 응용하려면 일어날 일들의 가능성을 모두 생각하면 된

다. 주사위의 눈은 6가지이므로 두 개의 주사위가 내는 눈의 조합은 $6 \times 6 = 36$가지. 36가지 조합이 모두 같은 확률로 일어난다면 1의 눈이 동시에 나오는 경우는 $\frac{1}{6} \times \frac{1}{6}$이다. 즉 하나의 주사위가 1을 내는 확률 $\frac{1}{6}$과 또 하나의 주사위가 1을 내는 확률 $\frac{1}{6}$을 곱하면, 주사위 두 개가 동시에 1을 내는 확률이 된다.

두 가지 일이 일어나는 확률은 각각의 확률의 곱이다. 이것은 확률의 중요한 성질이지만 항상 성립되는 것은 아니다. 이 방법을 이용할 수 있는 경우는 두 가지 일이 독립적으로 일어날 때만이다. 지금의 경우는, 한 주사위에서 어떤 숫자의 눈이 나오는가가 다른 주사위에서 어떤 숫자의 눈이 나오는가에 전혀 영향을 미치지 않는다.

도박에서 지지 않는 방법

'두 가지 일이 독자적으로 일어나는 확률은 각각의 확률의 곱이다'라는 성질을 이용해서 도박에서 지지 않는 방법을 전수하겠다. 이를테면 동전을 던져서 앞면이 나올까 뒷면이 나올까를 가지고 내기를 했다고 하자. 동전에 특별한 성질이나 버릇이 없다면 앞면이나 뒷면이 나올 확률은 $\frac{1}{2}$이다. 어떤 버릇이 있을 경우도 감안하기 위해서 앞면이 나올 확률을 p, 뒷면이 나올 확률을 q라고 하자. 동전에는 앞면과 뒷면밖에 없으므로 이 두 개의 확률에는 $p + q = 1$이라는 관계가 성립한다.

앞면이 나오면 1원을 얻고 뒷면이 나오면 1원을 내주는 내기를 한다. 두 번 연속해서 던졌을 때 두 번 다 앞면이 나올 확률은

$p \times p = p^2$. 이것을 반복하면 n번 연속해서 던졌을 때 n번 모두 앞면이 될 확률은 p^n이 된다. (p^n이란 p를 n번 곱한다는 의미로 'p의 n제곱'이라고 읽는다.) p는 1보다 작으므로 n이 커지면 p^n은 점점 작아진다. 이것은 연속해서 몇 번이고 이길 수 없다는 상식적으로도 납득 가능한 이야기다.

먼저 m원을 가지고 1원씩 걸고 내기를 하기로 한다. 도박은 그만두는 시점이 중요하다고 하니, N원이 되면 그만 두도록 한다. 도중에 그만 두는 일 없이 목표한 N원이 될 때까지, 혹은 0원으로 파산할 때까지 계속한다.

이겨서 돌아갈 확률을 $P(m, N)$으로 기록하도록 한다. P는 영어로 확률을 의미하는 'Probability'의 첫머리 글자이다. 확률을 나타내는 기호로 잘 쓰인다. m원으로 시작해서 N원이 될 확률이라는 것을 기억해두기 위해서 (m, N)이라고 적어둔다. 확률이 $\frac{1}{2}$보다 크면 이길 가망이 있다. 반대로 너무 작으면 그만두는 것이 현명하다. 이 확률을 계산하면

$$P(m, N) = \frac{1 - (q/p)^m}{1 - (q/p)^N}$$

이 된다. 이 공식은 간단하게 도출되지만 조금 길어지므로 나의 웹페이지에서 보충 설명하겠다. 가진 돈이 완전히 없어지고(0원) 파산해서 돌아갈 확률은 $1 - P(m, N)$이다.

단 $p = q = \frac{1}{2}$일 때는 $\frac{q}{p} = 1$이므로, 오른편의 분자와 분모가 모두 0이 되어서 $0 \div 0$으로 의미가 없어진다. 그래서 이런 경우만 달리 계산하면

$$P(m, N) = \frac{m}{N} \ \ (p = q = \frac{1}{2} \text{일 때})$$

이를테면 $P(10, 20) = \frac{1}{2}$. 이 경우 10원을 가지고 도박장에 가면 가지고 간 돈을 배로 불려서 돌아올 확률과 파산할 확률이 반반이다.

그래서 도박장 주인이 동전을 $p = 0.47$, $q = 0.53$으로 조금 손을 가했다고 하자. 이 경우 앞 페이지의 공식을 이용하면 $P(10, 20)$≒0.23이 된다. 즉 가지고 간 돈을 배로 만들어서 돌아올 확률이 23퍼센트로 내려가 버린다. 파산할 확률은 77퍼센트가 된다. 동전에 단 3퍼센트 뒷면이 나올 버릇을 가지게 했을 뿐인데 파산할 확률은 50퍼센트에서 77퍼센트로 현격하게 올라간다.

판돈이 커지면 더 비참하다. 이를테면 50원을 100원으로 만들려면 $P(50, 100)$≒0.0025, 즉 0.25퍼센트. 이길 가망은 거의 없다.

카지노 경영이 돈을 버는 이유는 이것이다. 이를테면 미국식 룰렛에는 1에서 36까지의 숫자가 적힌 포켓이 있는데 1에서 18까지는 빨강, 19에서 36까지는 검정이다. 이것만이라면 빨강이 나올 확률이나 검정이 나올 확률이나 $\frac{18}{36} = \frac{1}{2}$이지만, 룰렛에는 0과 00의 포켓도 있다. 이 두 개의 포켓 중 어느 쪽에나 구슬이 들어가면 카지노 주인에게 돈이 간다. 이 경우 빨강이냐 검정이냐로 도박을 한다면 손님은 $p = \frac{18}{38}$≒0.47. 즉 3퍼센트의 버릇이 있는 동전을 던지는 것과 같은 경우로 앞의 계산이 그대로 적용된다. 50원을 가지고 1원씩 걸어서 배로 만들려고 한다면 99.75퍼센트의 확률로 파산해버린다.

반대로 카지노를 찾는 손님에게 조금 유리하다면 어떨까. $p = 0.53$, $q = 0.47$이라고 하고, $P(m, N)$ 공식을 이용하면 $P(50, 100)$≒0.9975가 된다. 앞의 경우와 달리 p와 q의 값이 상호 바뀌므로 판돈을 배로 할 수 있는 확률과 파산할 확률도 역전된다. 3퍼센트 유리할 뿐인데 50원을 100원으로 만들 수 있는 확률은 99.75퍼센트가 된다. 이 정도라면 운이 엄청나게 나쁘지 않는 한 이길 수 있다.

$P(m, N)$의 식은 여러 가지를 말해준다. 먼저 '조금이라도 불리한 도박은 해서는 안 된다'는 것이다. 아주 조금만 불리해도 도박에서 파산할 확률은 현격하게 커진다. 따라서 룰렛이나 슬롯머신처럼 주인이 p를 조절할 수 있는 도박은 질 수밖에 없다.

반대로 도박에서 이기고 싶다면 p를 $\frac{1}{2}$보다 조금이라도 크게 만들면 된다. 이를테면 블랙잭이라는 카드 게임에서는 플레이어에게 나누어진 카드를 기억해두는 것만으로 우위가 된다. 미국 카지노에서는 블랙잭으로 이길 확률을 약 $p = 0.495$로 설정하고 있지만, 카드를 기억해두면 약 $p = 0.51$이 된다고 한다. 더스틴 호프만과 톰 크루즈가 주연한 〈레인맨〉이라는 영화에도 나오는 이야기다. 예전에 내가 프린스턴 고등연구소에 재직하고 있을 때, 동료 연구자 중에는 주말마다 카지노 도시인 애틀랜틱시티에 가서 블랙잭으로 용돈을 버는 이가 있었다.

겨우 3퍼센트 유리할 뿐인데 50원을 배로 만들 수 있는 확률은 99.75퍼센트나 된다. 엄청나게 운이 나쁘지 않는 한 지지 않는다. 즉 이런 종류의 도박에서 '아주 조금이라도 유리할 때 충분한 돈을 가지고 시작하면 거의 확실하게 이긴다'는 것을 알 수 있다. 이것이 나의 도박 필승법이다.

당연한 말을 하고 있다고 생각할지 모르지만 '아주 조금이라도 유리할 때'라는 부분에 주의하기 바란다. 아무리 조금이라도 확률이 유리할 때, 천천히 여유를 가지고 큰돈을 걸면 도박에서는 반드시 이길 수 있다. 라스베이거스의 슬롯머신이나 룰렛과 같이 아주 조금이라도 불리하게 만들어져 있는 도박의 경우는 아무리 이기고자 돈을 걸어도 거의 확실하게 진다. ($p = 0.47$일 때 $P(50, 100) ≒ 0.0025$였다는 사실을 기억하기 바란다.) 따라서 이런 도박은 해서는 안 된다.

이와 비슷한 일을 네가 지금부터 살아가는 가운데 여러 곳에서 경험할 것이다. 이를테면 너는 건강하게 오래 살고 싶다고 생각할 것이다. 그러나 생각지도 못한 병에 걸릴 수도 있고, 학교 가는 길에 교통사고가 날 가능성도 있다. 건강하게 장수한다는 것은 동전던지기에서 가진 돈을 배로 만드는 것과 같은 이야기라고 생각한다. 우연한 반복으로 결과가 정해지는 경우에는 하나하나의 스텝이 아주 조금만 유리 혹은 불리해도 나중에 큰 차이로 이어진다.

우리는 건강하게 장수할 수 있는 확률을 어느 정도 컨트롤할 수 있다. 이를테면 균형 잡힌 식생활을 하고, 적당한 운동을 하고, 담배를 피우지 않고, 자동차를 탔을 때 안전벨트를 하는 등 자신의 선택으로 장수를 위한 하나하나의 단계들을 유리하게 만들 수 있다. 물론 선천적 체질도 수명에 영향을 미친다. 장수할 체질로 태어났다는 것을 동전던지기에 비유한다면 처음에 가진 돈 m이 크다는 것이다. 이와 비교해서 매일 건강에 신경을 쓴다는 것은 동전의 앞면이 나오는 확률 p를 올리는 것과 같다. 동전던지기에서는, $p = 0.47$이라면 50원을 배로 불릴 수 있는 확률이 0.25퍼센트밖에 없지만 $p = 0.53$이라면 99.75퍼센트로 이길 수 있다. 확률 p의 아주 조금의 차이가 큰 차이를 낳는다. 흔히 '매일매일 습관이 중요하다'고 하는데 확률 $P(m, N)$의 공식을 이용하면, 이것이 어느 정도 중요한가 숫자로도 확실하게 알 수 있다. 이것이야말로 수학의 힘이다.

무엇인가로 큰 성공을 한 사람은 보통 사람에게는 없는 특별한 재능이 있는 것처럼 보인다. 물론 이런 경우도 있지만 보통 사람과 크게 다르지 않아도 매일매일 쌓아가는 확률을 조금씩 유리하게 하는 것만으로도, 길게 보면 큰 차이를 만들 수 있다. 여기서 이야기한 확률의 공식으로부터 이런 것들을 알 수 있다.

조건부 확률과 베이즈의 정리

앞의 이야기는 왠지 교훈 같으니 이제 다른 종류의 확률을 이야기하겠다.

이제까지 독립적으로 발생하는 사건들의 확률을 생각했다. 두 가지 일이 독립적으로 일어난다면 그 확률은 각각의 확률의 곱이 된다. 이를테면 확률 p로 앞면이 나오는 동전을 두 번 던졌을 때, 두 번 다 앞면이 될 확률은 $p \times p$다. 그러나 두 가지의 일이 독립적이지 않을 때도 있다.

이를테면 학교 교실에 학생이 36명 있다고 생각해보자. 그중 $\frac{1}{3}$이 과학을, $\frac{1}{2}$이 수학을 잘한다고 하자. 학생을 한 명 무작위로 뽑았을 때 이 학생이 과학도 잘하고 수학도 잘할 확률은 얼마나 될까. 두 가지 사실이 독립적이라면 확률은 $\frac{1}{3} \times \frac{1}{2} = \frac{1}{6}$이다. 그러나 과학 공부에는 수학이 많이 필요하므로, 과학을 잘하는 학생은 수학도 잘할 가능성이 높다. 그래서 이 두 가지 사실은 독립적이지 않다.

학생 36명을 과학과 수학을 잘하는가 아닌가로 분류했을 때 다음의 표와 같은 결과가 나왔다고 하자.

	수학을 잘한다	수학을 못한다
과학을 잘한다	10	2
과학을 못한다	8	16

이 표를 이용해서 확률을 계산해보자. 36명 중 과학도 수학도 잘하는 학생이 10명이므로 확률은 $\frac{10}{36} \fallingdotseq 0.28$. 이것은 앞에서 계산한 $\frac{1}{6} \fallingdotseq$ 0.17보다 상당히 크다.

과학을 잘할 때 수학도 잘하는 확률을 P(과학→수학)라고 표기하도록 한다. 표를 이용해서 계산하면 과학을 잘하는 학생은 전부 $10+2=12$명. 그중 10명이 수학도 잘하므로 P(과학→수학)$=\frac{10}{12}$ $=\frac{5}{6}$가 된다. 한편 과학은 못하고 수학을 잘할 확률은 $\frac{8}{24}=\frac{1}{3}$. 즉 과학을 잘하는가 아닌가에 따라 수학을 잘하는 확률은 달라진다. 따라서 두 가지 상황은 독립된 것이 아님을 알 수 있다. 이때 P(과학→수학)를 조건부 확률이라고 한다. '과학을 잘한다'는 조건 아래에서의 확률이기 때문이다.

그렇다면 수학을 잘할 때 과학도 잘하는 확률은 어떨까. 표를 이용해서 계산하면 P(수학→과학)$=\frac{10}{18}=\frac{5}{9}$. 이것은 P(과학→수학)$=\frac{5}{6}$와 다르다. 이 두 개의 확률은 비슷한 것 같지만 다른 것이다.

그렇다고 이 두 가지가 전혀 관계가 없는 것은 아니다. 이 두 가지는 다음과 같은 관계가 있다.

$$P(\text{수학})P(\text{수학} \rightarrow \text{과학})=P(\text{과학})P(\text{과학} \rightarrow \text{수학})$$

여기서 P(수학)이란 수학을 잘하는 확률$=\frac{1}{2}$이고, P(과학)은 과학을 잘하는 확률 $=\dfrac{1}{3}$이다. 이 식이 바르다는 것은 숫자를 대입해보면 $\dfrac{1}{2}\times\dfrac{5}{9}=\dfrac{1}{3}\times\dfrac{5}{6}$으로 확인할 수 있다.

　이것은 우연의 일치가 아니다. 이것을 이해하기 위해서 다음과 같이 적어보자.

$$P(\text{수학}) = \frac{\text{수학을 잘하는 학생의 수}}{\text{교실 전체의 학생 수}}$$

$$P(\text{수학}\rightarrow\text{과학}) = \frac{\text{수학도 과학도 잘하는 학생의 수}}{\text{수학을 잘하는 학생의 수}}$$

$$P(\text{과학}) = \frac{\text{과학을 잘하는 학생의 수}}{\text{교실 전체의 학생 수}}$$

$$P(\text{과학}\rightarrow\text{수학}) = \frac{\text{수학도 과학도 잘하는 학생의 수}}{\text{과학을 잘하는 학생의 수}}$$

이것을 이용해서 $P(\text{수학})P(\text{수학}\rightarrow\text{과학})$과 $P(\text{과학})(\text{과학}\rightarrow\text{수학})$을 계산하면 어느 것이나

$$\frac{\text{수학도 과학도 잘하는 학생의 수}}{\text{교실 전체의 학생 수}}$$

가 되는 것을 알 수 있다. 어느 쪽이나 '수학도 과학도 잘하는 확률'을 계산하고 있으므로 일치한 것이다.

　이 식 $P(\text{수학})P(\text{수학}\rightarrow\text{과학})=P(\text{과학})(\text{과학}\rightarrow\text{수학})$은 수학의 세계에서 '베이즈의 정리'로 알려져 있다. 토머스 베이즈는 18세

기 영국의 목사였다. 신이 존재하는 확률을 계산하기 위해서 이 식을 찾은 것이다. 그러나 이것은 생전에 발표되지 못했다. 사후 반세기가 지나서 프랑스의 수학자 피에르 시몽 라플라스가 쓴 확률 책에서 소개된 다음 유명해졌다.

유방암 검진을 받을 의미가 있는가

확률을 사용할 때는 조건부 확률의 계산이 문제 해결의 열쇠가 되는 경우가 많다. 베이즈의 정리를 이용하면 이 계산을 깔끔하게 해낼 수 있다. 유방암 검진의 시비를 둘러싼 논의를 예로 들어 이것을 설명하겠다.

앞에서 건강하게 장수할 수 있는 확률 P를 어느 정도 컨트롤할 수 있다는 이야기를 했는데, P를 늘리기 위해서는 매년 꼬박꼬박 건강진단을 받는 일도 중요하다. 미국암협회는 유방암 조기발견을 위해서, 여성은 40세부터 매년 맘모그래피(엑스선 등을 이용한 유방 단층촬영술) 검진을 받을 것을 권장한다. 그런데 2009년 미국정부의 예방의학 작업부회가 '40대 여성의 유방암 정기검진을 권장하지 않는다'는 발표를 해서 화제가 되었다.

유방암에 걸렸을 경우, 맘모그래피 검진에서 양성 결과가 나올 확률은 90퍼센트라고 한다. 이것을 식으로 나타내면 다음과 같다.

$$P(\text{유방암} \rightarrow \text{양성}) = 0.9$$

확률 90퍼센트라면 검진하는 편이 좋을 것이라고 생각된다. 그런데 예방의학 작업부회는 왜 검진을 권장하지 않는 것일까?

맘모그래피를 통해서 양성이라는 사실을 알았다고 하자. 이때 알고 싶은 것은, 검진 결과 양성인 사람이 정말 암에 걸렸을 확률 P(양성 → 유방암)이다. 여기서 확률 90퍼센트라고 한 것은, 거꾸로 봐서 암에 걸렸을 때 양성 진단이 나올 수 있는 확률이다. 이 두 개의 확률은 다른 것이지만 상관이 있다. 베이즈의 정리를 여기에 대입하면 다음과 같다.

$$P(양성)P(양성 → 유방암) = P(유방암)P(유방암 → 양성)$$

이 공식을 이용해서 P(양성 → 유방암)을 계산해보자.

최근 통계에 따르면 미국의 40대 여성이 유방암에 걸릴 확률은 0.8퍼센트라고 한다. 즉

$$P(유방암) = 0.008$$

한편 40대 여성이 맘모그래피 검진을 받고 양성이 나올 확률 P(양성)은 0.08이다. (이 값은 P(유방암 없음 → 양성) = 0.07이란 데이터를 이용해 도출할 수 있다. 이것은 웹사이트에 설명해 두었다.) 이것으로

$$P(유방암) = 0.008, \quad P(양성) = 0.08, \quad P(유방암 → 양성) = 0.9$$

필요한 데이터가 갖추어졌으므로, 이것을 베이즈의 정리 공식에 대

입하면 다음과 같은 결과가 나온다.

$$P(\text{양성} \to \text{유방암})$$
$$= \frac{P(\text{유방암})\,P(\text{유방암} \to \text{양성})}{P(\text{양성})} = \frac{0.008 \times 0.9}{0.08} = 0.09$$

즉 '양성 결과가 나왔을 때 유방암에 걸려 있을 확률'은 겨우 9퍼센트다. 위양성률 — 이른바 본래 음성이어야 할 검사결과가 잘못되어 유방암이 아닌데 양성으로 나올 경우의 확률 — 이 90퍼센트 이상이나 된다는 것이다.

예방의학 작업부회는, 검진을 받은 여성의 8퍼센트가 양성인데 그중 90퍼센트 이상의 사람은 실제로 유방암에 걸리지 않았으므로 검진을 받을 필요가 없다고 말한다. 양성이라면 생체조직검사 등 보다 부담이 큰 검사를 받게 되고, 심리적 충격도 크다. 위양성이라는 사실을 알게 된 뒤 3개월이 지나도 두 사람 중 한 사람은 건강에 불안을 느낀다는 조사도 있다. 또한 미국정부는 어디까지 보험으로 커버해야 하는가에 대한 판단의 잣대도 필요하다. 검진을 받지 않으면 암을 놓칠 리스크가 있지만 검진을 받는 것에도 리스크가 있다.

그러나 각자 본인에게는 하나밖에 없는 생명이므로 위양성의 리스크가 있다고 해도 암 조기발견을 위한 검진을 받고 싶다고 생각할지 모른다. 실제로 40대 여성의 맘모그래피 검사를 권장하고 있던 미국암협회는 예방의학 작업부회의 권고에 반대하는 성명을 발표했다. 네 엄마도 40세가 된 후로 매년 맘모그래피 검진을 받고 있다.

40대의 여성이 유방암 검진에서 양성이 나왔을 경우, 실제로 유방암에 걸렸을 확률은 9퍼센트에 지나지 않는다는 이야기를 했다. 그렇다면 양성일 때 다시 한번 더 검사를 받는다면 어떨까. 첫 번째 검사에서 양성이 나왔을 때 유방암에 걸렸을 확률은 9퍼센트, 즉 P(유방암) $=0.09$이다. 이 여성이 2번째 검진에서도 양성일 확률은 P(양성) $=0.14$이다(이 계산에 대해서는 웹사이트에서 설명한다). 그래서 다시 한번 베이즈 정리를 이용하면 다음과 같다.

$$P(\text{양성} \rightarrow \text{유방암}) = \frac{0.09 \times 0.9}{0.14} = 0.58$$

한번 양성이 나온 것만으로는 유방암일 확률이 9퍼센트이지만, 재검사에서도 양성이면 확률은 58퍼센트로 상승한다.

검진을 하기 전 유방암일 확률은 0.8퍼센트. 검진해서 양성이면 확률은 9퍼센트, 그런데 9퍼센트라고 검사가 무의미하다고는 할 수 없다. 다시 한번 더 검진해서 양성이면 확률은 58퍼센트이기 때문이다. 베이즈의 정리를 이용하면 새로운 정보를 얻을 수 있고, 확률이 어떻게 수정되어 가는지 알 수 있다. '경험으로 배운다'는 것을 수학적으로 표현할 수 있는 것이다.

검진 받을 때의 리스크와 받지 않을 때의 리스크, 확률은 이것을 숫자로 나타낸다. 이런 숫자의 의미를 제대로 이해하고 판단하는 것이 '불확실한 정보를 가지고 판단한다'는 제1장의 제목의 의미다.

'경험으로 배운다'를 수학적으로 배운다

'경험으로 배운다'는 것을 어떤 특별한 버릇이 있는 주사위를 예로 설명하겠다. 학교에서 확률 공부를 할 때 '주사위를 던졌을 때 1의 눈이 나왔다고 해도, 다음 주사위를 던졌을 때 어떤 눈이 나오는가의 확률은 변하지 않는다'는 사실이 강조된다. 주사위를 두 번 던질 때 각각 확률은 독립적이다. 이를테면 어떤 특별한 경향성이 없는 주사위라면 처음에 1의 눈이 나오는 확률은 $\frac{1}{6}$, 다음에 1의 눈이 나오는 확률 역시 $\frac{1}{6}$이다. 그런데 버릇이 없는 주사위와 버릇이 있는 주사위가 섞여서 어느 쪽 주사위를 던지고 있는지 모를 때는 첫 번째에 1의 눈이 나올지 아닐지에 따라서 두 번째의 확률이 좌우된다.

버릇이 없는 주사위가 1의 눈을 내는 확률은 $\frac{1}{6}$이지만, 1의 눈을 잘 내는 버릇이 있는 주사위가 1의 눈을 내는 확률은 $\frac{1}{2}$이라고 하자. 이것을 식으로 나타내면 다음과 같다.

$$P(\text{버릇이 없다} \to 1\text{의 눈}) = \frac{1}{6}, \quad P(\text{버릇이 있다} \to 1\text{의 눈}) = \frac{1}{2}$$

이렇게 버릇이 없는 주사위와 버릇이 있는 주사위가 같은 수만큼 있고, 손에 잡은 주사위의 버릇이 있고 없고의 확률이 반반이라고 하자.

$$P(\text{버릇이 없다}) = P(\text{버릇이 있다}) = \frac{1}{2}$$

이런 데이터를 사용하면 1의 눈이 나오는 확률은 다음과 같이 계산할 수 있다.

$$P(1\text{의 눈}) = P(\text{버릇이 없다}) \times P(\text{버릇이 없다} \to 1\text{의 눈}) + P(\text{버릇이 있다}) \times P(\text{버릇이 있다} \to 1\text{의 눈}) = \frac{1}{2} \times \frac{1}{6} + \frac{1}{2} \times \frac{1}{2} = \frac{1}{3}$$

이 식의 도출은 웹사이트에서 설명했다. 1의 눈이 잘 나오는 버릇이 있는 주사위가 섞여 있기 때문에 1의 눈이 나올 확률은 $\frac{1}{6}$보다 큰 $\frac{1}{3}$이 된다.

그렇다면 처음에 1의 눈이 나왔다고 하고, 같은 주사위를 또 한 번 더 던져서 두 번째도 1의 눈이 나올 확률은 어떨까. 먼저 처음에 1의 눈이 나왔는지 안 나왔는지에 따라 주사위에 버릇이 있는가, 없는가의 확률이 바뀌는 것에 주의하자. 베이즈의 정리를 사용하면

$$P(1의 \ 눈) \times P(1의 \ 눈 \rightarrow 버릇이 \ 없다)$$
$$= P(버릇이 \ 없다) \times P(버릇이 \ 없다 \rightarrow 1의 \ 눈)$$

이므로

$$P(1의 \ 눈 \rightarrow 버릇이 \ 없다) = \frac{1}{4}$$
$$P(1의 \ 눈 \rightarrow 버릇이 \ 있다) = 1 - \frac{1}{4} = \frac{3}{4}$$

가 된다. 원래 주사위에 버릇이 있는가 없는가의 확률은 P(버릇이 없다) $= P$(버릇이 있다) $= \frac{1}{2}$이었지만, 처음 던졌을 때 1의 눈이 나오면 버릇이 있는 주사위일 확률은 $\frac{3}{4}$으로 늘어난다.

1의 눈이 나오면 버릇이 있는 주사위를 가지고 있을 확률도 높아지므로, 같은 주사위를 다시 한번 더 던졌을 때 1의 눈이 나오는 확률도 높아진다. 계산해보면 다음과 같다.

$$P(1\text{의 눈} \rightarrow 1\text{의 눈})$$

$$= P(1\text{의 눈} \rightarrow \text{버릇이 없다}) \times P(\text{버릇이 없다} \rightarrow 1\text{의 눈})$$

$$+ P(1\text{의 눈} \rightarrow \text{버릇이 있다}) \times P(\text{버릇이 있다} \rightarrow 1\text{의 눈})$$

$$= \frac{1}{4} \times \frac{1}{6} + \frac{3}{4} \times \frac{1}{2} = \frac{5}{12}$$

처음에 던졌을 때 1의 눈이 나올 확률은 $P(1\text{의 눈}) = \frac{1}{3} \fallingdotseq 0.3$이었지만 1의 눈이 나왔을 때 같은 주사위를 던져서 다시 한번 더 1의 눈이 나올 확률은 $P(1\text{의 눈} \rightarrow 1\text{의 눈}) = \frac{5}{12} \fallingdotseq 0.4$로 증가한다. 처음에 1의 눈이 나온 것을 알면 주사위에 버릇이 있을 확률도 $\frac{1}{2}$에서 $\frac{3}{4}$으로 바뀐다. 이 정보를 이용하면 다음에 또 1의 눈이 나올 확률이 $\frac{1}{3}$에서 $\frac{5}{12}$로 바뀐다. 이것이 베이즈의 정리를 이용해서 '경험으로 배운다'는 것이다.

원자력발전소 중대사고가 다시 발생할 확률

이런 확률 계산 방법은 일본이 직면하고 있는 큰 문제와 관계가 있다.

우리들은 확실하지 않은 정보를 가지고 판단해야 하는 일이 많다. 이를테면 후쿠시마 제1 원자력발전소의 사고가 일어나기 전, 일본에서는 원자력발전소에서 큰 사고가 일어날 확률은 희박하다고 했었다. 그러나 이번 사고로 밝혀진 바와 같이 원자력발전소는 복잡한 구조를 가졌고 전문가도 그 안전성에 대해서 완전하게 이해하고 있지 않다. 사고가 발생할 확률이 어느 정도인가에 대해서 정확하게 아무도 모른다. 이것은 앞에서 이야기한 주사위에 버릇이 있는가 없는가,

1의 눈이 나올 확률이 $\frac{1}{6}$인가 $\frac{1}{2}$인가를 모르는 것과 같다.

　도쿄전력은 이번 사고가 일어나기 전, 원자력발전소에서 '노심이 손상되는 중대사고가 일어날 확률은 1기 당 10,000,000년에 1번'이라는 예측을 국가에 제출했다는 기사를 신문에서 읽었다. 일본에서 원자력발전이 시작된 것은 지금부터 약 50년 전의 일이다. 현재 일본에는 50기 정도 있다. 지금까지 가동된 발전소 수를 누적하면 50×50 = 2500기이지만, 최근에 건설된 것도 있으므로 대략 1500기가 가동되고 있다고 가정해보자. 그리고 도쿄전력이 계산한 확률이 옳다면 과거 50년간 일본에서 중대사고가 발생했을 확률은 1500/10,000,000 = 0.00015가 된다. 이것을 다음과 같이 표시한다.

$$P(도쿄전력 \rightarrow 사고) = 0.00015$$

한편 원자력발전소의 건설에 반대하고 있는 사람들은 중대사고의 확률을 무시할 수 없다고 주장한다. 어느 정도 위험하다고 어림잡고 있는지 모르지만, 이를테면 이들이 염려하는 바가 '수 세대에 한번 정도 일본 어딘가에서 중대사고가 발생할 수 있다'는 것이라면 이는 '100년에 1번' 정도로 수치화할 수 있다. 따라서 원자력발전소를 반대하는 사람들의 주장이 옳다면 과거 50년 사이에 중대사고가 일어날 확률은 $\frac{50}{100}$, 즉

$$P(원전반대 \rightarrow 사고) = \frac{50}{100} = 0.5$$

라고 할 수 있다.

앞에서 제시한 버릇이 있는 주사위의 이야기에 비추어보면, 이를 테면 '도쿄전력의 계산이 옳다'는 것은 '버릇이 없는 주사위를 가진 경우', '원전반대 운동가들의 계산이 옳다'는 것은 '버릇이 있는 주사위를 가진 경우'에 해당한다. 버릇이 있는 주사위를 가졌을 때 1의 눈이 나올 확률이 높아지는 것처럼, 원전반대 운동가들의 주장이 옳다면 중대사고가 일어날 확률도 높아진다.

여기서부터의 계산은 이야기를 쉽게 하기 위해서 '도쿄전력이 제시한 확률'과 '원전반대 운동가가 제시한 확률' 중 어느 쪽 하나가 옳다고 가정하겠다. 도쿄전력이나 원전반대 운동가나 잘못된 확률을 제시했을 수 있다. 따라서 이것은 큰 가정에 불과하다. 그러나 여기서는 베이즈의 정리 사용법을 설명하는 것이 목적이므로, 이 가정 하에서 계산을 진행하겠다.

사고가 일어나기 전에는 많은 사람들이 도쿄전력의 말을 믿었다. 적어도 발전소 건설을 허가한 정부는 그렇게 판단했을 것이다. 예를 들어 도쿄전력의 주장이 옳다고 99퍼센트의 확률로 믿고 있었다면

$$P(\text{도쿄전력}) = 0.99, \quad P(\text{원전반대}) = 0.01$$

이라고 표기하겠다.

이 정도의 지식으로 50년간 중대한 원자력발전소 사고가 일어날 확률을 계산하면 다음과 같다.

$$P(\text{사고}) = P(\text{도쿄전력}) \times P(\text{도쿄전력} \to \text{사고})$$
$$+ P(\text{원전반대}) \times P(\text{원전반대} \to \text{사고})$$

$$= 0.99 \times 0.00015 + 0.01 \times 0.5 ≒ 0.0051$$

이른바, 원전반대 운동가가 100년에 1번꼴로 사고가 발생하니 위험하다고 주장해도, 그들의 주장을 믿는 사람은 1퍼센트밖에 되지 않으므로, 일본 국내 어딘가에서 중대사고가 일어날 확률은 50년에 약 0.005번. 즉 1만 년에 1번이라는 어림셈이 나온다.

  그런데 일본에서 원자력발전소가 가동을 시작하고 겨우 50년 만에 노심이 녹아내리는 멜트다운이 발생했다. 일단 사고가 발생하면 이제까지 99퍼센트의 확률로 옳다고 믿었던 도쿄전력의 주장을 재검토해야 한다. 그래서 베이즈의 정리를 이용하면

$$P(사고)P(사고 \to 도쿄전력) = P(도쿄전력)P(도쿄전력 \to 사고)$$

이므로

$$P(사고 \to 도쿄전력) = \frac{P(도쿄전력)\,P(도쿄전력 \to 사고)}{P(사고)}$$

$$= \frac{0.99 \times 0.00015}{0.005}$$

$$≒ 0.03$$

이 된다.

  사고가 발생했을 때 도쿄전력의 주장이 옳을 확률이 99퍼센트에서 3퍼센트로 격감해버렸다. 이것은 도쿄전력이 주장한 사고의 확률 $P(도쿄전력 \to 사고)$가 0.00015로 극단적으로 작은 값이었던 것이

원인이다. 사고는 거의 발생하지 않는다고 주장했었는데 사고가 발생한 이상 도쿄전력의 주장이 옳을 확률이 떨어지는 것은 당연지사다. 신뢰를 잃는다는 것을, 베이즈의 정리를 이용해서 수학의 언어로 표현하면 이렇게 된다.

그렇다면 사고가 일어나버린 지금, 이후 중대사고가 일어날 확률은 어떤가. 가동률이 사고 이전과 같은 정도라고 하면 다음과 같다.

$$P(\text{사고} \rightarrow \text{사고}) = P(\text{사고} \rightarrow \text{도쿄전력}) \times P(\text{도쿄전력} \rightarrow \text{사고})$$
$$+ P(\text{사고} \rightarrow \text{원전반대}) \times P(\text{원전반대} \rightarrow \text{사고})$$
$$= 0.03 \times 0.00015 + 0.97 \times 0.5 \fallingdotseq 0.5$$

원전반대 운동가들이 말한 바와 같이 50년에 0.5회, 즉 100년에 1번이라는 꼴이 된다.

여기서는 설정을 단순화하고 베이즈의 정리 사용법을 설명하기 위해서 '도쿄전력과 원전반대 운동 중 한쪽이 옳다'는 가정을 하고 계산했다. 물론 도쿄전력도 원전반대 운동가도 틀렸을 수 있다. 또한 $P(\text{원전반대} \rightarrow \text{사고}) = 0.5$나 $P(\text{원전반대}) = 0.01$ 등의 값도 내가 멋대로 만든 숫자이므로 이 계산 결과를 그대로 받아들이면 곤란하다.

이번 사고가 발생하고 약 반년이 지난 2011년 10월 17일, 도쿄전력은 후쿠시마 제1원자력발전소에서 노심이 재손상을 일으킬 확률이 5000년에 1번이라고 수정해서 공표했다. 일본 전국에 원자력발전소가 약 50기 있으므로 그 모든 것이 재가동했을 때, 일본의 어딘가에서 중대사고가 일어날 확률은 수백 년에 1번이라는 셈이 된다.

새로운 정보를 얻으면 그것을 이용해서 확률을 수정해가는 것으로 부정확성을 줄일 수 있다. 이것이 '경험으로 배운다'는 것이다. 원자력발전을 지속하기에는 리스크가 있다. 한편 일본은 화학연료의 대부분을 수입에 의지하고 있기 때문에 원자력발전을 멈추는 일에도 리스크가 있다. 또한 지구의 대규모 기후변동에 따른 영향도 고려해야 한다. 여러 리스크를 비교하고 판단하는, 즉 계산된 리스크를 제거하기 위해서는 확률에 대한 정확하고 바른 이해가 필요하다.

진보란 경험을 쌓는 것으로, 보다 정확한 지식을 가지게 되는 것이다. 새로운 정보를 얻었을 때 이제까지의 판단을 바꿀 수 있는 용기와 유연한 마음을 가져야 한다. 베이즈의 정리는 이런 사실을 우리들에게 알려주는 것이라고 생각한다.

O. J. 심슨은 부인을 죽였을까

다시 O. J. 심슨 재판 이야기로 돌아가자. 변호단의 앨런 더쇼 위츠 교수는 가정 내 폭력을 일삼는 남편이 부인을 죽일 확률은 2500분의 1이고, 이것은 너무나 작은 수치이기 때문에 증거로서 의미가 없다고 주장했다. 즉

$$P(\text{가정 내 폭력} \rightarrow \text{남편에 의한 살인}) = \frac{1}{2500}$$

이라는 것이다. 그런데 심슨 재판에서 문제가 된 것은 '가정 내 폭력이 있었고 게다가 부인이 살해되었을 때 남편이 부인을 죽였을 확률'이다.

미국에서는 기혼여성이 남편 이외의 사람에게 살해되는 확률이 20,000명 중에 한 사람이라고 한다. 예를 들어 가정 내 폭력을 겪는 부인이 100,000명 있다고 하면 그중 5명은 가정 내 폭력과 상관없이 살해되는 것이다. 한편 가정 내 폭력을 당하고 있는 부인이 남편에게 살해되는 확률은 $\frac{1}{2500}$이므로 100,000명 중 40명이 남편에게 살해되는 셈이다. 살해된 부인은 전부 40 + 5 = 45명. 이 중에서 남편에게 살해된 자는 40명이므로 가정 내 폭력을 당한 부인이 살해되었을 때 남편이 범인일 확률은 다음과 같다.

$$P(\text{가정 내 폭력 혹은 타살} \rightarrow \text{남편에 의한 살인}) = \frac{40}{45} ≒ 0.9$$

즉 심슨이 가정 내 폭력을 일삼은 사실이 입증되면, 그가 전처 브라운을 죽인 확률은 90퍼센트다. 이것만으로는 '합리적 의심이 없다'고까지는 할 수 없겠지만 증거로서 중요하다는 것은 명백하다. 따라서 더쇼 위츠 교수의 주장에 대해서 90퍼센트라는 숫자로 정확하게 반론할 수 있다. 이것이 수학의 힘이다.

결국 재판의 결정적 단서가 된 것은, 사건 당시 사용된 검은 가죽 장갑이었다. 심슨의 자택에서 발견된 장갑에는 살해된 두 사람의 혈흔과 브라운의 금발 머리카락이 부착되어 있었고, 심슨의 DNA도 검출되었다. 이 장갑을 증거로 제출한 검찰 측은 심슨에게 장갑을 껴 보도록 재촉하는 치명적 실패를 저지른다. 피에 젖은 가죽장갑은 수축되어서 심슨의 손이 들어가지 않았다. 게다가 이 장갑을 발견한 형사가 인종차별자라는 사실이 폭로되었다. 변호단은 흑인인 심슨을 계략에 빠뜨리기 위해서 이 형사가 증거를 날조했을 가능성이 있다고 주장했다. 경찰의 증거관리도 소홀했다는 사실이 밝혀지면서 합리적 의문을 가진 배심원은 전원 무죄판결을 내렸다. 수학은 도움이 되지만 그것만으로 재판에서 이길 수 있다고는 할 수 없다.

제2장

기본원리로
되돌아가본다

기술혁신을 위해서 필요한 것

초등학교에서는 '산수', 중학교에서는 '수학'이라고 한다. 어쨌거나 수학은 '수'와 관계가 있다. 그러나 잘 생각해보면 수, 이른바 숫자는 신기한 것이다. 여기에 사과가 있으면 하나, 둘, 셋이라고 셀 수 있다. 귤이 있다면 이것도 하나, 둘, 셋이라고 셀 수 있다. 한 개의 사과와 한 개의 귤은 다른 것이지만 같은 '1'이라는 숫자로 나타낸다. 수학에서는 사과나 귤이라는 구체적 사물에서 벗어나 실체가 없는 '숫자 그 자체'의 추상적 성질을 생각한다.

일론 머스크는 최근 미국 물리학회지의 인터뷰에서, '추상세계로 들어가 기본원리부터 생각하는 것의 의의'에 대해서 다음과 같이 논했다. (일론 머스크는 인터넷으로 전자결제 서비스를 제공하는 회사를 세워서 부를 축적했고, 로켓과 우주선 개발 및 발사를 통한 우주 수송을 업무로 하는 민간우주기업 스페이스X를 건설했다. 또한 전기자동차를 개발하고 제조·판매하는 테슬라 모터스의 대표를 역임하는 사업가다.)

질문: 최근 인터뷰에서 이노베이션 즉 기술혁신을 추구하고 있는 젊은이들에 대한 조언으로 '누군가를 흉내 내는 것이 아니라 기본원리로 되돌아가서 생각하는 일의 중요성'을 말씀하셨는데, 그 점에 대해서 좀 더 많은 이야기를 부탁드립니다.

머스크: 우리는 일상생활 속에서 일일이 기본원리로 되돌아가 생각할 수는 없습니다. 이것은 정신적으로 상당히 힘든 일입니다. 그래서 우리는 비슷한 것에 기초해서 미루어 추측하거나 타인을 흉내 내는 것으로 인생의 대부분을 보냅니다. 그러나 새로운 지평을 개척하거나 진정한 의미의 혁신을 일으키기 위해서는 기본원리에서부터의 접근이 필요합니다. 어떤 분야에서나 가장 기본적 진리를 찾고 거기서 다시 생각해야 합니다. 그러기 위해서는 정신적 노력이 필요합니다.

이번에는 기본원리로 되돌아간다는 것이 어떤 것인가에 대해서 '수의 세계'를 탐험하면서 생각해보겠다.

덧셈, 곱셈 그리고 세 가지 규칙

학문으로서의 수학은 고대 그리스에서 탄생했다고 한다. 수와 도형의 성질은 고대 중국이나 고대 바빌로니아, 고대 이집트에서 탐구되고 있었지만 수학의 성립 그 자체를 깊이 생각한 것은 그리스인들이 처음이었다.

기원전 300년경 유클리드가 편찬한 《원론》은 '임의의 점에서 임의의 점을 이은 것이 직선이다' '모든 직각은 서로 같다' 등 5가지의 규칙에서 출발해서 도형의 성질을 해명하고 있다. '공리'라고 하는 이 규칙은 모두 당연한 사실을 말하고 있다. 이렇게 당연한 사실이라도 공리라고 명명하고 제대로 인식한 다음, 이것을 기본원리로 삼고 기하학을 만들어나간 것이 유클리드의 위대한 점이다. 그리고 이것이 바로 학문으로서의 수학의 시작이다.

누구나 인정하는 공리에서 출발해서, 논리에 따라 도형의 놀라운 성질을 도출해 나간다. 이런 방법으로 유클리드가 증명한 수많은 정리는 2300년이 지난 현재에도 그의 시대와 마찬가지로 옳다. 1억 광년 떨어진 별에서 지적 생명체가 발생하고 인류와 전혀 다른 진화를 거쳐왔다고 해도 유클리드와 같은 공리를 사용하는 한 같은 기하학을 할 수 있고 같은 정리가 증명된다.

당연한 일을 일일이 공리로 기록하고 그 공리만을 이용해서 논의해 나가는 일은 성가신 일로 생각될 것이다. 그러나 그 덕분에 수학의 정리는 미래에도 영원한 생명을 손에 넣었다. 성가신 절차를 잘 처리하는 것으로 보편적 진리를 얻을 수 있다. 머스크가 말하는 '기본원리를 찾고 거기서부터 생각한다'는 것이 바로 이런 것이다.

우리도 유클리드 기하학을 따라서, 기본원리부터 수의 성질을 생각해보자.

사과나 귤의 수를 세는 1, 2, 3이라는 수를 자연수라고 한다. 자연수를 가지고 덧셈과 곱셈을 할 수 있다. 한 주가 몇 시간이냐고 묻는다면 7×24를 계산할 것이다. 이것을 전기계산기가 아니라 필산으로 계산하는 과정을 생각해보자. 필산에서는 수를 한 자리씩 분해하고 각각의 자리의 숫자를 곱한 다음, 자릿수를 주의해서 더한다.

$$\begin{array}{r} 7 \\ \times\ \ 24 \\ \hline 28 \\ +\ \ 140 \\ \hline 168 \end{array}$$

설명을 위해 필산에서는 보통 표시하지 않는 '+'나 '0'도 기입해두었다.

　필산의 순서에는 수의 기본원리가 숨겨져 있다. 먼저 $24 = 4 + 20$으로 분해해서, 7×4와 7×20을 따로따로 계산한다.

$$7 \times (4 + 20) = 7 \times 4 + 7 \times 20$$

당연하게 생각하겠지만 이것에는 '분배법칙'이라는 멋진 이름이 있다. 구체적인 수 대신에 a, b, c와 같은 기호를 사용하면

$$\text{분배법칙}: a \times (b + c) = a \times b + a \times c$$

라는 규칙으로 표현된다.

　필산의 절차로 돌아가서 7×24 바로 밑에 가로선을 긋고, 가로선 아래에는 7×4와 7×20의 계산결과를 적는다. 7×4는 물론 28이다. 한편 7×20의 계산방법을 잘 생각해보면 먼저 $20 = 2 \times 10$이므로, $7 \times 2 = 14$를 먼저 계산하고 여기에 다시 10을 곱해서 140이라고 기입한다. 식으로 나타내면 다음과 같다.

$$7 \times (2 \times 10) = (7 \times 2) \times 10 = 14 \times 10 = 140$$

좌변에서는

결합법칙: $a \times (b \times c) = (a \times b) \times c$

라는 '결합법칙'을 사용하고 있다. 덧셈에 대해서도 같은 식이 성립한다.

결합법칙: $(a + b) + c = a + (b + c)$

이것도 결합법칙이다.

또한 '교환법칙'이라는 것도 있다.

교환법칙: $a + b = b + a$
$$a \times b = b \times a$$

수학시간에 '하나에 100원인 사과를 5개 샀습니다. 전부 얼마일까요?'라는 문제가 나와서 '$5 \times 100 = 500$이므로 500원'이라고 답하면, 식이 '단가×몇 개'의 순서가 아니라서 틀렸다고 하는 학교도 있다고 들었다. 그러나 곱셈에는 교환법칙이 성립하므로 순서를 바꾸어도 답은 같다.

결합법칙, 교환법칙, 분배법칙이라는 3가지 법칙과 또 하나 '1'의 성질

$$\text{'1'의 성질}: 1 \times a = a \times 1 = a$$

이것이 수의 기본원리이다. 모두가 보통 계산에서는 무의식적으로 사용하고 있는 원칙인데, 이것을 의식수준으로 올리고 인식해가는 것이 수학의 방법이다. 그렇다면 이 3가지 규칙과 '1'의 성질을 가지고, 이것만을 이용해서 수의 세계를 탐험해보자.

뺄셈, 그리고 영의 발견

문명이 시작될 때는 덧셈과 곱셈만으로도 충분했겠지만 화폐가 발명되고 임대 임차를 하게 되면서부터는 뺄셈이 필요해졌다. 뺄셈이란 '덧셈의 반대'를 말한다. 자연수 a에서 자연수 b를 뺀다는 조작은

$$(a-b)+b=a$$

와 같이 b를 더하는 조작을 상쇄시키는 것으로 정의된다. 다시 말해서 $(a-b)$란 'b를 더해서 a가 되는 것이 무엇인가'라는 문제의 답이다. $x+b=a$에서 x라고도 할 수 있다.

　초등학교에서 수학을 배울 때 덧셈에 비해서 뺄셈이 어렵다고 느끼는 학생이 있다. 이것은 뺄셈을 할 수 없는 경우가 있기 때문인지도 모른다. 예를 들어 접시 위에 사과가 3개 있는데 여기에 5개를 더한다면 $3+5=8$개라고 할 수는 있지만, 5개 빼서 $(3-5)$개라고 할 수는 없다. 뺄셈은 자연수만으로는 해결이 되지 않는 경우가 있다.

이런 문제가 생겼을 때 수학에서는 두 가지 대응 방법이 있다. 하나는 자연수 속에서 의미 있는 조작만 허용한다고 정하는 것이다. 이 경우는 큰 수에서 작은 수를 빼는 뺄셈만 허용된다.

이것은 이것대로 이치에 맞는 일이지만, 뺄셈을 자유롭게 할 수 없다는 것은 불편한 일이기도 하다. 뺄셈이 자연수 속에서 해결되지 않는다면 수의 세계를 확장하는 방법이 있다. 2개의 자연수 a와 b가 있을 때, $a>b$일 때 $(a-b)$는 자연수다. 그러나 $a \leq b$일 때 $(a-b)$는 자연수가 아니다. 자연수가 아니라면 새로운 수를 발명해서 그 수 체계 내에서 뺄셈을 할 수 있도록 하면 된다. '영(0)'과 '음수'는 이런 생각에서 발견되었다.

먼저 $a=b$의 경우를 생각해보자. 이를테면 $a=b=1$일 때, $(1-1)$은 자연수가 아니다. 그렇다면 $(1-1)$을 포함할 수 있도록 수를 확장해야 한다. 그러기 위해서는 어떻게 해야 할까?

너는 물론 $(1-1)$이 영이라는 사실을 알고 있기 때문에, 이 자리에서 왜 '$(1-1)$이 무엇인가'를 특별히 문제 삼는지 의아하게 생각할지도 모른다. 지금 하려는 것은 영을 모른다고 치고 영의 발견을 쫓아가보는 일이다.

새로운 수를 생각했으므로 이 수를 이용해서 계산할 때의 규칙을 정해야 한다. 이럴 때 수학에서 잘 사용하는 방법은, 이제까지의 규칙을 확장된 것에도 적용시키는 것이다. 기본 규칙을 바꾸지 않는다는 것이 확장을 이끌어나가는 '약속'이다.

덧셈의 결합법칙에서 뺄셈을 포함한 결합법칙

$$a+(b-c)=(a+b)-c$$

를 이끌어낼 수 있다. 이 규칙은 덧셈과 곱셈의 결합법칙의 정의에서 도출된 것이다. 증명은 웹사이트에 적어두었다. 흥미가 있다면 찾아보기 바란다. 이것이 $b = c = 1$일 때도 성립한다면

$$a + (1-1) = (a+1) - 1$$

이 된다. 여기서 우측의 $(a+1) - 1$은 $(a+1)$이라는 수에서 1이라는 그것보다 작은 수를 빼고 있으므로 자연수 사이에서의 뺄셈으로 계산할 수 있고, a가 된다. 즉

$$a + (1-1) = a$$

$(1-1)$이라고 하는 우리가 아직 모르는, 실은 모르는 척하는 수는 '어떤 수를 더해도 그 수가 달라지지 않는 성질'을 가지고 있다는 것을 알았다.

지금은 1에서 1을 빼는 $(1-1)$을 생각했지만 $(2-2)$도 생각할 수 있다. 누구나 알고 있는 일이지만 이 두 개는 같은 수다. 이것을 기본원리부터 이끌어내기 위해서 지금 도출한 식에서 $a = 2$라고 하고, $2 + (1-1) = 2$ 양측에서 2를 빼면 된다. 이것으로 $1-1 = 2-2$가 되기 때문이다. 마찬가지로 $(3-3)$이나 $(100-100)$을 생각해도 $1-1 = 3-3 = 100-100$이 된다. 그래서 모든 것을 하나의 기호 '0'으로 나타내면

$$0 = 1-1 = 2-2 = 3-3 = 100-100$$

이 성립한다. 드디어 영(0)이 등장했다. 이렇게 해서 영을 정의하면 앞의 $a + (1-1) = a$라는 식은

$$a + 0 = 0 + a = a$$

로 표시된다. 영은 어떤 수에 더해도 그 수가 된다.

　다음 절에서는 영의 곱셈을 이용하는데 이것에 대해서도 이야기 해두겠다. 영은 어떤 수를 곱해도 영이 된다. 이 성질은 뺄셈과 곱셈의 분배법칙

$$a \times (b-c) = a \times b - a \times c$$

에서 도출된다. 이 분배법칙도 덧셈의 분배법칙과 뺄셈의 정의에서 도출된다. 흥미가 있는 사람을 위해서 웹사이트에 증명을 적어두었다. 이것이 $b = c$의 경우에 대해서 성립한다면 어떤 수 a에 대해서도

$$a \times 0 = a \times (b-b) = a \times b - a \times b = 0$$

가 된다. 이것으로 $a \times 0 = 0$임을 보였다.

　이렇게 계산규칙이 자연수를 확장해도 성립한다면, 다음과 같이 영의 기본 성질을 도출할 수 있다.

$$a + 0 = 0 + a = a, \quad a \times 0 = 0 \times a = 0$$

이것으로 수의 세계에 영이 더해졌다.

자연수를 사용한 계산 방법은 문명의 시작 때부터 알려져 있었지만, 영이 발견된 것은 1400년 정도 밖에 되지 않았다. 원래 수는 사과나 귤과 같이 개수가 있는 것의 수를 세기 위해서 만들어진 것이므로 '아무것도 없는' 상태에 수를 사용하기 위해선 사고의 비약이 필요했다. 고대 그리스인도 '0'은 생각하지 못했다.

고대 바빌로니아나 중앙아메리카의 마야문명에서도 수의 자릿수를 위해서 영에 대응하는 표시를 사용한 기록이 있지만 독립된 '수'로서의 '0'은 생각하지 못했던 것 같다. 영의 성질에 대해서 최초로 확실하게 기록한 것은, 인도의 천문학자이자 수학자였던 브라마굽타가 628년에 집필한《브라마스푸타 싯단타(우주의 시작)》라는 책이라고 한다.

인도에서 발견된 '영'에 대한 생각은 향신료 등의 무역과 더불어 이슬람 세계로 전파되었다. 이슬람 문명의 황금기, 바그다드의 도서관 '지혜의 관'의 관장이었던 9세기의 천문학자이자 수학자인 알 콰리즈미는 영을 사용해서 수학을 크게 발전시켰다.

유럽 서쪽 끝에 위치한 이베리아 반도는 8세기 초 지브롤터 해협을 건너온 이슬람 세력에 점령되었다. 후 우마이야조의 수도인 코르드바는 바그다드에 필적하는 영광을 누리고 당시 세계 최대급의 도서관을 건설했다. 이후 기독교 국가들이 이슬람교도들로부터 이베리아 반도를 되찾으려는 레콘키스타(재정복) 운동을 시작하자 코르도바에 집적된 이슬람의 지식이 중세 유럽으로 흘러들어 갔다. 아라비아의 수학책들도 라틴어로 번역되었다. 인도식 '0'을 사용한 기수법(記數法)을 해설한 알 콰리즈미의 책도《알고리즘에 의한 인도풍의 수》라는 제목으로 출판되었다. 알고리즘이라는 것은 알 콰리즈미의 라틴어식 발음이다. 여기서 인도식 기수법을 사용하는 사람을 알고리스트라고 했고, 이것이 계산 순서를 나타내는 '알고리즘'이라는 말의 어원이 되었다.

(−1)×(−1)은 왜 1이 되는가?

음수를 사용하는 일에 저항이 있는 사람이 많은 것 같다. 원래 음수라는 말에는 뭔가 좋지 않은 느낌이 있다. 영어에서는 '네거티브 넘버'라고 하는데 네거티브라는 말에도 부정적 인상이 있다.

일상생활에서도 '마이너스'라는 말은 피하고 다른 표현을 쓰는 경우가 많다. 이를테면 기온을 말할 때는 마이너스 5도가 아니라 영하 5도라고 한다. 월말이 되면 비서가 결산서를 가지고 내 연구실에 오는데 금액이 빨간 글씨면 이 달은 수입이 마이너스라는 것이다. 건물의 층수를 말할 때도 지하 2층이라고 하는 것은 마이너스 2층이라는 것이다. 어지간해서는 '마이너스'라는 말은 사용하고 싶지 않은 것 같다.

역사적으로도 음수를 당당하게 사용하게 된 것은 영(0)보다도 훗날의 일이다. 유럽에서는 17세기가 되어서도 음수를 사용하는 것을 주저했다. 수학, 과학, 철학의 광범위한 영역에 영향을 미친 블레즈 파스칼마저도 '0에서 4를 빼면 0 그대로다'라고 주장했다. 또한 근대 합리주의의 원조라고 하는 철학자이자 수학자인 르네 데카르트도 방정식을 풀고 음수가 나오면 '무보다 작은 수는 없다'면서 거부했다. 음수를 처음으로 적극적으로 사용한 사람은 17세기의 철학자 고트프리트 라이프니츠였다고 전해진다.

앞에서 (1−1)에 의미를 두기 위해서 새로운 수 '0'을 생각했다. 마찬가지로 (1−2)에 의미를 두기 위해서 정의된 것이 음수 '−1'이다. 이 수가 1 + (−1) = 0이라는 성질을 가진다는 것은, 덧셈의 결합법칙을 사용해서 다음과 같이 나타낼 수 있다.

$$1 + (−1) = 1 + (1−2) = (1 + 1) − 2 = 2 − 2 = 0$$

마찬가지로 2 + (−2) = 0, 100 + (−100) = 0이 성립된다. 어떤 자연수 a에 대해서도 $a + (−a) = 0$이 된다. 이것은 음수의 기본적 성질이므로 이것을 사용해서 음수의 성질을 해명해보자.

음수의 성질 중 가장 신기한 것은 음수에 음수를 곱하면 양수가 되는 것일 테다. 어른이 되어도 이 점이 납득이 되지 않는다는 사람도 많다. 얼마 전에도 도쿄대학 공학부를 졸업하고 일류기업의 기술계 임원이 된 친구와 식사를 했는데 "새삼스럽게 묻는 말인데"라고 말을 꺼내고는 "마이너스 1과 마이너스 1을 곱하면 플러스 1이 되는 것은 도대체 왜 그런 거야?"라고 질문했다. 이것은 중학교 수학의 최대 수수께끼의 하나라고 해도 과언이 아니다.

먼저 양수에 음수를 곱하면 음수가 되는 이유를 생각해보자. 예를 들어 네가 매일 100원씩 용돈을 받는데 그것을 쓰지 않고 저축했다고 하자. 하루가 지나면 100원, 이틀이 지나면 200원, 이런 식으로 돈이 모인다. n일이 지나면 100×n원의 돈이 모일 것이다. 그렇다면 100×n에서, n을 음수로 한다면 어떨까. n = −1이란, 1일 전 즉 어제를 의미한다. 어제는 오늘보다 100원의 돈이 적었으므로 $100 \times$ $(-1) = -100$이 될 것이다. 그저께 즉 $n = -2$일 때는 200원 적으므로 $100 \times (-2) = -200$. 이것으로 양수(100)에 음수(-2)를 곱하면 음수 (-200)이 된다는 것을 알 수 있다.

이것을 기본원리로는 어떻게 설명할 수 있을까? 포인트는 뺄셈과 곱셈의 분배법칙이다. 음수 -1은 $-1 = 1 - 2$였다는 사실을 기억하면

$$100 \times (-1) = 100 \times (1 - 2) = 100 \times 1 - 100 \times 2 = 100 - 200 = -100$$

이렇게 $100 \times (-1) = -100$을 도출할 수 있다. 양수와 음수를 곱하면 음수가 되는 것은 분배법칙 때문이다.

그렇다면 음수와 음수의 곱셈에 대해서 생각해보자. 네가 매일 하교 길에 100원짜리 주스를 사마셨다고 하자. 이번에는 용돈이 없다고 한다. 저금이 매일 100원씩 줄어들 것이다. 하루가 지나면 100원, 이틀이 지나면 200원 줄어든다. n일이 지나면 $100 \times n$원 줄어든다. 이것을 $(-100) \times n$으로 나타낼 수 있다. 여기서 하루 전의 경우, $n = -1$이라고 한다면 어떨까. 매일 100원짜리 주스를 사서 마셨기 때문에 100원씩 저금이 줄어드는 것이니 어제는 오늘보다 100원 더 많은 저금이 있었을 것이다. 즉 $(-100) \times (-1) = 100$이어야 한다. 그저께 즉 $n = -2$에는 200원 많았을 것이므로 $(-100) \times (-2) = 200$이 된다. 음수와 음수를 곱하면 양수가 된다고 예상할 수 있다.

이것도 분배법칙으로 도출할 수 있다. 먼저 앞에서 도출한 음수의 기본적 성질 $100 + (-100) = 0$을 기억하자. 이 양쪽에 (-1)을 곱하면, 우측의 0에는 무엇을 곱해도 0이므로 다음과 같다.

$$\{100 + (-100)\} \times (-1) = 0$$

좌변에 분배법칙을 적용하면

$$100 \times (-1) + (-100) \times (-1) = 0$$

이 된다. 이 좌변의 첫째항에, 앞에서 제시한 $100 \times (-1) = -100$을 사용하면

$$-100 + (-100) \times (-1) = 0$$

이 된다. 마지막으로 양변에 100을 더하면

$$(-100) \times (-1) = 100$$

이 된다. 음수(-100)와 음수(-1)를 곱하면 양수 100이 된다는 것을 나타냈다. 이것은 덧셈이나 곱셈의 기본 규칙에서 도출되는 것이었다.

그림1에 여기서 이야기하는 수의 세계 지도를 그려두었다. 우리는 자연수에서 시작해서 뺄셈을 자유롭게 할 수 있도록 수의 세계를 영과 음수로 확장했다. 나눗셈을 자유롭게 할 수 있도록 만들어주는 분수를 생각하는 것이 다음 이야기다. 그 다음에는 무리수의 세계가 기다리고 있다. 수의 세계를 계속 탐험해보자.

그림1 수의 세계

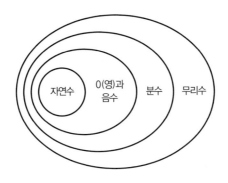

분수가 있다면 무엇이라도 나눌 수 있다

초등학교 6학년 때 '분수로 나눌 때는 분자와 분모를 바꾸어서 곱한
다'고 배웠다. 여기서는 그 이유를 생각해보자.

분수 이야기를 하기 전에 먼저 나눗셈에 대해서 복습하자. 뺄셈이
덧셈의 반대라면 나눗셈은 곱셈의 반대다.

$$(a-b)+b=a, \quad (a \div b) \times b = a$$

즉 'b를 곱해서 a가 되는 수는 무엇인가'라는 질문에 대한 답을 $(a \div b)$
라고 적는다. $x \times b = a$의 풀이에서 x가 답이라고 할 수 있다.

음수를 생각한 이유는, 자연수만으로는 뺄셈을 자유롭게 할 수 없
었기 때문이다. 이와 마찬가지로 분수가 필요한 것은 자연수만으로
는 나눗셈을 자유롭게 할 수 없었기 때문이다. 예를 들어 3개의 사과

는 자르지 않는 한 5명이 균등하게 나눌 수 없다. 이것은 $3 \div 5$가 사연수가 아니기 때문이다.

앞에서도 언급한 바와 같이, 작은 수에서 큰 수를 뺄 때 등장하는 음수를 받아들이는 데는 많은 시간이 필요했다. 17세기가 되어서도 수학자들 사이에서조차 그 존재에 대해서 의견이 나뉘었다.

이에 비해서 분수는 고대에서부터 사용되어 왔다. 식량을 분배하거나 토지를 분양할 때 분수를 눈으로 볼 수 있었기 때문에 그 존재를 납득하는 일이 쉬웠다. 이를테면 이집트의 람세스 2세의 묘에서 '린드 파피루스'라는 기원전 1650년경의 문서가 발견되었는데, 거기에 분수의 계산에 대한 문제와 해답이 기록되어 있었다. 이 문서는 '사물의 의미를 파악하고, 애매한 것이나 비밀을 명백하게 하기 위한 바른 계산 방법'이라는 말로 시작된다. 이미 이 무렵부터, 수학에는 '사물에 대하여 명석하게 사유할 수 있도록 만드는 도구'로서의 의의가 있었다는 것을 알 수 있다.

음수가 자연수의 뺄셈 $(a-b)$를 자유롭게 하기 위해서 등장한 바와 같이, 분수는 자연수의 나눗셈 $(a \div b)$를 자유롭게 하기 위한 것이다. 그래서

$$\frac{a}{b} = a \div b$$

분수의 곱셈에서 분자는 분자끼리, 분모는 분모끼리 곱한다. 식으로 나타내면 다음과 같다.

$$\frac{a}{b} \times \frac{c}{d} = \frac{a \times c}{b \times d}$$

이것을 신기하게 생각하는 사람은 많지 않을 것이지만 흥미가 있는 사람을 위해서 기본원리에서의 도출을 웹사이트에 남겼다.

분수의 곱셈은 정의로부터 $\dfrac{a}{b} \times b = a$, $\dfrac{c}{d} \times d = c$ 이므로,

$$a \div b = \dfrac{a}{b} \text{이 된다.}$$

또한, 좌변끼리 곱한 것은 우변끼리 곱한 것과 같다.

즉, $\dfrac{a}{b} \times b \times \dfrac{c}{d} \times d = a \times c$

교환법칙과 결합법칙을 사용하여 다시 정리하면

$$\left(\dfrac{a}{b} \times \dfrac{c}{d} \right) \times (b \times d) = a \times c$$

이것은 나눗셈의 정의로부터

$$\left(\dfrac{a}{b} \times \dfrac{c}{d} \right) = (a \times c) \div (b \times d) = \dfrac{a \times c}{b \times d} \text{이 된다.}$$

이것을 이용하면 분수의 나눗셈에서는 분자와 분모를 바꾸어서 곱한다는 원칙

$$\dfrac{a}{b} \div \dfrac{c}{d} = \dfrac{a \times d}{b \times c}$$

을 증명할 수 있다. 이 식을 확인하기 위해서 양측에 $\dfrac{c}{d}$ 를 곱해보자. 좌측에 $\dfrac{c}{d}$ 를 곱하면, $\div\left(\dfrac{c}{d}\right)$ 와 $\times\left(\dfrac{c}{d}\right)$ 가 서로 상쇄되어서 $\dfrac{a}{b}$ 로 돌아간다.

한편 우측에 $\frac{c}{d}$를 곱하면 곱셈의 규칙에서

$$\frac{a \times d}{b \times c} \times \frac{c}{d} = \frac{(a \times d) \times c}{(b \times c) \times d} = \frac{a \times (d \times c)}{b \times (c \times d)}$$

우측의 분자와 분모에는 $d \times c = c \times d$가 공통으로 있으므로, 약분하면 $\frac{a}{b}$가 된다. 같은 $\frac{c}{d}$를 곱해서 양측이 일치했기 때문에 분수의 나눗셈 규칙이 확인되었다. 여기까지 했으니, 약분의 규칙도 웹사이트에서 기본원리로 설명해두겠다.

가분수 → 대분수 → 연분수

고대 이집트인은 분자가 1인 단위분수밖에 생각하지 않았다. 그래도 곤란하지 않았던 것은 어떤 분수도 분자가 1인 단위분수의 합으로 나타낼 수 있기 때문이다. 예를 들어 '린드 파피루스'에는 다음과 같은 기록이 있다.

$$2 \div 59 = \frac{1}{36} + \frac{1}{236} + \frac{1}{531}$$

이렇게 분모가 다른 단위분수의 합을 '이집트식 분수'라고 한다.

단위분수만을 사용해서 분수를 나타내는 또 하나의 방법으로 연분수라는 것이 있다. 이를테면 $\frac{27}{7}$은 분자가 크지만 이것을 다음과 같이 나타낼 수가 있다.

$$\frac{27}{7} = 3 + \cfrac{1}{1 + \cfrac{1}{6}}$$

우변의 제2항은 $\cfrac{1}{1+\cfrac{1}{6}} = \frac{6}{7}$ 이므로 우변은 $3\frac{6}{7}$이 되고 좌변과 일치

한다. 이렇게 분모를 다시 분수로 만들고, 단위분수를 이어서 분수로 나타내는 것을 연분수 표시라고 한다.

연분수 표시는 어떻게 찾는가. 초등학교 4학년 때 가분수를 대분수로 만드는 방법을 배웠을 것이다. 가분수라는 것은 분자가 분모보다 크다. 즉 1보다 큰 분수라는 것이다. 이를테면 앞의 $\frac{27}{7}$은 가분수이므로 대분수로 바꾸면

$$\frac{27}{7} = 3\frac{6}{7}$$

이 된다. 우변은 3과 $\frac{6}{7}$의 합이라는 의미이므로

$$\frac{27}{7} = 3 + \frac{6}{7}$$

이라고 적겠다. 여기서 $\frac{6}{7}$은 분자가 분모보다 작은 '진분수'다. 즉 가분수를 대분수로 만들 때는 분수를 '정수'와 '진분수'의 합으로 나타낸다.

우변의 $\frac{6}{7}$은 아직 분자가 1이 아니다. 단위분수를 만들려면 분자 6과 분모 7을 서로 바꾼다. 앞에서 분수로 나눌 때는 분자와 분모를 바꾸어서 곱한다는 것을 설명했다. 그러면

$$\frac{6}{7} = 1 \div \frac{7}{6} = \frac{1}{\dfrac{7}{6}}$$

이 된다. 이것으로 분자는 1이 되었다. 여기서 분모의 $\frac{7}{6}$은 가분수이 므로, 대분수 $\frac{7}{6} = 1 + \frac{1}{6}$로 바꾸어 적으면 다음과 같다.

$$\frac{27}{7} = 3 + \frac{6}{7} = 3 + \frac{1}{\dfrac{7}{6}} = 3 + \frac{1}{1 + \dfrac{1}{6}}$$

분자가 전부 1이 되었으므로 $\frac{27}{7}$의 연분수 표시가 완성되었다.

　연분수를 사용하면 두 수의 최대공약수를 간단하게 찾을 수가 있 다.(옮긴이 주: 연분수표기를 하면 점점 숫자가 작아지므로 반드시 나누어떨어지는 수로 정리가 된다. 이것은 큰 두 수의 최대공약수를 찾을 때, 보다 작은 수의 최대공약수로 찾아내는 유클리드 호제법과 원리가 같다.) 이것에 대해서는 웹사이트에서 설명하도록 하고, 여기 서는 연분수의 또 다른 응용에 대해서 이야기하겠다.

연분수로 달력을 만든다

일본에서는 국립천문대가 매년 〈이과 연표〉를 편찬하는데, 이에 따 르면 1년은 365.24219일이다. 달력을 만들기 어려운 것은 1년이 하 루의 길이로 딱 떨어지게 나누어지지 않기 때문이다. 지구가 태양을 한 바퀴 도는 것이 정확하게 365일이라면 '1년은 365일'이라고 정하 면 되니 간단하다. 그러나 영화로도 만들어진 우부카타 도우의 시대 소설 《천지명찰》(옮긴이 주: 에도시대가 시작되고, 일본 최초의 독자적 달력을 만들어낸 실존인물인 시부카와 하루미의 일대기를 다룬 소설)에서도 주인공은 새로운 시대의 정확한 달력을 만들기 위해서 고생한다.

달력을 만들기 위해서는 1년이 며칠인가를 분수로 근사계산하면 편리하다. 먼저 365.24219일의 소수점 이하를 버리면 1년은 365일이 된다. 그런데 이것을 사용하다 보면 춘분이 약 4년에 하루씩 어긋난다.

그래서 아래와 같이 분수 근사계산을 하고 개선하면 된다.

$$365.24219 = 365 + 0.24219 \fallingdotseq 365 + \frac{1}{4.12899} \fallingdotseq 365 + \frac{1}{4}$$

근사계산에 따르면 1년은 365일과 $\frac{1}{4}$일이므로 4년에 한 번 윤년에 2월 29일까지 있는 달력을 생각하게 되었다. 이것은 고대 로마의 율리우스 카이사르가 기원전 45년에 제정한 것이므로 율리우스력이라고 한다.

또한 달력의 정밀도를 높이기 위해서 4.12899 = 4 + 0.12899라고 하고, 소수점 이하 자리의 0.12899 $\fallingdotseq \frac{1}{7.7525}$를 버리지 않고 $\frac{1}{8}$로 근사계산하면

$$365.24219 \fallingdotseq 365 + \frac{1}{4.12899} \fallingdotseq 365 + \frac{1}{4 + \frac{1}{8}} \fallingdotseq 365 + \frac{8}{33}$$

이라는 분수 근사계산을 얻을 수 있다. 페르시아의 수학자 오마르 하이얌이 1079년에 만든 쟈라리 달력은 33년에 윤년이 8번 있어서, 이 연분수 표시에 대응하고 있다. 오차는 1년에 0.00023일이다.

한편 유럽에서는 고대 로마에서 중세에 이르기까지 오랫동안 율리우스력을 사용했다. 이 달력은 1년에 0.00781일의 오차가 있으므로, 16세기말에는 13일 정도 어긋났다. 그래서 로마교황 그레고리우스 13세는 1582년에 '4로 나누어지는 해는 윤년으로 하지만 100으로 나누어지고 400으로 나누어지지 않는 해는 윤년으로 하지 않는다'는 그레고리우스력을 제정했다.[1] 즉 400년 동안 윤년으로 하지 않는 해가 3번 만들어지는 셈으로, 그레고리우스력의 1년은 $365 + \frac{1}{4} - \frac{3}{400} = 365.24250$일. 오차는 1년에 0.00031일이다.

쟈라리 달력과 그레고리우스력을 비교하면 쟈라리 달력 쪽의 오차가 적다. 그러나 그레고리우스력의 계산이 간단하기 때문에 이것이 퍼져나갔다. 오차가 1년에 0.0003일이면, 3000년에 하루 오차가 생긴다. 실용적으로 문제가 없다. 현재 우리나라에서 사용하고 있는 서력은 그레고리우스력이다.

한편 이란을 중심으로 이슬람 제국에서 사용하고 있는 이란 달력에서는 128년에 31번 윤년이 온다. 이것은

$$365.24219 ≒ 365 + \cfrac{1}{4 + \cfrac{1}{7 + \cfrac{1}{1 + \frac{1}{3}}}} = 365\frac{31}{128}$$

연분수 표시를 4단 사용해서, 1년을 $365\frac{31}{128}$일까지 근사계산한 셈

---

1 1582년이라고 하면 일본에서는 오다 노부나가가 자살한 해이다. 이 해에 나가사키를 떠난 소년 사절단은 1585년 교황 그레고리우스 13세를 알현했다.

이다. 이 정도면 〈이과 연표〉에 기재된 1년의 길이와 거의 일치한다. 실은 지구의 공전주기는 일정하지 않다. 다른 혹성으로부터의 중력이 영향을 미쳐서 변하기 때문에, 주기적으로 나타나는 윤년을 사용하는 것만으로는 더 이상 정확한 달력을 만들 수는 없다.

정말 인정하고 싶지 않았던 '무리수'

기원전 4세기경에 기술된 플라톤의 대화편 《메논》에서는, 테살리아에서 방문한 손님 메논이 "자기 자신이 모르는 것을 어떻게 탐구할 수 있는가?"라는 질문을 하자, 소크라테스가 다음과 같이 실험을 하는 장면이 있다.

소크라테스는 메논의 시종인 소년을 불러서 주어진 정사각형에 대해 면적이 2배가 되는 정사각형을 만들라는 문제를 낸다. 소년은 한 변을 2배로 하면 된다고 답하는데, 소크라테스는 이 경우 면적이 4배가 된다는 사실을 알려주고, 소년은 스스로 '무지'함을 자각한다.

여기서 소크라테스는 모래 위에 **그림2**의 가운데 그림과 같은 정사각형 2개를 그렸다. 그리고 각각의 정사각형에 대각선을 긋고, 2개의 직각이등변삼각형으로 나누었다. 소년은 이렇게 만들어진 4개의 삼각형을 **그림2**의 오른쪽과 같은 하나의 정사각형을 만들었다. 2개의 정사각형을 분해해서 조합한 것이므로 이 정사각형의 면적은 원래의 정사각형 2배가 된다. 정사각형의 면적을 2배로 만드는 문제를 푼 셈이다. 이 실험을 한 후 소크라테스는 메논에게 말했다.

우리는 모른다는 사실 그 자체를 놀랐을 때는 배우려 하시 잃시만, 모른다는 사실을 알게 되면 탐구를 하게 됩니다. 자신이 모르는 일을 탐구할 필요가 없다고 생각하는 사람보다는 자신이 모르는 것을 탐구해야 한다고 생각하는 사람이 보다 우수한 사람이고, 보다 용감한 사람이고, 보다 성실한 사람입니다.

소크라테스의 가르침을 받은 소년이 발견한 것처럼, 면적이 2배인 정사각형의 한 변은 원래의 정사각형의 대각선의 길이와 같다. 그러므로 원래의 정사각형의 한 변의 길이를 1로 하면 그 대각선의 길이는 2의 제곱근, 즉 $\sqrt{2}$가 된다. 이 수를 분수로는 나타낼 수 없다는 발견이 고대 그리스 수학에 큰 전환을 가지고 왔다.

고대 그리스 사람은 수는 분수로만 존재한다고 생각했었다. 이를테면 2개의 선분(직선의 일부분)의 길이의 비는 분수로 나타낼 수 있다고 믿었다. 주어진 선분의 분수배(분수를 곱하는 것)는 자와 컴퍼스로 그릴 수 있다. 잠깐 설명하겠다.

이를테면 하나의 선분이 주어졌을 때, 이것의 길이를 두 배로 만

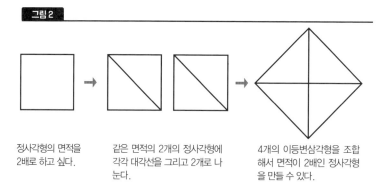

그림 2

정사각형의 면적을
2배로 하고 싶다.

같은 면적의 2개의 정사각형에
각각 대각선을 그리고 2개로 나
눈다.

4개의 이등변삼각형을 조합
해서 면적이 2배인 정사각형
을 만들 수 있다.

드는 일은 간단하다. 자를 사용해서 선분을 연장하면 된다. 컴퍼스로는 선분의 길이를 반지름으로 하는 원을 그려나가면 직선 위에 2배의 길이를 표시할 수 있다(**그림3**).

선분을 2배로 한다

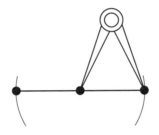

그렇다면 같은 선분을 $\frac{1}{3}$로 하기 위해서는 어떻게 해야 할까. 원래의 선분과 평행한 다른 선분을 그린다. 평행한 선분을 그리는 방법은 알고 있을 것이다. 그중 하나의 방법으로는, 먼저 컴퍼스를 이용해서 수직선을 긋는다. 이 수직선에 수직인 선을 그으면, 원래의 선분과 평행한 선분이 그려진다.

이번에는 새로 그은 선분을 처음 선분의 3배의 길이로 만든다. 이것도 컴퍼스로 그릴 수 있다(**그림4**). 다음으로 **그림4**의 오른쪽과 같이 직선을 그으면 원래의 선분이 $\frac{1}{3}$로 나뉘는 것을 알 수 있다. 이런 방법으로 어떤 분수에 대해서도 주어진 선분의 분수배를 그릴 수 있다.

고대 그리스에서는 자연계의 다양한 현상 속에서 분수를 발견했다. 이를테면 기원전 6세기 수학자 피타고라스는 두 개의 소리의 주파수의 비가 간단한 분수일 때 이 화음이 아름답게 울린다는 사실을 발견했다. 그래서 피타고라스는 분수가 자연계의 아름다움과 진리를

그림 4 선분을 3등분 한다

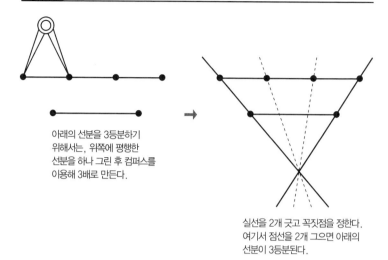

아래의 선분을 3등분하기
위해서는, 위쪽에 평행한
선분을 하나 그린 후 컴퍼스를
이용해 3배로 만든다.

실선을 2개 긋고 꼭짓점을 정한다.
여기서 점선을 2개 그으면 아래의
선분이 3등분된다.

나타낸다고 생각했다.

　그런데 분수를 가지고 조화로운 세계관을 주장한 피타고라스의 제자들은, 수학의 논리를 쫓아가는 가운데 분수가 아닌 수를 발견했다. 피타고라스 자신은 세상의 모든 수는 분수라고 믿었는데, 그의 제자 히파소스가 정사각형의 한 변과 그 대각선의 비(즉 $\sqrt{2}$)는 분수가 아니라는 사실을 증명했다. 정사각형의 대각선은 자와 컴퍼스로 그릴 수 있는 선분인데 대각선과 변의 비는 분수가 아니었다. 피타고라스는 자신의 가르침에 반하는 발견을 한 히파소스를 바다에 빠뜨려 죽였다. 일설에 따르면 히파소스는 이 발견을 선상에서 피력했고, 이에 분노한 피타고라스가 그를 바다에 던져서 죽였다고 한다.

　분수로 나타낼 수 있는 수를 '유리수', 그렇지 않은 수를 '무리수'라고 한다. 앞에서 음수를 설명하면서 부정적 인상이 있다고 했는데,

무리수는 그 단어에서도 고생한 흔적이 보인다. 히파소스가 발견한 것은, 선분의 길이는 유리수가 아니라 무리수가 될 수도 있다는 사실이다. 제5장에서 이야기하려고 하는데, 직선 위에는 유리수보다 무리수가 더 많다. 유리수와 무리수를 합해서 선분의 길이를 나타낼 수 있는 수 전체를 '실수'라고 한다.

그렇다면 $\sqrt{2}$는 왜 무리수일까. 대부분의 교과서에서는 귀류법을 사용해서 증명하고 있다. $\sqrt{2}$를 분수로 나타낼 수 있다고 가정하고 모순을 유도하는 방법이다. 이제까지 연분수 이야기를 했으니, 여기서부터는 연분수를 사용해서 $\sqrt{2}$가 무리수라는 것을 나타내겠다.

내가 중학생이었을 때 $\sqrt{2} = 1.41421356\cdots$을 외웠다. 이것을 연분수로 나타내기 위해서

$$\sqrt{2} = 1.41421356\cdots = 1 + 0.41421356\cdots = 1 + \frac{1}{2.41421356\cdots}$$

이라고 적으면, $\sqrt{2} = 1.41421356\cdots$이므로 소수점 이하가 우측 분모의 $2.41421356\cdots$과 같은 수로 나열되어 있다는 사실을 알 수 있다. 그래서

$$\sqrt{2} = 1 + \frac{1}{1 + \sqrt{2}}$$

이라고 예상할 수 있다.

이 예상은 옳았다. 2의 제곱근은 $(\sqrt{2})^2 = 2$를 충족시키고 있으므로, 양변에서 1을 빼면 $(\sqrt{2})^2 - 1 = 1$. 좌변을 인수분해하면 $(\sqrt{2} - 1) \times (\sqrt{2} + 1) = 1$이므로 $\sqrt{2} - 1 = \frac{1}{\sqrt{2} + 1}$이라고도 적을 수 있다. 양

측에 1을 더하면 위의 식이 된다.

그래서 $\sqrt{2} = 1 + \dfrac{1}{1+\sqrt{2}}$ 를 반복하면

$$\sqrt{2} = 1 + \cfrac{1}{1+\sqrt{2}} = 1 + \cfrac{1}{1 + 1 + \cfrac{1}{1+\sqrt{2}}} = 1 + \cfrac{1}{2 + \cfrac{1}{2 + \cfrac{1}{2 + \cfrac{1}{\cdots}}}}$$

언제까지나 2가 이어진다. 만약 분수라면 연분수 표시는 어딘가에서 멈출 것이다. 그러므로 $\sqrt{2}$ 는 분수가 아니라는 사실을 알 수 있다.[2]

다른 무리수에 대해서도 연분수로 표시할 수가 있다. 이를테면 3의 제곱근 $\sqrt{3}$ 의 연분수 표시는 아래와 같다.

$$\sqrt{3} = 1 + \cfrac{1}{1+\sqrt{3}} = 1 + \cfrac{1}{1 + \cfrac{1}{2 + \cfrac{1}{1 + \cfrac{1}{2 + \cfrac{1}{\cdots}}}}}$$

2의 제곱근에서는 연분수의 분모에 2가 연속해서 나타났는데 3의 제곱근에서는 1과 2가 교대로 나타난다. 일반적으로 자연수의 제곱근의 연분수 표시는 주기적인 것으로 알려져 있다.

연분수 표시가 주기적이지 않은 무리수도 있다. 이를테면 원주율 π의 연분수 표시이다.

---

2 이 증명은 기하학적으로 이해할 수도 있다. 이것에 대해서는 웹페이지에서 설명하겠다.

$$\pi = 3 + \cfrac{1}{7 + \cfrac{1}{15 + \cfrac{1}{1 + \cfrac{1}{292 + \cfrac{1}{1 + \cfrac{1}{\cdots}}}}}}$$

여기에는 주기성이 보이지 않는다.

또한 분모의 4번째 단에 292라는 큰 수가 나타난다. $\frac{1}{292 + \cdots}$은 아주 작은 수이므로 연분수를 그 하나 앞의 3번째 단에서 멈출 때, 원주율에 보다 가까운 수를 얻을 수 있다. 실제로

$$\pi \fallingdotseq 3 + \cfrac{1}{7 + \cfrac{1}{15 + 1}} = \frac{355}{113}$$

라고 하면 $\frac{355}{113} = 3.1415929\cdots$이므로, $\pi = 3.1415926\cdots$와 소수점 이하 6자리까지 일치한다. 이와 같은 분수의 근사계산을 발견한 사람은, 5세기 중국 남북조시대 송나라의 과학자 조충지이다. 그는 원주율의 연분수 표시를 2번째 단에서 자르고 얻은 $\frac{22}{7}$를 '약률(근사적 분수)', 3번째 단에서 자른 $\frac{355}{113}$를 '밀률(정밀한 분수)'이라고 했다.

2차방정식의 화려한 역사

$\sqrt{2}$ 나 $\sqrt{3}$ 과 같은 자연수의 제곱근을 연분수 표시하면 분모에 같은 수가 주기적으로 나타난다고 했다. 한편 원주율 π의 연분수 표시에는 이런 주기성이 없다. 그렇다면 어떤 수가 주기적 연분수가 되는가?

18세기 최고의 수학자였던 레온하르트 오일러는, 주기적 연분수는 어떤 정수 a, b, c를 계수로 하는 2차방정식

$$ax^2 + bx + c = 0$$

의 해(解)가 된다는 것을 보였다. 역으로 이런 2차방정식의 해가 주기적 연분수가 되는 사실은, 오일러의 뒤를 이어서 18세기의 수학을 발전시킨 조셉 루이 라그랑주가 증명했다.

　2차방정식을 푸는 방법은 고대 바빌로니아에서부터 연구되었다. 토지의 측량에 필요했기 때문이다. 예일대에 소장되어 있는 바빌로니아 점토판에는 쐐기문자로 '가로 세로의 길이를 더하면 $6\frac{1}{2}$, 면적은 $7\frac{1}{2}$인 직사각형의 가로 세로의 길이는 얼마일까?'라는 문장이 새겨져 있다. 세로의 길이를 x, 가로의 길이를 y라고 하면 이 문제는

$$x + y = 6\frac{1}{2}$$
$$xy = 7\frac{1}{2}$$

라는 연립방정식으로 나타낼 수가 있다. 첫 번째 식은 $y = 6\frac{1}{2} - x$로 바꾸어 적을 수 있다. 이것을 두 번째 식에 대입하면 x에 대한 2차방정식 $2x^2 - 13x + 15 = 0$이 된다. 이것을 풀면 $x = 5$ 또는 $\frac{3}{2}$이 된다. 바빌로니아 사람은 이런 문제를 문자식을 사용하지 않고 푸는 방법을 개발해서 점토판에도 가로 5, 세로 $\frac{3}{2}$이라는 답을 기록하고 있다.

　고대 그리스의 기하학은 자와 컴퍼스를 이용한 작도가 기본이었다. 그들은 주어진 선분의 분수배를 작도하는 방법을 알고 있었는데,

피타고라스학파에 의해 무리수인 $\sqrt{2}$ 도 정사각형의 변과 대각선 길이의 비를 가지고 작도할 수 있다는 사실을 알았다. 그런데 여기서 어떤 도형은 그릴 수 있고 어떤 도형은 그릴 수 없는가라는 문제가 제기되었다. 특히 유명한 것으로는 '3대 작도 문제'가 있다.

(1) 주어진 정육면체의 2배의 부피를 가진 정육면체

'주어진 정사각형의 2배의 면적을 가진 정사각형은 무엇인가'라는 것은, 플라톤의 대화편 《메논》에서 소크라테스가 메논의 시종에게 낸 문제다. 이 문제의 답은 각 변을 $\sqrt{2}$ 배한 정사각형이었다. 이것은 자와 컴퍼스로 그릴 수 있다. 이것을 3차원 정육면체에서도 풀어보려는 것이 이 문제다.

고대 로마시대의 역사가 플루타르코스에 따르면, 기원전 4세기경 그리스의 델로스 섬에서 내정문제가 일어나자 시민들이 델포이신전에 모여 신탁을 기다렸다. 그러자 정육면체 형태의 아폴론 제단의 부피를 2배로 만들라는 신탁이 내려졌다. 그래서 시민들은 가로 세로 높이가 각각 2배가 되는 제단을 만들고 봉납했는데 문제는 해결되지 않았다. 이것으로는 부피가 2×2×2=8배가 되기 때문이다. 시민들이 이 수학 문제에 집중하고 있는 사이에, 내정문제는 어느새 해결되었다고 한다. 그래서 정육면체의 부피를 2배로 만드는 문제를 '델로스 섬 문제'라고도 한다.

(2) 주어진 각의 3등분

주어진 각의 2등분은 자와 컴퍼스로 간단하게 작도할 수 있다. **그림5**를 보자. 컴퍼스를 가지고 각을 중심으로 원을 그린다. 이 원은 각에

그림 5 각을 2등분한다

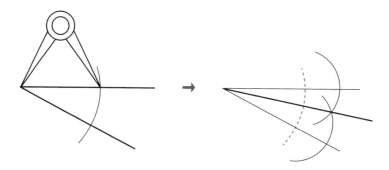

서 뻗어 나온 2개의 변과 교차되는데, 이 2개의 교점을 중심으로 또 하나 같은 반경의 원을 그린다. 이 2개의 원이 교차된 곳에 최초의 각을 잇는 직선을 그으면 각이 2등분된다. 선분은 2등분도 3등분도 가능하다. 각의 2등분이 가능하니 3등분도 가능하리라는 것은 자연스러운 발상이다. 그런데 이것은 쉽게 풀리지 않는 문제였다.

(3) 주어진 원과 같은 면적을 가지는 정사각형

원의 면적은 $\pi \times$ (반지름)^{2}이므로, 원의 반지름의 $\sqrt{\pi}$ 배의 선분을 그릴 수 있다면 이것을 한 변으로 하는 정사각형은 원과 같은 면적이 된다. 영어에서 'square the circle(원을 정사각형으로 한다)'는 것은 '불가능한 것을 기획한다'는 의미의 관용구가 될 정도로, 이것은 예로부터 난제 중의 난제였다.

수학자들은 2000년이라는 세월에 걸쳐서 이런 작도 문제를 풀고자 노력해왔다. 그런데 (1)과 (2)는 17세기, (3)은 19세기가 되어서 자와 컴퍼스만으로는 작도되지 않는다는 것이 증명되었다.

작도가 가능한지는 해보면 바로 알 수 있다. 그러나 작도 가능하지 않다는 것은 어떻게 알 수 있을까? 자와 컴퍼스를 사용하는 방법은 무수하게 많은데 이것을 모두 시험해본 것이 아닌 이상 어떻게 불가능하다고 할 수 있을까? 그래서 중요한 것은 여기서도 2차방정식이다.

도형이 작도 가능한가 아닌가에 대한 판정기준을 명확하게 말한 사람은 인류 역사상 가장 위대한 수학자 중 한 사람인 19세기의 카를 프리드리히 가우스이다. 가우스는 도형의 변의 비가 '가감승제와 제곱근의 유한 회(有限回)의 조합' 즉 2차방정식을 푸는 조작을 반복하는 것으로 표현할 수 있을 때 그 도형은 작도 가능하고 그렇지 않으면 작도 불가능하다는 것을 증명했다. 이 증명의 기본 발상에 대해서는 제6장에서 설명하겠다.

이를테면 소크라테스가 메논의 시종에게 제시한 '정사각형의 면적을 2배로 만드는 문제'에서 원래의 정사각형의 한 변의 길이를 1이라고 하면, 면적이 2배인 정사각형의 한 변의 길이는 $\sqrt{2}$ 라는 제곱근, 즉 2차방정식 $x^2 = 2$의 답으로 나타낼 수 있으므로 작도 가능하다.

이에 비해서 정육면체의 부피를 2배로 하는 델로스 섬의 문제는 2차방정식으로는 되지 않는다. 이를테면 한 변의 길이가 1인 정육면체라면 그 부피는 1. 이 부피를 2배로 하는 정육면체의 한 변의 길이를 x라고 하면 부피가 2배인 조건은 3차방정식 $x^3 = 2$로 나타낼 수 있다. 이 방정식의 해는 2의 세제곱근인데, 제곱근과 가감승제로써 나타낼 수 없으므로 델로스 섬의 문제의 답은 자와 컴퍼스로는 작도할 수 없다는 것이다.

문제(1)과 (2)는 17세기에 작도 불가능하다는 사실이 밝혀졌지만 문제(3)은 19세기가 되어서도 해결되지 않았다. 이것은 원주율 π 가 정수계수의 2차방정식 풀이를 이용해서 나타낼 수 있는가 아닌가의 문제이기도 하다. (π가 작도 가능하다면 $\sqrt{\pi}$도 작도 가능하다.) 1882년 독일의 페르디난트 폰 린데만이 원주율은 2차방정식 만이 아니라 어떤 차수의 방정식의 해도 될 수 없다는 것을 증명했으므로 비로소 원과 같은 면적을 가지는 정사각형을 작도할 수 없다는 것이 확립되었다.

가우스의 발견으로 작도문제는 자와 컴퍼스를 이용한 작업에서 해방되고, 대신 어떤 수가 유리수와 제곱근으로 표현되는가에 대한 문제로 승화되어 대수적 방법으로 풀 수 있게 되었다. 이것이 수학의 추상화의 힘이다.

이미 고대 그리스시대에는 자와 컴퍼스로 정3, 4, 5, 6, 8, 10, 12각형의 도형을 작도할 수 있다는 것을 알았다. 한편 정7, 11, 13각형의 작도는 어려웠기 때문에 꼭짓점의 수가 7이상의 소수(1과 자신의 수로만 나눌 수 있는 자연수) 개수인 정다각형은 작도불가능하다고 믿었다. 그런데 이 예상은 독일 괴팅겐 대학교에 갓 입학한 신입생 가우스에 의해서 뒤집어졌다. 소수의 꼭짓점을 가진 정17각형은 작도 가능했다.

가우스는 1796년 일기에, 3월 30일 아침에 눈을 뜨고 침대에서 일어났을 때 정17각형을 그릴 수 있다는 사실을 깨달았다고 기록하고 있다. 이때 그가 발견한 것은 빗변이 (360 ÷ 17)도인 직각 3각형의 빗변과 밑변의 비가

$$\frac{-1+\sqrt{17}+\sqrt{34-2\sqrt{17}}+2\sqrt{17+3\sqrt{17}-\sqrt{34-2\sqrt{17}}-2\sqrt{34+2\sqrt{17}}}}{16}$$

이므로, 가감승제와 제곱근만으로 나타낼 수 있다는 것이었다. 대학에서 무엇을 배울 것인가에 대해서 고민하던 가우스는 이 발견으로 자신의 능력을 확신하고 수학자의 길을 걷게 되었다.

갈릴레오와 뉴턴에서 시작된 근대과학의 발전으로, 2차방정식은 다양한 자연현상의 해명에 이용되었다. 이를테면 2차방정식은 대포 포탄이 어디에 착지하는가에 대한 계산에 이용되면서 '죽음의 방정식'이라고 불린 적도 있다. 한편 자동차 브레이크를 밟았을 때 제동거리의 계산에도 쓰였으므로 생명을 구하는 데도 도움이 되었다,

2차방정식 $ax^2 + bx + c = 0$에는 $\dfrac{-b \pm \sqrt{b^2 - 4ac}}{2a}$ 라는 풀이 공식이 있다. 일본에서 '유토리 교육'[3]을 운운하던 때에는 중학교의 학습지도요령에서 제외되었으나, 최근 재고되어 부활하였다. 이 공식은 오늘날 과학문명의 기초가 되는 것으로 의무교육의 제일 마지막 단계의 학습내용으로 알맞은 테마라고 생각한다. 이 공식이 가지는 깊은 의미에 대해서는 제9장에서 '갈루아 이론'을 이야기할 때 해설하겠다.

다시 한번 **그림1**을 보자. 인류는 보다 강력한 계산방법을 구해서 수의 세계를 확장해왔다. 사과와 귤의 수를 세는 1, 2, 3이라는 자연수에서 시작해서 뺄셈을 자유롭게 할 수 있도록 영과 음수를 생각해냈다. 나눗셈을 자유롭게 하기 위해서 분수를 생각했고, 자와 컴퍼스를 이용하는 작도에서 무리수를 발견했다. 이는 많은 시간을 필요로 했다. 파스칼이나 데카르트와 같은 위대한 수학자도 음수를 납득하

---

3 유토리 교육은 '여유 있는 교육'을 뜻하는 교육방침으로 1976년부터 단계적으로 도입, 2002년부터 공교육에 본격 도입했다. 그러나 2007년 일본정부는 학생들의 학력 저하를 이유로 유토리 교육을 철폐해 학력 강화 교육으로 급선회했다.

지 못했다. 음수의 곱셈을 힘늘어하는 숭학생이 있는 것노 무리가 아니다. 하지만 수천 년에 걸친 수학자의 노력의 흔적을 따라가는 일은 인류의 지식이 얼마나 멋진 것인지 알 수 있는 좋은 기회이므로 소중하게 생각하기 바란다.

제3장

큰 수도 무섭지 않다

세계 최초의 원자폭탄실험과 페르미 추정

1945년 7월, 미국 뉴멕시코 주의 트리니티 실험장에서 세계 최초의 원자폭탄실험이 행해졌다. 그 3년 전에 시카고 대학에서 원자로를 건설하여 원자핵 분열의 지속적인 연쇄반응을 가능하게 한 엔리코 페르미도 맨해튼 계획의 일원으로 실험에 참가했다.

폭발하고 40초 후 관측기지에도 폭풍이 도달했다. 폭발이 있었던 지점을 바라보고 있던 페르미는 일어서서 머리 위로 두 손을 번쩍 들었다. 손에는 미리 준비해둔 메모용지가 있었다. 폭풍이 도달하자 양손을 펼쳤다. 종이쪽지는 2미터 반 정도 날아서 지면에 떨어졌다. 이것을 본 페르미는 잠시 생각한 후 참가자들을 보고 말했다. "TNT 화약 2만 톤에 상당하는 위력이군요."

맨해튼 계획의 과학자들은 폭발 데이터를 조사하고 3주간에 걸친 정밀한 계산을 한 다음 페르미와 같은 답을 얻었다.

간단한 정보라도 연구하면 여러 가지를 알 수 있다. 페르미는 시카고 대학의 학생들에게 어떤 양을 즉흥적으로 추정하게 하는 문제를 즐겨 냈다. 이를테면 "시카고 시내에는 피아노 조율사가 몇 명 있는가?"라는 문제가 유명하다.

페르미 추정이라고 하는 이런 유의 문제는 유명기업 입사시험에 출제된 적도 있다. 일본에서는 이와 관련된 몇 권의 책이 출판되기도 했다. 그런데 이런 문제를 푸는 방법은 단순하다. 일견 어렵게 보이지만, 간단한 부분으로 분해하고 그 하나하나를 대략적인 값으로 추정한 다음 조합하면 된다.

이를테면 피아노 조율사의 수를 추정하는 문제에서는 먼저 시카고에 피아노가 몇 대 있는가를 생각한다.

내가 알기로, 우리가 살고 있는 로스앤젤레스는 전미 제2의 도시로 인구가 400만 명 정도다. 시카고는 전미 제3의 도시이므로 인구가 약 300만 정도일 것이다. 각 가정을 평균 3인 가족이라고 가정하면 약 100만 가구가 존재한다. 모든 가구에 피아노가 있다고는 생각할 수 없지만, 100집 당 한 대라고 보는 것은 너무 적다. 초등학교 때를 떠올려보면 한 반에 수 명의 친구가 피아노를 가지고 있었다. 그래서 10집에 한 대의 피아노가 있다고 가정하면 100만 가구에 10만 대의 피아노가 있는 셈이 된다. 개인 가정 외에도 학교나 연주회장 등 공공시설에도 피아노가 있다. 그런데 초등학교의 피아노를 생각하면, 몇백 명의 학생 당 수 대 정도 있으니 무시해도 된다고 생각할 수 있다.

그래서 시카고 시내에는 피아노가 10만 대 있다고 가정하자. 이 정도의 피아노를 조율하기 위해서는 몇 명의 조율사가 필요할까?

우리집에도 피아노가 있었고, 조율은 반년에 한 번 꼴로 했다. 조율을 전혀 하지 않는 피아노도 있을 것이므로 평균 2년에 한 번 조율한다고 하자. 2년에 한 사람 당 몇 대의 피아노를 조율할 수 있을까? 1년은 365일이고 일을 하는 것은 평일만이라고 한다. 그러면 $365 \times \frac{5}{7}$이므로 약 260일. 2년에 약 500일이다. 피아노 한 대를 조율하는 데는 약 1시간 걸리는데, 그 장소까지 가는 시간까지 생각하면 한 사람이 하루에 4대 정도가 최선이다. 즉 2년에 한 사람 당 $500 \times 4 = 2000$대를 조율 할 수 있다는 계산이다. 그러므로 10만 대의 피아노를 조율하기 위해서는 $100,000 \div 2000 = 50$명 정도의 조율사가 필요하다는 것을 알 수 있다.

여기서 조율은 2년에 한 번이라고 대충 어림했다. 더 정확한 수치를 이용하면 보다 정확한 계산이 가능하지만 이 정도의 계산이라도 자릿수는 틀리지 않을 것이다. 실제로 '직업별 전화번호부'를 보니 시카고에는 적어도 30명의 피아노 조율사가 있다고 한다. 등재되지 않은 조율사도 있을 것이므로 50명 정도라는 것은 크게 틀리지 않은 어림값이다.

또 다른 페르미의 추정의 예를 설명하겠다.

대기 중 이산화탄소는 어느 정도 증가했을까

현재 대기 중 이산화탄소의 농도가 증가하고 있고, 이것이 지구의 기후를 크게 바꿀 것이라는 우려가 증가하고 있다. 이산화탄소 증가의 원인은 인류가 소비하는 석유와 석탄 등 화석 연료 때문일까? 이것을 판단하기 위해서는 화석연료에서 배출되고 있는 이산화탄소의 양을 추정할 필요가 있다. 나는 기상이나 환경문제 전문가가 아니지만 내가 가지고 있는 지식만으로도 대략 계산할 수가 있다.

(1) 인류는 어느 정도의 에너지를 소비할까

우리들은 매일 약 2000킬로칼로리의 식사를 한다. 칼로리라는 것은 에너지의 단위다. 그런데 우리들은 음식만으로 에너지를 소비하는 것은 아니다. 에어컨이나 컴퓨터의 가동에도 에너지가 소비된다. 공장에서 제품을 만들기도 하고 자동차나 전차, 비행기 등으로 사람과 물건을 수송하기도 한다. 또한 사회를 꾸려나가기 위한 서비스업에서도 에너지를 소비하고 있다.

이렇게 사회 전체가 소비하고 있는 에너지를 추정하기 위해서 자동차를 생각해보자. 이를테면 도요타의 카롤라는 약 100마력의 에너지를 가지고 있다. 1마력은 한 마리의 말이 내는 힘으로, 한 사람이 내는 힘의 몇 배에 해당한다. 100마력은 수백 명의 사람의 힘에 해당한다.

하루의 식사로 얻는 에너지를 2000킬로칼로리라고 하면, 현대 생활에서 한 사람에게 필요한 에너지는 그 수십 배가 된다. 카롤라의 최대출력이 인간 수백 명분이라고 하지만, 한 사람의 에너지 소비량의 수백 배까지는 안 될 것 같다. 그래서 그 중간 수인 50배. 즉 한 사람이 하루 100,000킬로칼로리를 소비한다고 추정할 수 있다. 상당히 대충 추정한 것이지만 자릿수 정도는 맞을 것이다.

세계에는 70억 명의 사람이 있으므로, 전 세계 에너지 소비량은 하루에 약 70억×100,000 $= 7 \times 10^{14}$ 킬로칼로리라고 할 수 있다.

(2) 인류는 어느 정도의 이산화탄소를 배출하고 있는가

70억 킬로칼로리의 에너지를 모두 석탄과 석유 등의 화석연료를 태워서 생산했다고 하면, 어느 정도의 이산화탄소가 배출될까? 좀 전에 편의점에 가서 상품 진열대를 봤는데 '칼로리바'는 하나에 100킬로칼로리라고 적혀 있었다. 이것을 이용해서 에너지 소비량과 이산화탄소 배출량의 관계를 도출해보자.

우리는 산소를 흡입하고 이산화탄소를 내뱉는다. 이것은 음식에 들어 있는 탄소가 흡인한 숨 속의 산소와 결합해서 이산화탄소를 만들기 때문이다. 칼로리바는 10그램의 탄수화물로 이루어져 있는데 에너지원이 되는 탄소도 탄수화물의 일부다. 탄소량은 탄수화물 전체 질량인 10그램보다 적을 것이지만 산소와 결합해서 이산화탄소가 되면 무거워지므로 칼로리바 하나로 100킬로칼로리의 에너지를 얻을 때는 이산화탄소가 10그램 정도 배출된다고 짐작할 수 있다.

전 세계에서 하루에 7×10^{14} 킬로칼로리의 에너지를 소비하므로, 지금의 계산을 이용하면 하루 동안 7×10^{13} 그램의 이산화탄소가 배출되는 것을 알 수 있다. 1년은 365일이므로 연간 $7 \times 10^{13} \times 365 ≒ 3 \times 10^{16}$ 그램의 이산화탄소가 배출된다.

캘리포니아 주립대학 샌디에이고 캠퍼스의 찰스 키링은 하와이 마우나로아 산의 관측소에서 1958년부터 반세기에 걸쳐서 대기 중의 이산화탄소 농도의 정밀한 관측을 지속적으로 실시해왔다. 그는 대기 중의 이산화탄소가 연간 10^{16} 그램의 비율로 증가하고 있다는 사실을 밝혔다. 키링은 이 업적으로 미국 대통령으로부터 국가과학상을 수상했다.

우리의 계산은 키링의 관측과 일치한다. 최근 반세기 동안 이산화탄소의 증가는 인류 활동에 의한 것이라는 사실이 확실한 것 같다.

큰 수가 나와도 두렵지 않다

페르미 문제를 푸는 비결은 큰 수가 나와도 두려워하지 않고 논리를 좇아서 천천히 계산해 나가는 것이다. 대략 계산하는 것이므로 자릿수만 맞으면 된다. 0을 잘못 세는 일이 없도록 하는 것이 중요하다.

　그래서 편리한 것이 거듭제곱 표시다. $10^1 = 10$, $10^2 = 100$처럼 10의 오른쪽 어깨에 적힌 숫자가 0의 개수를 나타내고 있다. 이 방법이라면 1조는 1,000,000,000,000, 1 뒤에 영이 12개 이어지므로 1조 $= 10^{12}$라고 적을 수 있다. 큰 수(2013년의 데이터)를 이 방법으로 나타내어 보자.

　일본의 실질 GDP $= 5.2 \times 10^{14}$엔
　일본의 국가예산 $= 9.2 \times 10^{13}$엔
　도요타자동차의 매출 $= 2.3 \times 10^{13}$엔
　일본의 문교부(옮긴이 주: 일본교육부) 예산 $= 1.2 \times 10^{12}$엔
　근로세대의 연간 가처분소득 $= 5.1 \times 10^6$엔

일본의 국가예산(일반회계)이 92조 엔이라고 하면 어느 정도인지 감을 잡기 어려운데 이렇게 10의 거듭제곱으로 적고 다른 수와 비교하면 그 크기를 대략 짐작할 수 있다. 이렇게 수를 '정수 부분이 한자리'인 소수와 '10의 거듭제곱'으로 곱으로 나타내는 방법을 '과학적

기수법'이라고 한다. 92조 엔을 9.2×10^{13}이라고 적었을 때 9.2는 '계수', 10의 오른쪽 어깨에 있는 13은 '지수'라고 한다.

이 표기법이면, 곱셈을 할 때는 지수를 더할 뿐이므로 잘 틀리지 않는다.

$$10^7 \times 10^5 = 10^{7+5} = 10^{12}$$

또한 나눗셈은 지수의 뺄셈이 된다.

$$10^7 \div 10^5 = 10^{7-5} = 10^2$$

이것은 $10,000,000 \div 100,000 = 100$이라고 계산하면 확인할 수 있다. 즉 다음과 같다.

$$10^n \times 10^m = 10^{n+m}$$
$$10^n \div 10^m = 10^{n-m}$$

제2장에서 뺄셈을 자유롭게 하기 위해서 자연수의 개념이 확장되었다는 이야기를 했다. 자연수의 범위에서는 큰 수에서 작은 수를 빼는 일만 가능하다. 그래서 뺄셈을 더 자유롭게 하기 위해서 영과 음수가 발견되었다는 이야기를 했다. 이제까지는 10의 오른쪽 어깨에 있는 지수는 자연수 만이었지만, 영이나 음수의 지수도 생각할 수 있다.

예를 들어 10^7을 같은 10^7으로 나누면 1이 된다. 한편 앞 페이지의 나눗셈식이 이 경우에도 해당되므로 $10^7 \div 10^7 = 10^{7-7} = 10^0$. 그래서

$$10^0 = 1$$

이라고 할 수 있다.

또한 10^5을 그보다 2자릿수가 큰 10^7으로 나누면 $100,000 \div 10,000,000 = \frac{1}{100}$이 된다. 즉 $10^5 \div 10^7 = \frac{1}{100} = \frac{1}{10^2}$. 한편 앞 페이지의 나눗셈식이 이 경우에도 해당된다면 $10^5 \div 10^7 = 10^{5-7} = 10^{-2}$이므로

$$10^{-2} = \frac{1}{10^2}$$

라고 하면 된다. 이것을 이용하면 1 미만의 수도 10의 거듭제곱으로 나타낼 수 있다. 이를테면 개미의 크기는 약 10^{-3}미터이고 아메바의 크기는 약 10^{-4}미터이다. $10^{-3} = 0.001$인 것과 같이 지수의 절댓값(음의 부호를 뗀 것)은 소수점 표시로 할 때의 0의 개수와 같다.

지수의 덧셈이나 뺄셈을 했던 것과 같이, 곱셈이나 나눗셈도 생각할 수 있다. 예를 들어 $(10^5)^3$을 생각해보자. 이것은 10^5을 3번 곱하는 것이므로,

$$(10^5)^3 = 10^5 \times 10^5 \times 10^5 = 10^{15}$$

가 된다. 여기서 오른쪽의 지수가 $15 = 5 \times 3$이라는 사실을 알면 $(10^5)^3 = 10^{5 \times 3}$이라고 나타낼 수 있다. 일반적으로 거듭제곱으로 표시된 수를 m제곱하면, 지수는 m배가 된다.

$$(10^n)^m = 10^{\overbrace{n + \cdots + n}^{m}} = 10^{n \times m}$$

그렇다면 지수의 나눗셈 $10^{n \div m}$은 무엇일까? 제2장에서 나눗셈이란 곱셈의 역이라는 이야기를 했다. 이를테면 $(3 \div 5) \times 5 = 3$이다. 이것을 지수에 대입시키면

$$(10^{3 \div 5})^5 = 10^{(3 \div 5) \times 5} = 10^3$$

즉 $10^{3 \div 5}$는 5승해서 10^3이 되는 것, 즉 10^3의 5제곱근이 된다. 5제곱근을 $\sqrt[5]{\cdots}$ 이라는 기호로 적기로 하면, 다음 식과 같이 된다.

$$10^{3/5} = 10^{3 \div 5} = \sqrt[5]{10^3}$$

이 방식으로 지수를 분수로 나타낼 수도 있다. 또한 π와 같은 무리수라도 분수로 근사계산하면 지수로 만들 수 있다. 예를 들어 제2장에서 나온 밀률 $\pi \fallingdotseq \dfrac{355}{113}$을 이용하면

$$10^\pi \fallingdotseq 10^{355/113} = \sqrt[113]{10^{355}} \fallingdotseq 1385$$

가 된다.

이것을 사용하면 어떤 수라도 10의 거듭제곱으로 나타낼 수가 있다. 일본의 실질 GDP는 5.2×10^{14}엔이므로 이 전체를 10의 거듭제곱으로 나타내보자. 5.2는 $1 = 10^0$보다는 크지만 $10 = 10^1$보다는 작다. 그러므로 $5.2 = 10^x$에서 x는 $0 < x < 1$일 것이다. 시험 삼

아 $x = \frac{1}{2}$이라고 하면 $10^{\frac{1}{2}} = \sqrt{10} = 3.16\cdots$으로 5.2보다 작으므로 $\frac{1}{2} < x < 1$로 범위가 좁혀진다. 이것을 몇 번 반복하면 $x ≒ 0.72$로 하면 된다는 것을 알 수 있다. 즉 일본의 실질 GDP는 10의 거듭제곱만으로 다음과 같이 나타낼 수 있다.

$$5.2 \times 10^{14} = 10^{0.72+14} = 10^{14.72} 엔$$

여기서는 $5.2 ≒ 10^{0.72}$의 지수 0.72를 시행착오로 계산했다. 이것을 구하는 편리한 도구가 있는데, 이것이 바로 다음에 이야기할 '대수'다.

천문학자의 수명을 2배로 늘린 비밀병기

제1장에서 나온 동전던지기에 관한 도박 이야기를 기억하는가. 동전의 앞면이 나오는 확률이 $p = 0.47$, 뒷면이 나오는 확률이 $q = 0.53$일 때 50원을 가지고 1원씩 걸어서 100원을 만들려면 99.75퍼센트의 확률로 파산해버린다. 이 계산에 사용한 공식은

$$p(50, 100) = \frac{1 - (q/p)^{50}}{1 - (q/p)^{100}}$$

이었다. 이것을 계산하기 위해서 $\frac{q}{p} ≒ 1.13$을 100번 곱한다면 날이 저물 것이다.

내가 이 도박 이야기를 준비했을 때, 먼저 $1.13 ≒ 10^{0.053}$이라고 10의 거듭제곱으로 나타냈다. 이것을 이용하면

$$1.13^{50} \fallingdotseq (10^{0.053})^{50} = 10^{0.053 \times 50} \fallingdotseq 10^{2.7} \fallingdotseq 5.0 \times 10^{2}$$
$$1.13^{100} \fallingdotseq (10^{0.053})^{100} = 10^{0.053 \times 100} \fallingdotseq 10^{5.3} \fallingdotseq 2.0 \times 10^{5}$$

50승이나 100승이나 간단하게 계산할 수 있다. 나는 이것을 사용해서 $P(50, 100) \fallingdotseq 0.0025$, 즉 이기고 돌아갈 확률이 0.25퍼센트라고 계산했다.

이렇게 여러 수를 10의 거듭제곱으로 나타낼 수 있다면 편리하다. 곱셈을 할 때 10의 거듭제곱으로 표시해두면, 곱셈은 덧셈, 나눗셈은 뺄셈으로 계산할 수 있어서 계산이 압도적으로 간단해진다. 그래서 발견된 것이 대수다.

수학에서는 수에 수를 대응시키는 것을 '함수'라고 한다.[1] 예를 들어 어떤 수 x에 3을 더해서, 새로운 수 $x + 3$으로 만드는 것이 함수다.

$$x \rightarrow x + 3$$

이 함수에서는 1은 4로, 2는 5가 된다.

'엎질러진 물'이란 한번 일어난 일은 다시 되돌릴 수 없다는 뜻인데, 어떤 조작에 대해서 그 반대의 조작을 생각할 수 있을 때가 있다. 이를테면 연필로 쓴 글자는 지우개로 지울 수가 있다. 망치로 박은 못은 못뽑이로 뽑을 수가 있다.

함수는 수를 다른 수로 변화시키는 것인데 이것을 원래대로 되돌리는 함수가 있을 때 이를 '역함수'라고 한다. 이를테면 수에 3을 더

---

1 일본 중고등학교 교과서에서는 관수(關數)라고 한다.

하는 함수 $x \rightarrow x+3$의 역함수는 3을 빼는 것이다.

$$x \rightarrow x-3$$

역함수는 함수의 조작을 원래로 되돌린다. $1 \rightarrow 4$라는 함수가 있다면 역함수에서는 $4 \rightarrow 1$로 되돌아간다.

$$\text{함수}: x \rightarrow x+3$$
$$\text{역함수}: x+3 \rightarrow x$$

엎질러진 물이 다시 그릇으로 되돌려진 것이다.

수 x가 있다면 10의 거듭제곱 10^x를 계산할 수 있다. 이것도 함수다.

$$x \rightarrow 10^x$$

이것의 역함수를 '대수함수'라고 하고, log라는 기호로 나타낸다. $x \rightarrow 10^x$라는 조작을 역전하는 것이므로 다음과 같다.

$$x \rightarrow 10^x$$
$$10^x \rightarrow \log_{10}(10^x) = x$$

대수를 의미하는 영어 logarithm의 첫 세 글자를 따서 log라고 적는다. 10의 거듭제곱의 지수를 계산하고 있다는 것을 기억하기 위해서

log 오른쪽 아래에 10을 붙이고 $\log_{10}$라고 해두었다.

내가 어릴 때에는 계산자라는 것이 있었다. 이것을 사용하면 $\log_{10}(1.13) = 0.053$을 구할 수 있어서 1.13의 거듭제곱 표시가 $1.13 = 10^{0.053}$이라는 것을 알았다. 고등학교에 입학하고는 좀 더 고급스러운 전자계산기로 대수함수의 계산을 할 수 있어서 편리한 물건이라고 생각했다. 최근에는 웹브라우저에서 'log1.13'을 검색하면 0.05307844348이라고 나온다.

대수는 큰 수의 곱셈이나 나눗셈을 위해서 발견되었다. 15세기에 기독교 국가가 이베리아 반도를 제패하고 대서양을 향한 교통수단을 얻으면서 대항해 시대가 시작되었다. 그리고 바다를 항해할 때, 자신의 위치를 측정하기 위해서는 정밀한 천체 관측과 10자릿수 이상의 계산이 필요하게 되었다. 16세기 덴마크의 위대한 천문학자 티코 브라헤는 큰 수의 곱셈이나 나눗셈을 위해서 삼각함수의 가법정리(제8장에서 설명한다)를 응용했다. '브라헤는 곱셈이나 나눗셈을 덧셈이나 뺄셈으로 계산하고 있는 것 같다'는 소문을 들은 스코틀랜드의 존 네이피어는 삼각함수보다도 간단한 계산방법을 개발했다. 이것이 대수함수다. 대수는 천문학의 계산을 효율화했으므로 '천문학자의 수명을 2배로 늘렸다'는 말을 들었다. 'logarithm'이라는 이름도 'log'라는 말과 비율을 의미하는 그리스어의 'logos'에서 네이피어가 명명한 것이다. 'arithm'은 수를 의미하는 'arithmos'에서 유래한다.

1601년 브라헤가 죽은 후, 그 막대한 천체 관측 데이터를 이어받은 요하네스 케플러는 행성의 운동에 관한 제1법칙과 제2법칙을 1609년에 발표한다. 또한 케플러는 행성의 공전주기와 궤도의 크기를 관계 짓는 제3법칙을 발견하는데, 이것은 10년의 시간을 더 필요로 했다. 케플러가 대수의 존재를 안 것은 1616년으로, 제3법칙의 발견을 위해서는 이 함수가 필요했었다. 케플러의 법칙에 대해서는 뒤에서 이야기하도록 하겠다.

한편 네이피어는 스코틀랜드의 귀족인데, 그 자손 찰스 네이피어는 19세기에 대영제국 인도의 총사령관을 역임했다. 뉴질랜드의 네이피어 시는 그의 이름에서 따왔다.

복리효과를 최대로 하는 예금방법은?

은행A의 정기예금이 연리 100퍼센트라고 하자. 상당히 큰 값이지만 계산을 간단하게 하기 위해서 이렇게 하겠다. 만 원을 맡기면 1년에 2배로 늘어나 2만 원이 된다. 그런데 옆 은행B에서는 연리 200퍼센트라는 파격적 정기예금을 시작했다. 은행B에 맡기면 1년에 3만원이 된다. 그래서 은행A에 상담을 갔더니 "반년마다 다시 맡기면 어떨까요?"라고 했다.

연리 100퍼센트라고 할 때 이율을 균등하게 나누면 반년에 50퍼센트. 이 이율이면 반년 후에는 1.5배, 그 반년 후에도 역시 1.5배가 되므로 1년에 $1.5 \times 1.5 = 2.25$배인 2만 2500원이 된다. 확실히 1년간 그냥 맡겨두는 것보다 이익이다. 이렇게 이자가 이자를 낳는 것을 복리라고 한다.

그러나 1년에 2.25배라 해도 3배로 만들어주는 은행B보다는 낮다. 그렇다면 반년마다가 아니라 한 달마다 다시 맡긴다면 어떨까.

연리 100퍼센트라면 한 달에 $\frac{100}{12}$, 약 8.3퍼센트, 즉 1.083배. 한 달마다 12번 맡기는 것이니 1년 후에는 $1.083^{12} = 2.613$배가 된다. 앞에서 2.25배였으므로 이윤이 더 많다.

그렇다면 거치기간을 더 짧게 하여 나누어 맡기면 어떨까. 3배로 해주는 은행B보다 유리할까?

1년에 n번 나누어서 맡긴다고 하자. 이율을 균등하게 나누면 1번의 이율은 $\frac{100}{n}$퍼센트이다. 즉 한번 맡기면 $(1 + \frac{1}{n})$배가 되고, n번 맡기면 $(1 + \frac{1}{n})^n$배가 된다. 맡기는 횟수를 늘려가면 어떻게 될까? 계산하면 다음 표와 같다.

거치기간	n	$(1+\frac{1}{n})^n$
1년	1	2.000
반년	2	2.250
한 달	12	2.613
1일	365	2.714
1초	31536000	2.718

맡기는 횟수를 늘리면 복리가 늘어나는 것처럼 보이지만 2.71828…보다는 커지지 않는다. 아무리 노력해도 3배로 해주는 은행B를 이길 수 없다.

n을 늘려 가면 $(1 + \frac{1}{n})^n$은 어떤 수에 다가간다. 이 수는 네이피어 대수에 대한 책의 부록에 표로 기록되어 있어서 '네이피어의 수'라고 하기도 한다. n을 늘려 가면 최대 한계의 수가 존재한다는 것을 최초로 명확하게 확인한 사람은 17세기의 야곱 베르누이다. 이 수에 'e'라는 기호를 사용한 사람은 오일러이다. 극한의 기호 lim을 사용하

면 아래와 같이 표시할 수 있다.

$$e = \lim_{n \to \infty} \left(1 + \frac{1}{n}\right)^n$$

네이피어의 수는 수학의 여러 장면에 등장한다. 이를테면 제4장에서도 소수(素數)가 얼마나 많은가 추측하는 데 중요한 역할을 한다. 또한 네이피어의 수는 원주율 π와도 깊은 관계가 있다. 영화가 되기도 한 오가와 요코의 소설《박사가 사랑한 수식》에서도 다룬 식은

$$e^{\pi i} + 1 = 0$$

이다. 이 식에 대해서는 제8장에서 허수 i를 설명할 때 이야기하겠다.

은행예금이 배가 되려면 몇 년이나 맡겨야 할까?

이제까지는 10의 거듭제곱을 생각했었는데, 다른 수의 거듭제곱을 사용하는 경우도 있다. 예를 들어 컴퓨터의 데이터는 [0]과 [1] 두 수의 조합으로 이루어져 있으므로 수를 2의 거듭제곱, 즉 2^x로 나타내는 것이 편리하다. 이때 지수 x를 찾는 대수함수를 $\log_2$라고 적는다.

$$\log_2(2^x) = x$$

[2]의 거듭제곱의 지수를 계산하고 있다는 것을 기억해두기 위해서,

log의 오른쪽 아래에 2를 붙여서 $\log_2$라고 해두었다. 과학의 세계에서는 네이피어의 수 'e'의 거듭제곱 e^x를 잘 사용한다. 이 지수 x를 찾는 대수함수는 $\log_e$라고 적고, '자연대수'라고 부른다.

$$\log_e(e^x) = x$$

대수의 중요한 성질로 $\log y^n = n \times \log y$가 있다. 이 성질은 $\log_2$, $\log_e$, $\log_{10}$ 어느 것에도 해당된다. 뒤에서 몇 번이고 사용할 것이므로 설명해두겠다. 먼저 'n제곱하면 지수는 n배가 된다'는 이야기를 떠올리면 $(10^x)^n = 10^{x \times n}$. 그 대수는

$$\log_{10}(10^x)^n = \log_{10} 10^{x \times n} = n \times x$$

가 된다. 그래서 $y = 10^x$라고 적으면 $x = \log_{10} y$이므로

$$\log_{10} y^n = n \times x = n \times \log_{10} y$$

가 도출된다. $\log 2$나 $\log e$에 대해서도 같은 말을 할 수 있다.

과학의 세계에서 자연대수가 잘 사용되는 것은 작은 수 ε에 대해서

$$\log_e(1 + \varepsilon) \fallingdotseq \varepsilon$$

라는 식이 근사적으로 성립되기 때문이다. 이 덕분에 여러 계산이 간단해진다. 이 식을 도출하는 것은 쉽지만 조금 길기 때문에 웹사이트

에서 증명해두었다.

이 식을 자산운용에 응용해보자. 2014년 현재, 일본 대형은행 정기예금의 이자는 0.025퍼센트 정도이므로 1년간 맡겨도 $(1 + 0.00025)$배밖에 되지 않는다. 몇 년이나 맡겨야 2배가 될까? 2년 맡기면 $(1 + 0.00025)^2$배, 3년 맡기면 $(1 + 0.00025)^3$배, n년 맡기면 $(1 + 0.00025)^n$배. 그래서 이 돈이 2배가 되는 연수는

$$(1 + 0.00025)^n = 2$$

이다. n을 계산하면 바로 알 수 있다. 이 n을 구하기 위해서 좌변에 자연대수를 취하면

$$\log_e(1 + 0.00025)^n = n \times \log_e(1 + 0.00025) ≒ n \times 0.00025$$

가 된다. 여기서는 위에서 말한 식에서 $\varepsilon = 0.00025$인 경우로, $\log_e(1 + 0.00025) ≒ 0.00025$로 근사계산된다. 한편 우변의 2의 자연대수의 값은 $\log_e 2 ≒ 0.69351$이므로 $n \times 0.00025 ≒ 0.69315$가 된다. 이것으로 정기예금이 2배가 되는 연수는 $n ≒ 0.69315 / 0.00025 = 2772.6$이다. 약 2800년 맡기면 2배가 된다는 것을 알 수 있다. 이를테면 고대 페니키아인이 북아프리카의 도시국가 카르타고를 건국한 해에 돈을 맡겼다고 하면 이제 겨우 2배가 된다는 계산이다.

공식을 만들어두자. 금리가 R퍼센트라고 하면 1년에 $\left(1 + \dfrac{R}{100}\right)$배가 되므로 n년에 $\left(1 + \dfrac{R}{100}\right)^n$배. 금리가 수 퍼센트라면 $\dfrac{R}{100}$은 작은

수이므로 앞의 근사계산을 이용해서 다음과 같이 만들 수 있다.

$$\log_e\left(1 + \frac{R}{100}\right)^n \fallingdotseq n \times \frac{R}{100}$$

n년에 돈이 2배가 된다고 하면 이것은 $\log_e 2 \fallingdotseq 0.69315$와 같으므로

$$n \fallingdotseq \frac{69.315}{R}$$

이것으로 돈이 2배가 되는 연수를 계산할 수 있다.

금융 자문가에게 자산운영에 대해서 상담하면 '72의 법칙'을 말해주는 이가 많다. 돈이 2배가 되는 연수 n을 구할 때, 금리 R을 가지고 $n \times R = 72$로 계산하는 법칙이다. 한편 우리들이 도출한 공식에서는 $n \times R \fallingdotseq 69.315$이다. 72의 법칙이 어느 정도 맞을까? 돈이 2배가 되는 연수와 금리의 조합을 표로 만들어보았다.

금리	연수	연수×금리
100%	1.00	100
30%	2.64	79.2
10%	7.27	72.7
1%	69.6	69.6
0.1%	694	69.4

금리가 작아질수록 연수×금리가 69.315…에 다가간다는 것을 알수 있다. 금융 자문가가 72라는 숫자를 사용하고 있는 것은 비교적 오차가 작고, $72 = 2^3 \times 3^2$이므로 2와 3의 인수(因數)로만 되어 있어

서 돈이 2배가 되는 연수를 암산하는 데 편리하기 때문이다.

　네이피어의 수 e는 복리계산만이 아니라 여러 곳에 등장한다. 이를테면 결혼상대를 선택하는 문제이다. 결혼상대의 후보 N명 있고, 한 사람씩 순서대로 면접을 할 때 처음부터 $(m-1)$명까지의 후보와는 그냥 만나볼 뿐 전원 거절한다고 하자. 그리고 m명 째가 되었을 때에, 본격적으로 마음을 먹고, 이제까지 선을 본 누구보다도 마음에 드는 사람이 온다면 그 사람을 선택하도록 한다고 하자. 이때 자신이 가장 좋아하는 사람을 선택하기 위해서는 몇 번째부터 본격적으로 마음을 먹고 선택해야 하는가가 문제다. 웹사이트에서 설명하는 바와 같이 정답은 후보자 총 수를 네이피어의 수로 나눈 $m = \dfrac{N}{e} ≒$ $0.368 \times N$으로, 이때 성공할 확률 자체도 $\dfrac{1}{e}$로 네이피어의 수로 나타난다. 케플러는 재혼상대를 선택할 때 이 전략을 이용했다고 한다.

자연법칙은 대수로 간파한다

자연의 법칙에는 거듭제곱을 사용해서 표현할 수 있는 것이 많다. 그리고 이것은 대수를 이용하면 꿰뚫어볼 수가 있다. 그래서 대수는 과학이나 공학의 여러 분야에서 쓰이고 있다. 대수는 음악과도 관계가 깊은데 이것에 대해서는 웹사이트에 설명해두었다. 여기서는 갈릴레오와 뉴턴에 의해 17세기 과학혁명의 단서가 된, 케플러의 법칙과 대수의 관계에 대해서 이야기하겠다.

　앞에서 케플러가 브라헤의 천체관측 데이터를 이어받았다고 이야기했었다. 케플러는 브라헤의 데이터를 분석하고, 혹성의 궤도는 코

페르니쿠스가 생각한 것과 같은 완전한 원이 아니라 태양을 하나의 초점으로 하는 타원이라는 사실을 발견했다. 이것이 케플러의 제1법칙이다. 또한 각 혹성의 타원궤도상의 운동은, 태양에 가까울 때는 빠르고 멀면 느려진다. 이 양상을 숫자로 나타낸 것이 제2법칙이다. 케플러는 이 두 개의 법칙을 1609년에 발표했다.

케플러는 혹성의 궤도 반지름과 공전주기 사이에도 수학적 관계가 있다고 믿었다. 브라헤의 데이터에서 그것을 입증하는데, 데이터를 얻은 다음 18년의 세월이 더 필요했다. **그림1**은 혹성의 궤도 반지름과 공전주기를 그래프로 만든 것이다(타원궤도이므로 긴반지름과 짧은반지름이 있는데 여기서는 긴반지름을 표시했다). 그런데 이 그림에서는 궤도 반지름과 공전주기의 관계를 간파하기가 어렵다. 일직선으로 나열된 것 같지 않고 수성에서 화성까지의 데이터가 원점 가까이에 모여 있어서 어떤 곡선으로 표현될지 알 수 없다.

케플러가 1619년에 출판한 《우주의 조화》에서, '작년 3월 8일에 멋진 아이디어가 머리에 떠올랐다'라고 기술하고 있다. 이것은 궤도 반지름의 대수와 공전주기의 대수를 비교하는 것이었다. 세로축을 공전주기의 대수, 가로축을 궤도 반지름의 대수로 한 **그림2**에서는, 수성에서 토성에 이르는 데이터가 멋지게 일직선으로 나열되어 있음을 알 수 있다. 이 그래프에서는 지구의 공전주기와 지구 궤도의 긴반지름을 단위로 삼고 표시하고 있는데, 케플러는 이 직선의 기울기가 $\frac{3}{2}$이라는 사실을 발견했다. 즉

$$\log_{10}(\text{혹성의 공전주기}) = \frac{3}{2}\log_{10}(\text{궤도의 긴반지름})$$

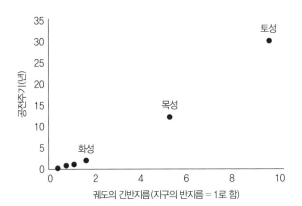

그림1 혹성의 궤도 반지름과 공전주기의 관계

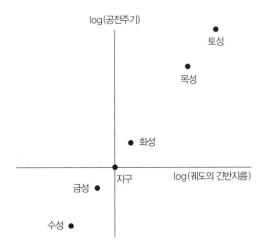

그림2 대수로 표시하면 관계를 잘 알 수 있다

이라는 것이다. 대수의 공식 $\log x^n = n \times \log x$를 이용하면 이것은 다음과 같이 나타낼 수도 있다.

$$\log_{10}(\text{혹성의 공전주기}) = \log_{10}(\text{궤도의 긴반지름})^{3/2}$$

대수를 제거하면

$$(\text{혹성의 공전주기}) = (\text{궤도의 긴반지름})^{3/2}$$

이므로 양쪽을 제곱하면 혹성의 공전주기의 제곱은 궤도의 긴반지름의 세제곱에 비례한다는 케플러의 제3법칙을 얻을 수 있다. (여기서는 지구의 주기와 반지름을 단위로 하고 있으므로 비례상수가 1이다.) **그림1**을 보고 있는 것만으로는 $\frac{3}{2}$이라는 지수를 간과할 수는 없다. 그러나 대수를 사용한 **그림2**의 기울기를 보면 일목요연하다.

아이작 뉴턴은 고전역학을 확립한 저서《프린키피아(자연철학의 수학적 제원리)》의 제3권에서, 케플러의 제3법칙에서 중력의 세기가 거리의 제곱에 반비례한다는 것을 도출하고 있다. 대수에 의해서 발견된 케플러의 법칙은 중력의 법칙의 발견으로 이어진다.

제4장

소수의 불가사의

순수수학의 꽃으로

프랭크 넬슨 콜은 1861년생 수학자로 컬럼비아 대학에서 교편을 잡았다. 수학계의 가장 권위 있는 상 중 하나인 콜 상은 그가 25년이라는 긴 시간 동안 미국 수학회의 사무총장을 역임한 후 임기를 마치면서 모은 기부금으로 시작된 것이다.

콜은 1903년 10월 31일 뉴욕시에서 열린 미국 수학회 총회에서 '큰 수의 인수분해에 대하여'라는 제목의 강연을 하였다. 회의장의 큰 칠판의 왼쪽 끝에 콜은 분필로 '2^{67}'이라고 적었다. 그리고 2의 67제곱을 계산한 다음 여기서 1을 뺀 수

$$2^{67} - 1 = 147573952589676412927$$

를 적었다. 그리고 칠판의 오른쪽 끝에

$$193707721 \times 761838257287$$

라고 적었다. 그는 아무 말 없이 필산으로 이 곱셈을 계산한 다음

$$193707721 \times 761838257287 = 147573952589676412927$$

라는 것을 증명하고, 왼쪽 끝에 적어둔 $2^{67}-1$ 과 부호로 연결했다.
콜은 아무 말 없이 분필을 두고 자리로 돌아갔다. 침묵이 흐르는 장
내에서는 큰 박수 소리가 들리기 시작했다.

콜이 칠판에 적은 수는 메르센 수라고 불리는 것의 하나다. 17세
기 프랑스의 마랭 메르센은 257 이하의 자연수 n에 대해서

$$2^{n}-1$$

라는 모양의 수를 생각하면, $n = 2, 3, 5, 7, 13, 17, 19, 31, 67, 127,$
257일 때 소수가 된다고 예상했다. 소수는 이번 이야기의 주인공이
므로 나중에 자세하게 설명하겠지만, 간단히 말해 더 이상 나눌 수
없는 수를 말한다. 예를 들어 $n = 2, 3, 5, 7$이라면, $2^{n}-1 = 3, 7, 31,$
127이고, 이것은 확실히 소수다.

프랑스의 수학자 에두아르 뤼카는 1876년에 19년에 걸친 손 계산
으로, 예상대로 $2^{127}-1$이 소수라는 것을 확인했다. 이것은 당시 알려
진 최대의 소수이고, 이 기록은 계산기를 사용해서 더 큰 소수가 발
견되는 20세기 중반까지 깨지지 않았다. 메르센의 예상이 $n = 127$일
때 옳다는 것을 확인한 뤼카는, 같은 해에 예상과는 달리 $2^{67}-1$이 소

수가 아니라는 것을 증명했다. 소수가 아니라는 것은, 이 수는 어떤 복수의 곱셈으로 나타낼 수가 있다는 것이다. 그러나 뤼카의 증명 방법으로는 그것이 어떤 수의 곱셈인지 알 수가 없었다. 콜은 이 수가 193707721과 761838257287의 곱셈으로 적을 수 있다는 것을 찾아낸 것이다. 콜은 매주 일요일 오후에 계산해서 3년에 걸쳐 이 답을 찾았다고 한다.

메르센의 주장은 틀렸지만 2^n-1이라는 모양의 수에는 그가 예상한 것 외에도 소수가 많이 포함되어 있어서, 메르센의 소수라고 한다. 2014년 현재 알려진 가장 큰 소수도 $2^{57885161}-1$로 메르센의 소수다.

자연수의 성질을 조사하는 '정수론'은 순수 수학 중에서도 특별한 지위에 있다. 이를테면 인류 역사상 최고의 수학자의 한 사람인 가우스는 '수학은 모든 과학의 여왕이고 그중에서도 정수론은 수학의 여왕이다'라고 했다. 또한 19세기 독일의 수학자로 지도자적 위치에 있었던 레오폴트 크로네커는 "신은 자연수를 만들었고 나머지는 모두 인간의 작품이다."라고 말했다.

자연수는 소수의 곱으로 분해되고 게다가 분해 방법은 한가지 밖에 없다. 사물을 조사할 때 그것을 가능한 작은 구성요소, 즉 최소단위로 분해하고 그 최소단위로부터 이해하려고 하는 것은 과학의 기본적 생각이다. 이를테면 물질의 성질을 조사하기 위해서는 원자나 소립자로 분해한다. 마찬가지로 자연수는 소수의 곱으로 분해되므로 자연수의 최소단위는 소수다. 수학자는 수의 비밀을 푸는 열쇠가 소수에 있다고 생각한다. 소수의 연구가 정수론의 중심적 문제 중 하나인 것은 그 때문이다.

순수 수학의 꽃인 소수의 연구는 현대의 인터넷 경제를 떠맡고 있는 기반 기술에 이바지하기도 한다. 우리는 인터넷 사이트에서 쇼핑을 할 때 신용카드 번호 등 개인정보를 보낸다. 이것이 도중에 도둑맞지 않기 위해서는 정보가 암호화되어야 한다. 이제부터 설명하겠지만, 암호화에 이용되고 있는 것이 페르마나 오일러 등의 수학자가 발견한 소수의 성질이다.

이번에는 소수의 성질을 해명하면서 순수 수학이 현대 사회에 미치고 있는 역할에 대하여 생각해보겠다.

'에라토스테네스의 체'로 소수를 발견하다

자연수를 다른 자연수의 곱으로 나타내는 것을 인수분해라고 한다. 그리고 곱에 나타난 자연수를 원래의 자연수의 인수라고 한다. 예를 들어 $6 = 2 \times 3 = 1 \times 6$이므로 6의 인수는 1, 2, 3과 6. 그에 반해 7의 인수는 1과 7밖에 없다.

소수는 '두 종류의 인수밖에 가지지 않는 자연수'를 말한다. 이를테면 7은 소수이지만 6은 소수가 아니다. 또한 1의 인수는 1 하나다. 즉, 1은 한 종류의 인수만 가지고 있으므로 소수가 아니다. 사실 1을 소수에 포함시키지 않는 이유에는 또 하나 깊은 뜻이 있는데, 그것은 나중에 이야기하겠다. 한편 소수도 1도 아닌 수를 '합성수'라고 한다. 6은 합성수다.

2에서 99까지의 자연수 안에서 소수를 찾아보자. 먼저 2부터 99까지 적는다.

2	3	4	5	6	7	8	9	10
11	12	13	14	15	16	17	18	19	20
21	22	23	24	25	26	27	28	29	30
31	32	33	34	35	36	37	38	39	40
41	42	43	44	45	46	47	48	49	50
51	52	53	54	55	56	57	58	59	60
61	62	63	64	65	66	67	68	69	70
71	72	73	74	75	76	77	78	79	80
81	82	83	84	85	86	87	88	89	90
91	92	93	94	95	96	97	98	99	

최초의 소수는 2이므로 먼저 2에 동그라미를 친다. 그리고 2에 2, 3, 4를 곱한 배수를 순서대로 지워간다.

②ⓐ	3	~~4~~	5	~~6~~	7	~~8~~	9	~~10~~
11	~~12~~	13	~~14~~	15	~~16~~	17	~~18~~	19	~~20~~
21	~~22~~	23	~~24~~	25	~~26~~	27	~~28~~	29	~~30~~
31	~~32~~	33	~~34~~	35	~~36~~	37	~~38~~	39	~~40~~
41	~~42~~	43	~~44~~	45	~~46~~	47	~~48~~	49	~~50~~
51	~~52~~	53	~~54~~	55	~~56~~	57	~~58~~	59	~~60~~
61	~~62~~	63	~~64~~	65	~~66~~	67	~~68~~	69	~~70~~
71	~~72~~	73	~~74~~	75	~~76~~	77	~~78~~	79	~~80~~
81	~~82~~	83	~~84~~	85	~~86~~	87	~~88~~	89	~~90~~
91	~~92~~	93	~~94~~	95	~~96~~	97	~~98~~	99	

남은 수 중에서 2 다음에 나타난 수는 3이다. 지워지지 않았다는 것은, 3은 2의 배수가 아니라는 것이다. 3의 인수는 1과 3만이다. 즉 3은 소수다. 그래서 3에 동그라미를 치고 3의 배수를 순서대로 지워나간다. 남은 수 중에서 3 다음에 나타나는 것은 5이다. 이것도 소수다. 그래서 5에 동그라미를 치고 5의 배수를 차례로 지워나간다. 이것을 반복하면 아래와 같다.

	②	③	4̸	⑤	6̸	⑦	8̸	9̸	10̸
⑪	12̸	⑬	14̸	15̸	16̸	⑰	18̸	⑲	20̸
21̸	22̸	㉓	24̸	25̸	26̸	27̸	28̸	㉙	30̸
㉛	32̸	33̸	34̸	35̸	36̸	㊲	38̸	39̸	40̸
㊶	42̸	㊸	44̸	45̸	46̸	㊼	48̸	49̸	50̸
51̸	52̸	㉝53	54̸	55̸	56̸	57̸	58̸	㉟59	60̸
61	62̸	63̸	64̸	65̸	66̸	67	68̸	69̸	70̸
71	72̸	73	74̸	75̸	76̸	77̸	78̸	79	80̸
81̸	82̸	83	84̸	85̸	86̸	87̸	88̸	89	90̸
91̸	92̸	93̸	94̸	95̸	96̸	97	98̸	99̸	

이것으로 남은 2, 3, 5…가 소수라는 것을 알 수 있다. 이렇게 소수를 찾는 방법을 '에라토스테네스의 체'라고 한다. 합성수를 순서대로 체를 쳐서 떨어뜨리기 때문이다. 에라토스테네스는 기원전 3세기 이집트 알렉산드리아에서 활약한 과학자인데, 제6장의 지구의 크기를 재는 데에서도 등장한다. 소수의 표를 만들기 위해 지금도 이 체의 아이디어를 개량한 것을 사용한다.

소수는 무한개 있다

제2장에서 등장한 고대 이집트의 린드 파피루스에는 소수가 기록되어 있다. 그러나 수의 기본으로서의 소수가 명확하게 인식된 것은 고대 그리스시대라고 한다. 특히 기원전 300년경에 편찬된 유클리드의 《원론》에 소수의 성질이 자세하게 조사되어 있다.

같은 무렵, 데모클리토스가 모든 물질은 원자(아톰)라는 기본단위로 이루어져 있다는 '원자론'을 주장했다. 고대 그리스어로 '아톰'의 '톰'은 '자르는 것' '분해하는 것'이라는 의미이고 '아'는 부정의 접두사다. 즉 아톰은 '분해할 수 없는 것'이라는 의미다. 마찬가지로 자연수도 소수로 인수분해되고 그 이상 분해되지 않으므로, 소수는 수의 아톰이라고 생각할 수 있다. 원자론과 소수가 같은 시기에 발견된 것은 재미있는 일이라고 생각한다. 어느 쪽 생각이 먼저인지 모르지만 서로 영향을 주고받으면서 발전한 것인지도 모른다.

유클리드가《원론》에 기술하고 있는 소수의 성질 중에서도, 특히 중요한 것은 소수가 무한개 있다는 정리다. 실제로는 기원전 5세기경에 피타고라스학파의 사람들이 증명했었다고 한다.

피타고라스학파의 사람들은 알고 있는 소수에서 새로운 소수를 순서대로 만드는 방법을 발견했다. 예를 들어 두 개의 소수 2와 3에서 시작하면, 먼저 이 두 개를 곱하고 1을 더한다.

$$2 \times 3 + 1 = 7$$

이 수는 2로 나누어도 3으로 나누어도 1 남으므로, 2도 3도 인수가 되지 않는다. 7은 소수다.

　2, 3, 7이 소수임을 알았으므로 이 세 개를 곱하고 1을 더하면 2, 3, 7 어느 것으로 나누어도 1이 남는 수가 된다.

$$2 \times 3 \times 7 + 1 = 43$$

이것도 소수다.

　또 한 번 해보자.

$$2 \times 3 \times 7 \times 43 + 1 = 1807$$

이 수도 2, 3, 7, 43 어느 것으로 나누어도 1이 남는다. 그러나 이번의 1807은 소수가 아니다. 실제

$$1807 = 13 \times 139$$

이와 같이 두 개의 소수 13과 139 곱으로 나타낼 수가 있다. 1807은 2, 3, 7, 43 어느 것으로도 나누어떨어지지 않으므로 이것을 분해해서 나타난 13과 139는 이제까지 찾은 소수 2, 3, 7, 43 어느 것과도 다른 새로운 소수다. 그래서 작은 쪽의 13을 안에 넣어서 전부 곱하고 1을 더하면

$$2 \times 3 \times 7 \times 43 \times 13 + 1 = 23479 = 53 \times 443$$

이 된다. 또한 53과 443이라는 새로운 소수가 발견되었다.

알고 있는 소수를 곱하고 1을 더하면 이제까지의 소수로는 나누어떨어지지 않는 수가 된다. 이 수가 소수라면 새로운 소수가 되고, 합성수라면 인수 안에 새로운 소수가 있을 것이다. 그 안에서 가장 작은 것을 넣고 다시 한번 하면 또 새로운 소수를 발견할 수 있다. 이렇게 새로운 소수를 자꾸자꾸 만들어갈 수 있으므로 소수는 무한개 있다. 이것이 피타고라스의 증명이다.

이 방법으로 소수를 생산해나갈 수 있는데 이것으로 모든 소수를 만들 수 있는가 아닌가는 증명할 수 없다. 소수의 세계에는 아직도 모르는 것이 많이 있다.

자연수를 소수의 곱으로 나타내는 것을 '소인수분해'라고 한다. 유클리드의 《원론》에 기록되어 있는 소수의 또 하나 중요한 성질로는, 소인수분해하는 방법은 항상 한 가지밖에 없다는 정리다. 이를테면 210은 $2 \times 3 \times 5 \times 7$로 분해되고 다른 분해 방법이 없다.

소수를 '수의 아톰'이라고 하면, 분해 방법에 따라 다른 소수가 나타나는 것은 이상하다. 그런 일은 일어나지 않는다. 즉 '소인수분해 방법은 항상 한 가지'라는 것은 '산술의 기본정리'다. 매우 당연한 일이므로 '기본정리'라고 명명하는 것은 과장된 일이라고 생각할지도 모른다. 그런데 이 정리가 성립하지 않는 수의 세계도 생각할 수 있다. 이것에 대해서는, 흥미를 가진 사람들을 위해서 웹사이트에 설명해두었다.

다행히 우리 자연수의 세계에서는 산술의 기본정리, 즉 자연수를 소수로 분해하는 방법은 한 가지밖에 없다는 사실이 증명되어 있다. 소수가 수의 아톰으로서 특별한 의미를 가지는 것은 이 때문이다.

앞에서 1은 소수가 아니라고 기술했다. 이렇게 정의한 이유는 산술의 기본정리에 있다. 만약 1을 소수에 포함시키면, 예를 들어 210은 $2 \times 3 \times 5 \times 7$ 외에 $1 \times 2 \times 3 \times 5 \times 7$, $1 \times 1 \times 1 \times 2 \times 3 \times 5 \times 7$으로도 분해할 수 있다. 1이 소수라면 기본정리는 '자연수를 1이 아닌 소수로 인수분해하는 방법은 한 가지 밖에 없다'는 식으로 말이 복잡해진다. 1을 소수에서 뺀 것은, 중요한 정리를 가능한 깔끔하게 표현하고 싶었던 것이 진정한 이유다.

수학자가 소수의 성질을 연구하는 것은, 물리학자가 물리의 기본 요소인 소립자의 성질을 밝히기 위해서 노력하는 것과 같다. 소인수분해가 하나의 방법밖에 없다는 정리는, 소수가 자연수의 최소단위라는 것의 근거이기도 하다. '산술의 기본정리'라고 불리는 것도 당연한 일일 것이다.

소수의 출현에는 패턴이 있다

소수가 무한개 있다는 것을 알았는데, 소수를

$$2, 3, 5, 7, 11, 13, 17, 19, 23, 29, 31, 37, 41, 43 \cdots$$

이렇게 나열해보면 거기에는 어떤 패턴이 있지 않을까? 이 문제는 고대 그리스시대부터 현대에 이르기까지 수학자를 매료시켰다.

소수의 패턴을 찾는 것은 원자의 주기율표를 찾는 것과 같다고 생각한다. 19세기 화학자 드미트리 멘델레예프가 그때까지 발견된 원소를 원자량 순으로 나열하자, 그 성질에 주기적 패턴이 있다는 것을 알았다. 그 주기성을 가지고 새로운 원자의 존재를 예언했다. 그리고 멘델레예프의 주기율표는 20세기의 원자구조의 해명에 큰 영향을 미쳤다. 이와 마찬가지로 수의 아톰인 소수의 패턴을 이해하면, 수의 비밀을 보다 깊이 해명할 수 있다고 기대할 수 있다.

제1절에서는 에라토스테네스의 체를 이용해서 99 이하의 소수를 찾았다. 이것에 따르면 한 자릿수의 소수는

$$2, 3, 5, 7$$

4개이다. 두 자릿수의 소수는

$$11, 13, 17, 19, 23, 29, 31, 37, 41, 43, 47,$$
$$53, 59, 61, 67, 71, 73, 79, 83, 89, 97$$

이렇게 21개. 그리고 3자릿수의 소수는 143개. 4자릿수의 소수는 1061개다.

- 1자릿수의 자연수는 9개 있으므로, $\frac{9}{4} = 2.3$개에 하나의 수가 소수다.
- 2자릿수의 자연수에서는 4.3개에 하나.
- 3자릿수의 자연수에서는 6.3개에 하나.
- 4자릿수의 자연수에서는 8.5개에 하나.

아무래도 소수의 간격은 자릿수와 비례해서 늘어나는 것 같다. 그래서 이 데이터를 가지고 비례계수를 계산하면, N자릿수에서는 약 $N \times 2.3$에 하나가 소수라는 것을 알 수 있다.

실은 2.3이라는 비례계수는 제3장에 등장한 자연대수를 이용해서 $\log_e 10 = 2.302585093\cdots$이라고 표시되는 수의 근사치다. 대수에는

$$N \times \log_e 10 = \log_e 10^N$$

라는 성질이 있으므로, N자릿수에서 $N \times \log_e 10 \fallingdotseq N \times 2.3$에 하나가 소수라는 것은, $\log_e 10^N$에 하나가 소수라고 해도 된다. 제3장에 등장한 네이피어의 수 e가 이런 곳에서도 활약하고 있다.

제2장에서 등장한 수학자 가우스는, 15살 때 지금 우리들이 한 것과 같은 소수 분포법을 조사하고 n 이하의 소수의 개수가 약 $\frac{n}{\log_e n}$ 이라고 예측했다. 가우스의 예상인 'N자릿수에서는 약 $\log_e 10^N$에 하나의 소수가 있다'는 우리의 관찰과 같다는 것을 의미하고 있다. 자릿수가 올라가면 가우스의 추정은 점점 정확해진다. 이것은 1896년에 지크 아다마르와 샤를장 드 라 발레푸생이 각각 독립적으로 증명한 '소수정리'로 알려져 있다. 유클리드는 소수가 무한개 있다는 것을 증명했는데, 소수정리는 더 정밀하게 소수가 어느 정도의 속도로 늘어나고 있는가를 나타내고 있다.

소수의 패턴에 대해서는 소수정리 이외에도 일찍이 예상되어 왔는데 증명되지 않은 것이 많다. 이 중에서도 유명한 것으로 쌍둥이 소수가 무한개 있다는 예상이다. 이 예상에 대해서는 최근 큰 진보가 있었으므로 웹사이트에 설명해두었다.

파스칼의 삼각형으로 소수를 판정한다

소수에 대해서 또 하나 중요한 문제는 자연수가 소수인지 아닌지를 판정하는 방법의 개발이다. 나중에 설명하겠는데 인터넷 거래에서 사용되는 암호는 300자리 정도의 큰 소수가 필요하다. 큰 소수를 많이 준비해두는 것은 통신의 비밀을 지킨다는 실용적인 의의도 있다.

어떤 자연수가 소수인가 아닌가를 판명하는 가장 소박한 방법은 작은 자연수부터 차례로 나누어 인수가 있는가 없는가를 조사하는 일일 것이다. 예를 들어 4187이라는 수가 주어지면 2, 3, 4… 순서대로 나누어본다. 나누어떨어지면 합성수이므로 소수가 아님이 판명된다. 실은 4187까지 조사하지 않아도, 그 제곱근 정도까지 조사하면 충분하다. 예를 들어 $4187 = 53 \times 79$이고 작은 쪽의 인수 53은 $\sqrt{4187} = 64.70\cdots$보다 작다.

그러나 이 방법으로 300자리의 수가 소수인가 아닌가를 판명하려면 10^{300}의 제곱근은 10^{150}이므로 10^{150}개의 수로 나누어지는가 아닌가, 하나하나 조사해가야 한다. 이른바 슈퍼컴퓨터는 1초에 10^{16}회 연산이 가능하다. 우주의 연령은 138억 년이므로 약 4×10^{17}초. 그렇다면 경속 컴퓨터로 우주가 시작되었을 때부터 지금까지 계산을 한다고 해도 4×10^{33}회의 연산밖에 할 수 없다. 이것으로는 300자릿수가 소수인지 아닌지 판정할 수 없다.

소수를 판정하는 방법으로는 파스칼의 삼각형을 사용하는 방법이 있다. 파스칼의 삼각형이란 이런 것이다.

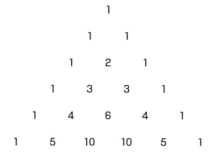

파스칼의 삼각형은 가장 위의 정점 1부터 시작해서

(1) 각행의 양 끝은 1.

(2) 각행의 옆 숫자와 더하면 한단 밑의 숫자가 된다.

라는 규칙으로 나열되어 있다. 예를 들어 2, 3, 4행을 보면

2행		1	1	
3행		1	2	1
4행	1	3	3	1

로 이루어져 있다. 2행에서 3행으로 갈 때는 $1 + 1 = 2$, 3행에서 4행으로 갈 때는 $1 + 2 = 3$을 계산하고 있는 것을 알 수 있다.

파스칼의 삼각형의 $(n + 1)$행에 나열된 수는, $(x + 1)^n$을 x의 거듭제곱으로 전개했을 때 나타나는 계수이기도 하다. 예를 들어

$$(x+1)^1 = x+1$$

$$(x+1)^2 = x^2 + 2x + 1$$

$$(x+1)^3 = x^3 + 3x^2 + 3x + 1$$

오른편의 계수와 파스칼 삼각형에 나열된 숫자와의 관계는 일목요
연할 것이다.

$(x+1)^n$을 전개한 계수를 보면, n이 소수일 때는 특별한 패턴이
있다. 예를 들어 $n = 3, 5, 7$이라는 소수에서는

$$(x+1)^3 = x^3 + 3x^2 + 3x + 1$$

$$(x+1)^5 = x^5 + 5x^4 + 10x^3 + 10x^2 + 5x + 1$$

$$(x+1)^7 = x^7 + 7x^6 + 21x^5 + 35x^4 + 35x^3 + 21x^2 + 7x + 1$$

이 된다. 첫 항과 끝 항은 1과 x^n으로 계수가 1이지만, 그 이외의 항
의 계수는 모두 n의 배수다. 이를테면 $(x+1)^7$에서는 7, 21, 35가 계
수로 나타나 있고, 어느 것이나 7의 배수다.

그런데 n이 합성수일 때는 n의 배수가 아닌 계수로 나타난다. 예
를 들어 $n = 4 = 2 \times 2$에서는

$$(x+1)^4 = x^4 + 4x^3 + 6x^2 + 4x + 1$$

으로 x^n의 계수가 6으로, 4의 배수가 아니다.

일반적인 n에 대해서 생각해보자. 파스칼의 삼각형에 대한 앞의
(1)과 (2)의 규칙을 가지고 계산해가면, $(x+1)^n$의 전개는 다음과

같다.

$$(x+1)^n = x^n + nx^{n-1} + \frac{n(n-1)}{2}x^{n-2} + \frac{n(n-1)(n-2)}{2 \times 3}x^{n-3} + \cdots + 1$$

첫 항과 마지막 항 이외에는 분자에 n이 있다는 것에 주목하자. 만약 n이 소수라면 소수는 1과 자신 이외의 어떤 자연수로도 나누어떨어지지 않는다. 분모에는 n 미만의 수밖에 등장하지 않으므로 분모에 있는 수는 n을 나눌 수 없다. 그러므로 계수 n은 그대로 남는다. 즉 n의 배수가 된다는 것이다.

그런데 n이 합성수라면 그렇게 되지는 않는다. 예를 들어 $n = 2 \times k$이고, k가 홀수라고 하자. 앞의 전개식에 $n = 2 \times k$를 대입하면

$$(x+1)^{2k} = x^{2k} + 2kx^{2k-1} + \frac{2k(2k-1)}{2}x^{2k-2} + \cdots$$

이므로 x^{2k-2}의 계수를 보면

$$\frac{2k(2k-1)}{2} = k(2k-1)$$

가 된다. k가 홀수이므로 $k(2k-1)$도 홀수다. 그러나 $n = 2k$는 짝수이므로 이 수는 n으로는 나누어떨어지지 않는다. 분모에 있는 2가 분자의 $n = 2k$로 나누어떨어지게 한 것이 원인이다. 같은 일이 다른 합성수에서도 일어난다.

즉 $(x+1)^n$을 거듭제곱으로 전개했을 때, x^n과 1 이외의 계수가 모두 n으로 나누어떨어진다면 n은 소수, 그렇지 않으면 합성수다.

이것은 큰 수 n이 소수인지 아닌지를 판명하는 데 좋은 방법이라고 생각하지만, 그대로는 도움이 되지 않는다. $(x+1)^n$을 전개하면 $(x+1)$개의 항이 등장하므로 x^n과 1 이외의 모든 계수가 n의 배수인가 아닌가를 확인하려고 하면, n을 2, 3, 4,…로 순서대로 나누어가는 소박한 방법과 같은 정도로 성가시다. 그러나 이것을 힌트로 효과적인 판정법을 만들 수 있다. 이것을 설명하겠다.

페르마 테스트에 합격하면 소수?

피에르 드 페르마는 17세기의 수학자인데 정수의 성질에 대해서 여러 정리와 추측을 발견했다. '3이상의 자연수 n에 대해서 $x^n + y^n = z^n$이 되는 자연수 (x, y, z)의 조합은 존재하지 않는다'고 하는 페르마의 최종정리는 특히 유명하다. 이 설명은 앤드루 와일즈가 1995년에 리처드 테일러의 도움으로 완성했다. 이 정리는 페르마가 가지고 있던 고대 그리스의 디오판토스의 저서 《산술》의 여백에 기술되어 있었다. '이 정리에 관해서, 나는 정말 놀라운 증명을 발견했는데 이것을 기술하기에 이 여백은 너무 좁다'라고 적혀 있었으므로 여러 억측을 불러왔는데, 와일즈가 설명을 하기 위해서 구사한 기술을 생각하면 17세기 당시의 기술 단계로 이것을 증명하기는 어려웠을 것이라고 생각한다.

페르마의 소정리는 'p가 소수라면 어떤 자연수 n에 대해서도 $n^p - n$이 p로 나누어떨어진다'는 주장이다. 페르마의 최종정리와 구별하기 위해서 소정리라고 한다. 이 정리도 페르마가 증명했는지 아닌지 확인되지 않았다. 정식 증명을 발표한 것은 제2장에서 등장한 라이프니츠다.(그는 제7장에서 재등장한다.)

예를 들어 $p=5$라고 했을 때, 자연수 n의 거듭제곱을 5로 나누고 나머지를 적어나가면 아래와 같다.

n의 값	1	2	3	4	5
n을 5로 나눈 나머지	1	2	3	4	0
n²을 5로 나눈 나머지	1	4	4	1	0
n³을 5로 나눈 나머지	1	3	2	4	0
n⁴을 5로 나눈 나머지	1	1	1	1	0
n⁵을 5로 나눈 나머지	1	2	3	4	0

이것을 보면 'n을 5로 나눈 나머지' 행과 'n^5을 5로 나눈 나머지' 행에는 같은 수가 나열되어 있음을 알 수 있다. 즉 이 2개의 행의 차는 제로이므로 n^5-n은 5로 나누어떨어지고, 페르마의 소정리는 $p=5$에 대해 성립된다.[1]

그렇다면 모든 소수 p에 대해서 페르마의 소정리를 증명해보자. 먼저 $(x+1)^p-x^p-1$을 x의 거듭제곱으로 전개했을 때 첫 항과 마지막 항 이외의 계수는 p가 소수일 때 모두 p로 나누어떨어진다는 것을 기억하기 바란다. 그래서 n이 자연수이면 $(n+1)^p-n^p-1$는 p로 나누어떨어진다. 한편 페르마의 소정리는 n^p-n이 p로 나누어떨어진다는 것을 주장하고 있다. n^p-n과 $(n+1)^p-n^p-1$은 뭔가 비슷

---

1 여기서는 $n=1$에서 5까지만 계산했다. 이것은 n의 행과 $(n+5)$의 행에 같은 숫자가 나열되기 때문이다. 왜 그렇게 되는지 스스로 생각해보자.

한 것 같다.

수학이나 과학 연구에서는 이런 유사한 것에서 힌트를 착안하는 일이 간혹 일어난다. $n^p - n$에는 n^p가 있고, $(n+1)^p - n^p - 1$에는 같은 n^p에 마이너스 부호가 붙어 있다. 그래서 이 2개의 식을 더하면 n^p가 상쇄되어

$$(n^p - n) + \{(n+1)^p - n^p - 1\} = (n+1)^p - (n+1)$$

이 된다. 이 식을 자세히 보면 $n^p - n$과 $(n+1)^p - (n+1)$가 관계지어져 있다. 이 사이에 있는 $(n+1)^p - n^p - 1$은 p로 나누어떨어진다는 것을 이미 알고 있다. 그래서 만약 $n^p - n$이 p로 나누어떨어진다면 $(n+1)^p - (n+1)$도 p로 나누어떨어지게 된다.

'그런 이야기를 해도, 여기서 증명하고 싶은 것은 $n^p - n$이 p로 나누어떨어진다는 것 아닌가. 증명하고 싶은 것을 가정해서 어떻게 하겠다는 건가'라고 생각할지도 모른다. 물론 '만약 자연수 n에 대해 페르마의 소정리가 성립한다면' 자연수 $(n+1)$에 대해서도 성립한다. 그러나 이것만으로는 무언가를 증명했다고는 할 수 없다.

그래서 최초의 $n = 1$의 경우로 돌아가서 생각해보자. $1^p - 1 = 0$이므로 물론 이것은 p로 나누어떨어지므로 페르마의 소정리는 성립한다. '만약 자연수 n에 대해서 페르마의 소정리가 성립한다면' 자연수 $(n+1)$에서도 성립하게 될 것이므로 $n = 1$일 때 페르마의 소정리가 성립하면 $n+1 = 2$일 때도 성립할 것이다.

이것을 반복한다. $n = 2$일 때 페르마의 소정리가 성립한다면 $n = 3$일 때도 성립한다. 그래서 $n = 4$도 성립한다. 그래서 $n = 5$도 성

립한다. 작은 n에서 큰 n으로 페르마의 소정리가 성립하는 것을 순서대로 증명할 수 있다.

자연수에 대한 정리를 이렇게 'n에 대해서 성립한다' → '$(n+1)$에 대해서 성립한다'는 식으로 차례차례 증명해가는 방법을 '수학적 귀납법'이라고 한다.

그렇다면 p가 합성수라면 어떻게 될까. 예를 들어 $p=6$이라고 하고 5^6-5를 6으로 나누고 나머지를 계산해보자. 5^6을 6으로 나눈 나머지는 1이고, 5와 6으로 나눈 나머지는 5이므로 5^6과 5에서는 6으로 나눈 나머지가 같지 않다. 그러므로 5^6-5는 6으로는 나누어떨어지지 않는다. 페르마의 소정리에 따르면 p가 소수라면 5^p-5는 p로 나누어떨어질 것이므로 6은 소수가 아니라고 판정된다.

물론 우리는 6이 소수가 아니라는 것 정도는 알고 있지만, 더 큰 수 p에 대해서도 n^p-n을 p로 나눈 나머지는 바로 계산할 수 있으므로 나머지가 0이 아니면 합성수임을 알 수 있다. 이것을 페르마 테스트라 한다. 이런 테스트에 통과하지 않으면 소수가 아니다.

앞에서 이야기한 바와 같이 자연수 p가 소수인가 아닌가를 판정하기 위해서 2, 3, … 순서대로 나누어보고 나누어떨어지는가 아닌가를 조사하는 것은 효율이 나쁘다. p가 300자리 정도가 되면, 이 방법으로는 최고 빠르다는 경속 컴퓨터를 가지고 우주개벽 때부터 계산을 시작해도 답이 나오지 않는다. 그래서 페르마 테스트를 사용하면 계산횟수도 대폭 줄일 수가 있다.

그러나 페르마 테스트는 완전하지 않다. 테스트에 통과하지 않으면 합성수이지만 통과했다고 해서 소수라고는 할 수 없기 때문이다. 예를 들어 $561=3\times11\times17$은 합성수이지만, 어떤 n에 대해서

$n^{561} - n$은 561로 나누어떨어진다. 게다가 이런 '가짜 소수'(카마이클 수라는 훌륭한 이름도 있다)가 무한개 있다는 것도 증명되었다.

파스칼의 삼각형에서는 $(p + 1)$번째의 행 첫 항과 마지막 항 이외의 계수가 p로 나누어떨어진다면, p가 소수라고 확실하게 말할 수 있다. 페르마 테스트는 이것을 이용한 것인데 판정기준이 약하다. 2002년에 인도 공과대학 칸푸르 캠퍼스의 마닌드라 아그라왈과 그의 학부학생이었던 니라지 카얄과 니틴 삭세나는 이것을 조금 바꾸어서 성공했다. 이들은 p의 자릿수 N에 대해서 $N^{7.5}$회 정도의 계산으로 소수인가 아닌가를 확실하게 말할 수 있는 방법을 발견했다. 게다가 최근에는 N^6회 정도로 판정할 수 있게 되었다. 이를테면 P가 10^{300}정도라면 $300^6 ≒ 10^{15}$이므로, 슈퍼컴퓨터를 가지고 0.1초 만에 계산이 끝난다. 우주개벽시부터 시작해서도 도저히 끝낼 수 없던 계산을, 아그라왈 등의 연구자들이 소수의 성질을 잘 사용한 알고리즘을 개발함으로써 순식간에 실행할 수 있게 되었다.

통신 비밀을 지키는 '공개 열쇠 암호'란?

자연수, 특히 소수의 성질은 암호통신의 방법과 깊은 관계가 있다.

통신 내용을 일정한 규칙을 가지고 다른 기호로 바꾸는 것을 암호화, 암호화된 데이터를 원래의 상태로 되돌려서 읽을 수 있게 만드는 것을 복호화라고 한다. 1970년대까지 사용된 암호는 암호화의 규칙을 알고 그것을 반대로 따라가면 복호화 되었다. 이를테면 기원전 1세기 율리우스 카이사르가 사용한 암호는 알파벳의 문자를 일정한 수만큼 물리는 것이므로, 알파벳의 문자를 역방향으로 같은 성도 물리면 복호화 할 수 있었다. 그래서 암호화의 규칙이 적의 손에 들어가면 통신의 비밀이 바로 노출되었다. 암호화의 규칙을 기록한 것이 도둑맞는 일도 있었고 통신 패턴에서 규칙이 간파되는 일도 있었다.

1925년경부터 제2차 세계대전까지 독일군이 사용한 암호기 에니그마(수수께끼)는 톱니바퀴를 복잡하게 조합해서 알파벳을 변환하는 것이었다. 게다가 사용할 때마다 변환 규칙이 바뀌는 구조로 되어 있어서 해독은 불가능하다고 생각했었다. 그런데 매일아침 톱니바퀴의 초기 설정을 바꾸는 방법을 암호화해서 보낼 때, 빈틈없는 독일병들은 잘못이 생기지 않도록 같은 메시지를 꼭 2번씩 반복했다. 폴란드 암호국의 젊은 수학자 마리안 레이에프스키는 매일 아침 통신에서 최초 2번 반복되는 메시지의 패턴을 '군론'이라고 하는 수학이론을 이용해서 간파하고 톱니바퀴의 배치를 풀었다. 1939년 독일군의 폴란드 침공이 다가오자, 조국의 방위가 불가능하다는 것을 깨달은 폴란드 암호국 장관은 영국과 프랑스의 정보장교를 바르샤바에 초빙해서 에니그마의 비밀을 전했다. 영국의 정부암호학교는 이 정보를 가지고 독일군의 암호통신 해독에 성공했고, 유럽에서의 연합국 승리에 크게 공헌했다.

암호화의 규칙이 노출되면 복호화가 가능하다는 사실은 암호에서는 피할 수 없는 문제라고 생각되었다. 그런데 여기에도 해결책이 있었다. 이것을 생각해낸 사람은 미국의 위트필드 디피와 마틴 헬만이다. 1976년의 일이다. 자물쇠를 가지고 이들의 아이디어를 설명하겠다.

자물쇠는 빗장을 본체에 끼워 넣으면 움직이지 않는다. 이것은 누구나 할 수 있다. 그러나 한번 자물쇠를 닫으면 열쇠를 가진 사람, 혹은 열쇠를 여는 특수기능을 가지고 있는 사람이 아닌 한 자물쇠를 열지 못한다. 자물쇠 닫는 방법을 알고 있다고 해도 자물쇠를 열지는 못한다. 자물쇠 닫는 방법의 지식이 여는 일에는 도움이 되지 않는다.

디피와 헬만은 자물쇠와 같은 암호를 만들고 싶다고 생각했다. 암호화의 규칙을 알고 있어도 복호화가 간단하지 않은 암호가 있다면 암호화의 규칙을 비밀로 할 필요가 없다. 규칙을 일반에게 공개하고 누구나 통신내용을 암호화할 수 있게 해둔다. 이것은 어떤 사람이건 자물쇠를 달고 그것을 잠그는 것으로 편지함의 편지를 지키는 것과 같은 일이다. 자물쇠는 공개하지만 이것을 여는 열쇠를 손에 쥐고 도둑맞지 않는다면 누구도 그 자물쇠를 열 수가 없다. 마찬가지로 암호화 규칙은 공개해도 복호화의 규칙을 공개하지 않는다면 통신의 비밀이 지켜진다는 것이 디피와 헬만의 아이디어다. 공개 열쇠 암호라는 발상을 실현한 것이 현재 인터넷 거래에서 사용되고 있는 RSA 암호다.

공개 열쇠 암호가 열쇠, 오일러의 정리

RSA 암호를 설명하기 위해서 먼저 오일러의 정리를 소개하겠다. 이것은 앞에서 증명한 페르마의 소정리를 일반화한 것이다. 페르마의 소정리라는 것은 p가 소수라면 n이 어떤 자연수라도 $n^p - n$은 p로 나누어떨어진다는 것이었다. 앞에서 인용했던 표를 다시 한번 보자.

n의 값	1	2	3	4	5
n을 5로 나눈 나머지	1	2	3	4	0
n^4을 5로 나눈 나머지	1	1	1	1	0
n^5을 5로 나눈 나머지	1	2	3	4	0

이 표에서 n을 5로 나눈 나머지와 n^5을 5로 나눈 나머지가 같다는 것이 페르마의 소정리였다. 그 외에 재미있는 패턴은 없을까? 'n^4을 5로 나눈 나머지'의 행을 보면 오른쪽 끝 외는 모두 1이 나열되어 있다. 오른쪽 끝은 n이 5의 배수일 때이므로, n이 5의 배수가 아니면 n^4을 5로 나누면 나머지는 1이 된다. 일반적으로 p가 소수일 때 n이 p의 배수가 아니면, $n^p - 1$을 p로 나눈 나머지는 1이 된다.

$$n^p - 1 = 1 + (p의 배수)$$

이것은 페르마의 소정리에서 도출할 수가 있다. 페르마의 소정리는 $n^p - n$이 p로 나누어떨어진다는 것인데

$$n^p - n = n \times (n^{p-1} - 1)$$

이므로 만약 n 자신이 p의 배수가 아니라면, 즉 n이 p로 나누어떨어지지 않는다면 $n^{p-1} - 1$이 p로 나누어떨어질 것이다. 이것으로 $n^{p-1} = 1 + (p의 배수)$라는 것을 알 수 있다. 이것을 페르마의 소정리라고 하는 경우도 있다.

제2장과 제3장에서도 등장한 18세기의 수학자 오일러는 페르마

의 소정리를 확장했다. 페르마의 소정리에서는 소수 p로 나누고 나머지를 계산하지만 오일러의 정리에서는 소수 n을 일반 자연수 m으로 나눈 나머지를 생각한다. m은 소수가 아니라도 좋다. 단 n과 m은 1 이외의 공통인수를 가지지 않는다. 즉 n과 m의 최대공약수는 1이다. 이때 n과 m은 '서로소'라고 한다.

m과 서로소이며 m 미만인 자연수 n의 개수를 $\varphi(m)$라고 적도록 하자. 여기서 p와 q가 서로 다른 소수일 때는 다음의 식이 성립한다.

$$\varphi(p) = p - 1$$
$$\varphi(p \times q) = (p-1) \times (q-1)$$

함수 $\varphi(m)$은 오일러의 함수라고 한다. 오일러의 정리는 자연수 n과 m이 서로 소라면

$$n^{\varphi(m)} = 1 + (m\text{의 배수})$$

가 된다는 주장이다.(옮긴이 주: 즉 $n^{\varphi(m)}$은 m으로 나누면 나머지가 언제나 1이 된다.)

이를테면 $m = p$가 소수라면 $\varphi(p) = p - 1$이므로

$$n^{p-1} = 1 + (p\text{의 배수})$$

라는 것으로, 이것은 페르마의 소정리 그 자체다. 오일러의 정리는 m이 소수일 때에는 페르마의 소정리가 된다.

공개 열쇠 암호에서 사용하는 것은 m이 2개의 소수 p와 q의 곱, 즉 $m = p \times q$일 때다. 이때는 $\varphi(p \times q) = (p-1) \times (q-1)$이므로 자연수 n이 소수 p와 q로 나누어떨어지지 않으면

$$n^{(p-1) \times (q-1)} = 1 + (p \times q \text{의 배수})$$

가 성립한다. (옮긴이 주: 즉 $n^{(p-1) \times (q-1)}$를 $p \times q$로 나누면 나머지가 언제나 1이 된다.)

이를테면 2개의 소수가 $p = 3, q = 5$라고 하면, $m = p \times q = 15$이고, $\varphi(3 \times 5) = (3-1) \times (5-1) = 8$이므로 n과 15가 서로 소라면

$$n^8 = 1 + (15 \text{의 배수})$$

가 될 것이다. (옮긴이 주: 즉 n^8은 15로 나누면 나머지가 언제나 1이 된다.) 이를테면 $n = 7$로 위의 식이 성립하는지 계산해보자.

오일러의 정리를 사용하면 수의 재미있는 성질을 알 수 있다. 예를 들어 9, 99, 999처럼 9가 나열된 수를 인수분해하면 2와 5 이외의 모든 소수가 어딘가에 나타난다는 것을 증명할 수 있다. 이것에 대해서는 웹사이트에서 설명하겠다.

다음 절에서는 오일러의 정리를 사용한 암호를 설명하므로, 그 준비도 해두겠다. 오일러의 정리에 따르면 자연수 n이 소수 p와 q로 나누어떨어지지 않으면

$$n^{(p-1) \times (q-1)} = 1 + (p \times q \text{의 배수})$$

가 성립한다. 이것을 s 제곱해도 $1^s = 1$이므로

$$n^{s \times (p-1) \times (q-1)} = 1 + (p \times q의 \ 배수)$$

가 된다. 다시 한번 n을 곱하면

$$n^{1+s \times (p-1) \times (q-1)} = n + (p \times q의 \ 배수)$$

가 된다. 즉 n이 어떤 수라도 소수 p와 q로 나누어떨어지지 않는 한 $n^{1+s \times (p-1) \times (q-1)}$을 $p \times q$로 나눈 나머지는 n이 된다.

그렇다면 이것을 공개 열쇠 암호에 응용해보자.

신용카드 번호 주고 받기

암호기술은 인터넷에서의 쇼핑, 은행계좌 관리, 주민등록증 등에도 쓰인다. 인터넷상 정보를 암호화해서 송수신하는 절차를 SSL(Secure Socket Layer)이라고 한다. 웹 브라우저에서 페이지 주소가 https: //www. … 라고 되어 있으면 SSL에 따라 송수신을 하고 있다는 것이다.

공개 열쇠 암호를 사용하면 누구라도 신용카드 번호 등의 개인정보를 암호화해서 인터넷상으로 보낼 수가 있다. 그러나 이것을 해독할 수 있는 것은 복호화의 규칙을 알고 있는 수신자만이다. 이것을 실현한 사람이 로널드 리베스트, 아디 샤미르, 레너드 애들먼인데 그

들의 이름 첫 글자를 따서 RSA 암호라고 한다.

RSA 암호는 다음과 같은 순서로 되어 있다.

(1) 암호의 수신자, 이를테면 아마존이 공개 열쇠를 만들기 위해서 2개의 큰 소수를 선택한다. 이것을 p와 q라고 적어보자.

(2) 아마존은 $(p-1) \times (q-1)$과 '서로소'가 되는 자연수 k를 선택해 둔다. 예를 들어 $p=3$, $q=5$이라면 $(p-1) \times (q-1) = 8$이므로, 이것과 서로소가 되는 수로서 이를테면 $k=3$을 선택한다.

(3) 아마존은 $m = p \times q$를 계산하고 당신에게 m과 k를 알려준다. 이것이 공개 열쇠다. 단 m의 소인수인 p와 q가 무엇인가는 가르쳐 주지 않는다. 이 2개의 소수의 곱의 값밖에 알려주지 않는다. 지금의 예라면 $m = p \times q = 15$. 이것이라면 너무 작으므로 15의 소인수는 3과 5라고 바로 알아버린다. 그러나 RSA 암호에서는 300자리 정도의 수를 사용하므로 소인수분해는 사실상 불가능하다.

(4) 당신은 신용카드 번호와 같이 보내고 싶은 정보를 자연수 n으로 대체한다. 단 n은 m보다 작고 또한 n과 m은 서로소가 되도록 한다. (m은 300자리 정도 큰 수로 만들어두기 때문에 이것은 어렵지 않다.)

(5) 당신은 아마존에서 보내온 열쇠의 정보(m, k)를 이용해서 n을 암호화한다. 암호화의 규칙은 n^k을 계산해서 이것을 m으로 나눈 나

머지를 구하는 것이다. 이 답을 α라고 적는다. 즉

$$n^k = \alpha + (m\text{의 배수})$$

당신은 α를 암호로 하고 인터넷을 이용해서 아마존으로 보낸다. 이를테면 $n = 7$이라면 n^3을 15로 나눈 나머지를 계산하는 셈이다. $7^3 = 343 = 13 + 15 \times 22$이므로 $\alpha = 13$이 된다.

(6) 암호 α를 받은 아마존은 이것을 n에 복호화 한다.

(6)의 절차가 RSA 암호의 핵심이다. 아마존이 풀어야 하는 문제는 '무엇인지 모르는 수 n이 있고, n^k를 m으로 나눈 나머지가 α이었을 때, n은 무엇일까?'라는 문제다. 만약 'm으로 나누고 나머지를 계산한다'는 절차가 없다면 답을 구하는 것은 간단하다. $n^k = \alpha$로 되어 있을 뿐이라면 α의 k제곱근을 구하는 일에 불과하기 때문이다.

보통 k의 거듭제곱근을 구할 때는 바른 답을 점점 좁혀갈 수 있다. 예를 들어 $n^3 = 343$으로 되어 있는 n을 알고 싶다고 하자. 먼저 적당하게 $n = 5$라고 추측해보면 $5^3 = 125$이므로 너무 작다. 그래서 조금 늘려 $n = 9$라고 해보면 이번에는 $9^3 = 729$로 너무 크다. n이 늘어나면 n^3도 늘어나기 때문에 $n = 5$가 너무 작고 n^9가 너무 크다면 바른 답은 그 사이에 있을 것이다. 이것을 반복하면 바로 $n = 7$이라는 답을 구할 수 있다.

그런데 '15로 나누고 나머지를 계산한다'는 절차를 넣으면 문제는 갑자기 어려워진다. 15로 나눈 나머지라는 것은, 15까지 가면 0으로

되돌아가므로 n이 늘어나도 n^3을 15로 나눈 나머지는 늘어난다고만 할 수 없다. 실제로 15와 서로소인 $n = 1, 2, 4, 7, 8, 11, 13, 14$에 대해서 n^3을 15로 나눈 나머지는 1, 8, 4, 13, 2, 11, 7, 14가 되어 수의 나열에서 간단한 패턴을 찾을 수 없다. 그래서 'n^3을 15로 나눈 나머지'를 알고 있을 때 n의 값을 맞히는 것은 어렵다. 15와 같이 작은 수의 경우는 쉽게 찾을 수 있지만 300자리의 수이면 불가능하다.

그런데 아마존은 이 문제를 간단하게 풀 수가 있다. m은 p와 q의 곱이라는 사실을 알고 있기 때문이다. 이 정보를 이용하면 '마법의 수' r이 정해진다. 이것이 암호를 푸는 열쇠다. 무엇인지 모르는 수 n이 있고

$$n^k = \alpha + (m의\ 배수)$$

라는 사실을 알고 있다면 마법의 수 r을 이용해서

$$\alpha^r = n + (m의\ 배수)$$

라는 사실을 안다. 즉 암호 α에서 원래의 수 n이 나타난다.

예를 들어 공개 열쇠가 $m = 15$, $k = 3$일 때, $7^3 = 13 + (15의\ 배수)$이므로 7을 암호화하면 $\alpha = 13$이 된다. 당신은 이것을 아마존에게 보낸다. 이때 마법의 수는 $r = 3$이다. 아마존은 이것을 알고 있다. 그래서 암호 13을 받으면 이것을 세제곱해서 $13^3 = 7 + (15의\ 배수)$라고 계산한다. 암호 13을 세제곱하고 15로 나눈 나머지가 7이 되는 것에서, 암호화하기 전의 정보 $n = 7$이 복원된다.

아마존은 어떻게 마법의 수 r을 찾았을까? 원래 α는

$$n^k = \alpha + (m\text{의 배수})$$

라고 계산된 수이었기 때문에 마법의 수 r로

$$\alpha^r = n + (m\text{의 배수})$$

가 되는 것은

$$(n^k)^r = n^{r \times k} = n + (m\text{의 배수})$$

라는 것이다. 여기서 오일러의 정리를 떠올려보자. n이 p나 q로 나누
어떨어지지 않는다면

$$n^{1 + s \times (p-1) \times (q-1)} = n + (m\text{의 배수})$$

였다. 이 두 개의 식은 닮았다. 어느 것이나 n의 거듭제곱을 계산하면
n으로 돌아가는 식이다. 그래서 만약 r을 잘 선택해서 $r \times k = 1 + s \times$
$(p-1) \times (q-1)$라고 할 수 있다면 암호는 풀린다.

여기서 중요한 것이 k와 $(p-1) \times (q-1)$이 '서로소'라는 것이다.
이때는

$$r \times k = 1 + s \times (p-1) \times (q-1)$$

가 되는 자연수 r과 s가 반드시 존재한다. 예를 늘어 앞의 예에서 $k=3$, $(p-1) \times (q-1) = 8$이고, 2개의 수는 서로소이므로 $r=3$, $s=1$이라면

$$3 \times 3 = 1 + 1 \times 8$$

이 된다.

암호 α가

$$n^k = \alpha + (m\text{의 배수})$$

로 정해져 있다면, 이런 r을 이용해서

$$\alpha^r = n^{k \times r} + (m\text{의 배수}) = n^{1 + s \times (p-1) \times (q-1)} + (m\text{의 배수}) = n + (m\text{의 배수})$$

가 된다. 이것으로 α에서 n을 구하는 복호화를 완성했다. 이 r이 아마존의 마법의 수이다.

RSA 암호는, 큰 수의 소인수분해가 어려우면 깰 수가 없다. 현재 알려진 알고리즘에서는 N자리의 자연수를 소인수분해하기 위해서 N에 대한 지수함수적 시간이 걸린다. 이를테면 2009년에 232자리의 수의 소인수분해에 성공한 그룹이 있는데, 수백 대의 병렬 컴퓨터를 이용해서 2년이 걸렸다고 한다. 만약 소인수분해가 N의 거듭제곱 정도의 시간으로 가능한 알고리즘이 발견된다면, RSA 암호는 공개 열쇠만 이용해서 해독되므로 인터넷 경제는 대혼란을 맞이하게 된다.

실은 아직 실현되지 않았지만, 양자역학의 원리를 활용한 양자컴퓨터라는 기계가 만들어지면 N자리의 자연수의 소인수분해가 N의 거듭제곱의 계산시간으로 가능하다는 사실이 알려져 있다. 1994년 MIT의 수학자 피터 쇼어가 N자리의 자연수를 N^3회 정도의 계산으로 소인수분해하는 알고리즘을 발견했기 때문이다. 단 양자 컴퓨터는 아직 이론단계로, 실제로 만들어진 것은 아니다.

한편 양자역학의 원리를 이용하면 RSA 암호와 완전히 다른 암호통신도 가능하다. 양자암호의 방법으로는, 암호가 도중에 도둑맞아 해독될 경우 아무리 몰래 한다고 해도 반드시 발각된다. 양자역학이 옳다면 옆에서 빼돌리는 일은 불가능하다. '양자컴퓨터'나 '양자암호' 어느 쪽이 먼저 실용화되는가에 따라 통신의 안전은 크게 바뀔 것이다.

이번 이야기에 등장한, 소수가 무한개 있다는 증명이나 소인수분해의 유일성에 관한 증명, 페르마의 소정리나 오일러의 정리는 자연수나 소수의 수수께끼에 매료된 수학자가 순수한 탐구심에서 발견한 것이다. 이 이론들이 현재의 인터넷 경제에서 중심적 역할을 하고 있다는 것이 감개무량하다.

4세기 가까이 해결되지 않았던 페르마의 최종정리가 증명된 것은 1995년이고, 쌍둥이 소수의 증명을 향한 큰 진전이 있었던 것은 2013년의 일이다. 또한 오일러의 정리를 응용한 RSA 암호가 발견된 것은 1977년이고, 효율적인 소수의 판정법이 발명된 것은 2002년이다. 자연수는 수학이 시작된 이후 몇천 년이나 연구되어 왔지만, 그 성질을 해명하는 것이나 응용 방법의 개발은 현재도 계속 진보하고 있으며, 미해결 문제도 많이 있다.

19세기 미국의 사상가이자 시인인 헨리 데이비드 소로는, '수학은 시와 같다고 하지만 그 대부분은 아직 읊어지지 않았다'라고 기술했다. 소수에 대해서는 이제부터 많은 시가 읊어질 것이다. 그리고 오일러의 정리가 RSA 암호와 그에 따른 인터넷 결제 시스템을 실현한 바와 같이, 소수에 대한 새로운 발견은 우리 생활을 더욱 크게 바꿀지도 모른다.

제5장

무한세계와
불완전성 정리

호텔 캘리포니아에 잘 오셨어요!

미국 록밴드 이글스가 1976년에 발매한 앨범 '호텔 캘리포니아'의 타이틀 곡은 남캘리포니아의 가상의 호텔을 무대로 하고 있다. 사막을 가로지르는 고속도로 운전에 지쳐서 호텔을 찾은 주인공이 입구에 서 있는 여성의 안내를 받고 복도에 들어서자 안쪽에서부터 소리가 들려왔다.

> 캘리포니아 호텔에 잘 오셨어요.
> 여기는 묵을 방이 많이 있지요
> 연중 어느 때고 방이 있어요.

지배인(이하 지) : 캘리포니아 호텔에 잘 오셨어요. 저는 지배인 다비드 힐베르트입니다. 이 호텔에는 연중 어느 때고 빈 방이 있습니다. 방이 무한하기 때문입니다. 자, 복도를 보십시오. 방에 번호가 붙어 있지요. 1, 2, 3, …. 이것이 끝없이 이어져 있습니다. 손님, 피곤하신 것 같습니다. 객실담당이 바로 방을 준비해드리겠습니다.

객실담당(이하 객): 지배인님, 그렇게 호객을 하시면 안 됩니다. 오늘은 만실입니다. 손님은 더 이상 받아들일 수 없습니다.

지: 걱정 말고 관내 아나운서의 마이크를 주세요. (마이크를 들고) "손님 여러분 쉬고 계시는데 대단히 죄송합니다. 여러분께서는 자신의 방 다음 번호의 방으로 옮겨주시기 바랍니다. 1호실의 분은 2호실. 2호실의 분은 3호실로 이동해주십시오."

객: 아, 1호실이 비었습니다.

지: 여기에 지금 오신 손님을 받도록 하세요. 캘리포니아 호텔은 연중 어느 때고 방이 있다는 것이 장점이니까.

객: 관광버스 1대가 왔습니다. '자연수 여행'이라는 라벨이 붙어 있습니다.

지: 손님이 몇 분인지 세어보세요.

객: 1, 2, 3, …. 계속 이어집니다. 아무래도 손님은 자연수 전부 같습니다. 무한하게 계십니다. 호텔은 만실입니다. 한 사람이나 두 사람이라면 몰라도 무한한 손님을 받을 수는 없습니다.

지: 당황하지 마십시오. 먼저 관내 방송부터. "손님 여러분 쉬고 계시는데 대단히 죄송합니다. 여러분께서는 짝수번호 방으로 옮겨주시기 바랍니다. 1호실의 분은 2호실. 2호실의 분은 4호실, 3호실의 분은 6호실로 이동해주십시오."

객: 1호실, 3호실, 5호실…로, 홀수번호의 방은 모두 공실이 되었습니다!

지: 버스 손님을 순서대로 받으세요. 1번 손님은 1호실, 2번 손님은 3호실, n번의 손님은 $(2n-1)$호실로. 이것으로 버스에 타고 있는 자연수의 손님 모두에게 돌아갈 방이 있을 것입니다. 캘리포니아 호텔은 연중 어느 때고 방이 있다는 것이 장점이지요.

객: 지배인님, 자연수 여행 버스가 또 왔습니다.

지: 몇 대인지 세어보세요.

객: 1, 2, 3, …. 계속 이어지네요. 버스의 수는 무한합니다. 게다가 어느 버스에도 무한한 수의 손님이 타고 있습니다. 이렇게 많은 손님은 도저히 받을 수가 없습니다.

지: 당황하지 말고 일단 도착한 순서대로 버스에 1, 2, 3 …번호를 붙이세요. 다시 관내 방송을 하지요.

객: 아까와 마찬가지로 홀수번호의 방을 모두 비웠습니다. 그래도 이것으로는 버스 한 대의 손님밖에 받을 수가 없습니다.

지: 당황하지 마세요. 버스의 손님은 모두 2개의 번호를 가지고 있을 겁니다. 하나는 자신이 탄 버스의 번호. 또 하나는 그 안에서 자신의 번호입니다. 이를테면 3번 버스의 5번 손님이라면 $(3, 5)$라는 숫자의 조합이 됩니다.

객: 그런데 지배인님. 1번 버스 손님만으로 만실이 됩니다.

지: 그렇게 하면 다 받을 수가 없지요. 손님에게 이렇게 줄을 서게 해보세요.

1번 버스	2번 버스	3번 버스	4번 버스
(1, 1)			
(1, 2)	(2, 1)		
(1, 3)	(2, 2)	(3, 1)	
…	…	…	…

객: 2번 버스의 손님은 한단 내려 보내고, 3번 버스 손님은 2단 내려 보내서 줄을 서게 하는 거네요.

지: 그렇지요. 줄을 세우고 이렇게 새 번호판을 나누어 주세요.

1번 버스	2번 버스	3번 버스	…
[1]			
[2]	[3]		
[4]	[5]	[6]	
…	…	…	…

객: 1단, 2단, … 순서대로, 또한 각단의 왼쪽부터 순서대로 나누어 주는 거네요.

지: 이렇게 하면 모든 분에게 번호표를 나누어줄 수가 있습니다. 새 번호표를 가지고 방을 분배하면 됩니다. 이미 숙박하고 있는 손님을 모두 짝수번호 방으로 이동시켰으니 홀수번호 방은 모두 비어 있지요. 이제 [1]번 번호표의 손님에게는 1호실을 안내합니다. [2]번 번호표의 손님에게는 3호실, n번의 손님에게는 $(2n-1)$호실로 안내하세요.

객: 무한개의 버스의 손님이라도 묵을 방이 다 있군요.

지: 캘리포니아 호텔은 연중 어느 때고 방이 있다는 것이 자랑거리

지요.

객: 또 버스가 한 대 왔습니다. '유리수 여행'이라는 라벨이 붙어 있습니다.

지: 당황할 거 없어요. 캘리포니아 호텔에는 연중 어느 때고 방이 있지요.

객: 이번 손님은 분수입니다.

지: 분수는 전부 갖추어져 있나요?

객: 네. 분수는 1과 2 사이에도 무한개가 있다고 합니다. 1, 2, 3, … 이라는 번호가 붙은 이 호텔의 방보다 많을 것 같습니다. 괜찮을까요?

지: 걱정하지 마세요. 아까 버스 번호와 버스 안 번호 2개의 숫자를 가진 손님을 전원 받았잖아요.

객: 네, (1, 2)의 분에게는 [2], (2, 3)의 분에게는 [8]이라는 새로운 번호표를 주고, 그 번호표 순서대로 방을 안내했습니다.

지: 분수라는 것은 2개의 숫자 조합이라고 생각하면 됩니다. 이를테면 $\frac{1}{2}$이신 분은 (1, 2)라고 생각해서 [2]의 번호표를 주고, $\frac{2}{3}$이신 분은 (2, 3)이라고 생각해서 [8]의 번호표를 줍니다. 아까와 같은 방법입니다.

객: $\frac{1}{2} = \frac{2}{4}$이라 $\frac{1}{2}$손님에게는 (1, 2) = [2]와 (2, 4) = [12] 양쪽의 번호표를 나누어드릴 수가 있습니다. 그러고 보니 $\frac{1}{2} = \frac{3}{6} = \frac{4}{8} = \frac{5}{10} = \cdots$이므로 더 많이 중복됩니다.

지: 중복된 방은 공실로 두면 됩니다.

객: 이 호텔은 대단합니다. 분수의 손님도 전원 재울 수가 있고 게다가 또 공실을 만들 수 있으니.

지: 너무 늦었으니 오늘은 그만 쉴게요. 뒷일을 잘 부탁합니다.

객: 알았습니다. 아무리 많은 손님이 와도 1, 2, 3, …이라는 번호표를 나누어주면 되는군. 잘 처리하면 지배인님도 나를 인정해주겠지? 또 손님이 와야 할 텐데.

가이드(이하 가): 늦은 시간 죄송합니다. 실수 여행의 가이드입니다만.

객: 왔구나, 왔어. 캘리포니아 호텔에 잘 오셨습니다.

가: 투어의 손님은 실수입니다.

객: 실수란 제2장에서 나온 수를 말하는 거지요. 1, 2, 3, …이라는 자연수 외에 $\frac{1}{2}$, $\frac{2}{3}$ 등의 분수, $\sqrt{2}$, π, e 라는 무리수도 포함되어 있는 수 집단, 맞죠?

가: 간단히 설명하면 직선 상의 모든 점이라고 생각하면 됩니다. 모두 다 묵을 수 있도록 잘 부탁드립니다.

객: 맡겨주십시오. 이 호텔에는 연중 어느 때나 방이 있습니다. 왜냐하면 방이 무한하게 있기 때문입니다. 분수의 손님을 받고도 공실이 있을 정도입니다. 자연수의 번호표를 나누어드리겠습니다.

《다음날 아침》

객: 지배인님, 큰일 났습니다. 공정거래위원회의 게오르그 칸토어 심사관이 찾아오셨습니다.

지: 어서 오십시오. 칸토어 심사관님. 무슨 용건이신지요.

심사관(이하 심): 과대광고라는 신고가 들어왔습니다. 이 호텔에는 연중 어느 때고 방이 있다고 선전하는 모양이군요.

지: 네, 그렇습니다. 어젯밤에도 자연수와 분수의 손님이 오셨습니

다만, 모두 묵을 수 있게 방을 드렸습니다.

객: 실수의 손님 중에서 방을 얻을 수 없었다는 사람이 있는데….

지: (객실담당을 바라보고) 어이, 설마 실수 여행의 손님이 오신 건 아니겠지?

객: 네, 그래서 잘 대응했습니다. 자연수 번호표를 배분하고, 방을 나누어드렸습니다. 숙박기록장을 보여드릴까요?

심: 전부 보는 것은 힘드니, 0에서 1까지의 손님에 대해서 어느 방을 배정했는지 보여주십시오.

객: 객실 번호가 작은 것부터 순서대로 나열해서 이렇게 되었습니다.

$$0.24598\cdots$$
$$0.75307\cdots$$
$$0.81378\cdots$$

심: 음, 이것을 보니 방을 배정받지 못한 손님을 간단하게 알 수 있겠군요.

객: 어느 손님이지요?

심: 먼저 숙박기록장에 기록되어 있는 손님의 소수점 이하로 나열되어 있는 수를 이렇게 순서대로 동그라미를 치면.

$$0.②4593\cdots$$
$$0.7⑤307\cdots$$
$$0.81③78\cdots$$

동그라미 친 숫자는 순서대로 2, 5, 3이므로 2와 다른 숫자 하나, 5와 다른 숫자 하나, 3과 다른 숫자를 하나를 골라보시오.

객: 7, 8, 1은 어떨까요.

심: 좋습니다. 여기서 0.781이라는 숫자를 만들면 이것은 최초의 3개의 방에 묵고 있는 손님과는 다른 수일 겁니다.

객: 아… 0.781의 소수점 이하 첫 번째 자리의 숫자 7은 최초의 방 손님의 소수 첫 번째 자리의 숫자 2와 다르고, 소수점 이하 2번째의 숫자 8은 2번째의 방의 손님의 소수 두 번째 자리의 숫자 5와 다르고 …. 어느 손님과도 다른 수가 되는군요.

심: 이것을 숙박기록장에 기록되어 있는 순서대로 반복해가면 여기에 기록되어 있는 어느 손님과도 다른 숫자가 만들어질 것입니다. 이 숫자의 손님에게 배당된 방은 없습니다. 그러니 묵지 못한 손님이 있다는 말이지요.

객: 그렇습니다. 죄송합니다. 제가 번호표를 잘못 나누어드렸습니다. 더 잘 나누어드렸다면 모든 손님이 묵을 수 있었을 텐데 말입니다.

심: 지배인을 깔쌀 필요는 없어요. 실수 전워이 오면 어떤 방법으로 번호표를 나누어도 방을 받지 못한 손님이 나올 수밖에 없어요. 지배인은 실수 여행의 손님을 받을 수 없다는 것을 알고 있었던 것 같군요.

지: 죄송합니다. 설마 이런 후미진 곳까지 실수 손님이 오리라고는 생각도 못했습니다.

심: 이번에는 용서하겠지만, 광고 문구를 다시 쓰기 바랍니다. 자연수나 분수의 손님은 받을 수 있으니 '실수 전체보다 작은 그룹의

손님에게는 연중 어느 때나 방이 있습니다.' 라는 것은 어떤가요.

지: 번잡스럽지만 어쩔 수 없지요.

《1년 후》

객: 지배인님 알고 계십니까? 칸토어 심사관님이 좌천되었답니다.

지: 대체 무슨 일이 있었던 건가요?

객: 자연수나 분수의 손님은 받을 수 있으나 실수 전원이 오면 받을 수 없는 호텔을 적발하고 '실수보다 작은 그룹의 손님에게는 연중 어느 때나 방이 준비되어 있습니다.'라는 광고 문구를 쓰면 용서하겠다고 했다는 것입니다.

지: 우리 호텔에서 한 것과 똑같은 일이잖아. 그것이 어떻게 좌천의 원인이 되었지?

객: 칸토어 심사관님이 광고 문구를 다시 쓰게 한 호텔에 괴델-코엔 관광버스가 왔는데, 이는 실수 전체보다 작은 그룹인데도 전원 묵을 수 없었다고 합니다. 그래서 광고 문구를 다시 쓰게 한 공정거래위원회를 고발한 거지요.

* * *

우리들은 한정된 수의 뇌세포를 가지고 한정된 시간을 살아가고 있으므로 본래는 유한한 것밖에 생각하지 못할 것이다. 그러나 수학에서는 무한에 대해서 말할 수 있다. 이를 위해 언어를 정비한 선구자의 한 사람이 19세기 독일 수학자 게오르그 칸토어였다. 칸토어는 우리들이 학교에서 공부하는 집합 개념을 발명하고 그것의 크기를 비교하는 방법을 생각했다. 집합의 원소(元素)의 수가 유한하다면 원소의 수를 세고 비교함으로써 집합의 대소를 알 수 있다. 그렇다면 집합의 원소가 무한개인 경우는 어떻게 하면 될까?

칸토어의 아이디어는 두 집합은 집합을 구성하는 원소들끼리 일대일 대응시킬 수 있다면 두 집합은 같은 크기라고 보자는 것이다. 유한 집합의 경우에는 원소의 수가 같을 때만 일대일 대응이 된다. 이것을 무한 집합에도 적용하자는 것이다.

예를 들면 자연수 집합과 짝수 집합 사이에는 일대일 대응이 존재한다. 이것을 나타내려면

$$1 \leftrightarrow 2, \, 2 \leftrightarrow 4, \, 3 \leftrightarrow 6, \, \cdots$$

와 같이 대응시켜 가면 된다. 일반적으로는 자연수 n에 대하여 짝수 $2 \times n$을 대응시킨다. 이 대응은 만원인 호텔 캘리포니아의 숙박객 전원을 짝수 번째 방으로 옮길 때 등장했다.

또 자연수 집합과 분수 집합 사이에도 일대일 대응이 존재한다. 이것은 유리수 여행사의 손님에게 자연수 번호표를 나눠줄 때 사용했다. 그때는 중복이 있었지만, 중복된 곳은 메워 나가면 일대일 대응시킬 수 있다.

$$1 \leftrightarrow \frac{1}{1}, \, 2 \leftrightarrow \frac{1}{2}, \, 3 \leftrightarrow \frac{2}{1}, \, \cdots$$

그러나 칸토어는 자연수 집합과 실수 집합 사이에는 일대일 대응관

계를 만들 수 없다는 것을 발견했다. 예를 들면

$$1 \leftrightarrow 0.24593\cdots, \ 2 \leftrightarrow 0.75307\cdots, \ 3 \leftrightarrow 0.81378, \cdots$$

라는 대응관계가 있다면 이 오른쪽에 나타나는 어떤 숫자와도 다른 숫자, 예를 들면 0.781이라는 숫자를 만들 수 있다. 이를 위해서는

$$0.\text{②}4593$$
$$0.7\text{⑤}307$$
$$0.81\text{③}78$$

와 같이 표시를 해서 처음에 동그라미를 붙인 2, 5, 3과 다른 숫자를 순서대로 고른다. 예를 들면 7, 8, 1을 고르면 0.781이라는 숫자가 생긴다. 이것을 반복하여 0.781…이라는 수를 만들면 이 숫자는 대응 표 어디에도 나타나지 않는다. 자연수와 실수 사이에 어떤 대응표를 만들어도 반드시 대응표에서 빠지는 실수가 있다. 이러한 방법은 실수를 배열하여 소수점 이하의 숫자를 비스듬히 읽어가는 것이므로 '대각선 논법'이라고 부른다.

　즉, 자연수 집합과 분수 집합은 같은 정도의 크기지만, 실수 집합은 이것보다 크다. 무한집합 사이에도 대소 관계가 있다는 것이다. 칸토어는 한발 더 나아가 실수 집합보다 큰 집합, 그것보다 더 큰 집합처럼 무한 집합에 무한의 계층이 있다는 것을 밝혔다.

　칸토어의 연구는 커다란 반향을 불러일으켰으며, 그에 비판적인 수학자도 많았다. 특히 베를린대학의 교수이자 독일 수학계에서 권위

를 떨치던 크로네커는 칸토어 비판의 선봉장이었다. 크로네커는 '신은 자연수를 만들었고, 나머지는 모두 인간의 작품이다.'라고 말한 것에서도 볼 수 있듯이 자연수와 같이 유한한 것을 다루는 수학 이외에는 믿지 않았다. '인간이 만들어낸 것'인 실수를 연구하기는커녕, 자연수 전체와 실수 전체 등과 같은 무한 집합을 생각하고 그 대소를 비교하는 칸토어의 수학을 인위적인 것이라고 혐오하였다.

이에 반하여 칸토어는 '수학의 본질은 자유다(Das Wesen der Mathematik ist ihre Freiheit)'라는 유명한 말로 반박했다. 고대 바빌로니아와 고대 이집트에서 토지 측량을 위한 기하학이 탄생하고 뉴턴이 역학의 법칙을 정식화하기 위해 미적분을 발명한 것처럼 수학은 세계를 이해하려는 방향으로 발달해왔다. 그러나 19세기가 되자 수학 그 자체를 위해서 연구하자는 움직임이 나타난다. 논리적으로 앞뒤가 맞기만 하면 어떤 것이라도 연구대상으로 삼아도 좋다. 수학은 외부 세계로부터 독립하여 연구자 자신의 사고의 날개를 달고 어디까지라도 날아갈 수 있는 '자유'로운 학문이라는 것이다. 이것은 현대 순수 수학에서는 표준적인 사고방식이지만, 칸토어가 활약했던 19세기에는 이단으로 여겨졌다.

괴팅겐대학의 다비드 힐베르트는 칸토어의 업적을 높이 평가하여 '칸토어가 창조한 천국에서는 누구도 우리를 쫓아낼 수 없다.'라고 말했다.

힐베르트는 1900년에 파리에서 열린 국제수학자회의에서 23개의 문제를 발표하였고 그 문제 대부분은 20세기 수학 발전에 커다란 영향을 끼쳤다. 그중에서 1번 문제로 출제된 것이 '자연수 집합보다 크고 실수 집합보다 작은 집합은 존재하지 않는다.'라는 칸토어의 추측을 증명이나 반증을 해보자는 문제였다. 이 칸토어의 추측은 '연속체 가설'이라는 이름으로 알려졌다.

힐베르트의 1번 문제는 생각지도 못했던 형태로 해결되었다. 20세기 초에 오스트리아-헝가리 제국에서 태어난 쿠르트 괴델은 1931년에 '불완전성 정리'를 증명하여 이름을 떨쳤다. (불완전성 정리는 나중에 또 등장할 것이다.) 그는 제2차 세계대전 중에 나치 독일을 피해 미국으로 이주한 후 프린스턴 고등연구소의 교수로 부임한 1940년에 칸토어의 연속체 가설이 현재 수학에서 사용되는 표준적인 틀과 모순되지 않는다는 것을 보였다. 그런데 1963년이 되어 스탠포드 대학의 폴 코엔이 연속체 가설을 부정해도 수학의 표준적인 틀과는 모순되지 않는다는 것을 보였다.

괴델의 정리와 코엔의 정리를 조합하면 연속체 가설이 참이라고도 거짓이라고도 증명할 수 없다는 것을 알 수 있다. 긍정해도 부정해도 수학의 세계에 모순은 일어나지 않는다. 즉 '자연수 집합보다 크고 실수 집합보다는 작은 집합'이 수학의 세계에 존재한다고 생각할 수도 있고 존재하지 않는다고 생각할 수도 있다는 것이다. 앞의 '호텔 캘리포니아'의 세계에서는 '자연수 집합보다 크고 실수 집합보다는 작은 집합'이 존재했었다.

무한이라는 깊은 숲 속에서는 우리의 직감에 반하는 이상한 일, 역설처럼 보이는 일들이 많이 일어난다. 이것은 우리가 원래 유한한 존재로서 무한이라는 것을 직감적으로 이해하는 데 익숙하지 않기 때문이다. 유한한 우리가 무한을 올바르게 이해하기 위해서는 수학의 언어가 필요하다. 이번 장에서는 수학의 날개에 올라타서 무한이라는 숲을 조감해보자.

'1=0.99999⋯'는 납득할 수 없다?

숫자를 소수로 표현하면 소수점 이하에 무한의 숫자가 늘어서는 경우가 있다. 예를 들어 1을 3으로 나누면

$$1 \div 3 = 0.33333\cdots$$

와 같이 0. 다음에 3이 무한개 늘어선다. 이러한 '무한 소수'에 대하여 생각해보자.

제2장에서 나눗셈은 곱셈의 역이라는 이야기를 했다. 3으로 나눈다는 것은 3을 곱하는 것의 역이다. 그러면

$$1 = (1 \div 3) \times 3$$

이 된다. 여기서 우변을 계산해 보면

$$(1 \div 3) \times 3 = 0.33333\cdots \times 3 = 0.99999\cdots$$

이 된다. 이것이 좌변과 같으므로

$$1 = 0.99999\cdots$$

이 성립한다. 이것은 '나눗셈은 곱셈의 역'이라는 정의로부터 유도한 식이므로 맞아야 한다. 그러나 이 등식을 이해할 수 없는 사람이 많

다. 좌변의 1과 우변의 0.99999…는 보기에도 다르므로 등호로 연결하는 것은 이상하다.

1 = 0.99999…를 이해할 수 없다면 이 두 숫자의 차이는 무엇인가. 제2장에서 본 것처럼 덧셈과 뺄셈의 기본 규칙을 적용하면 $a - b = 0$이라면 $a = b$가 된다. 그러므로 1 - 0.99999… = 0이라고 하면 1 = 0.99999…도 인정하지 않을 수 없다. 그럼 1 - 0.99999…가 0이 아니라면 어떨까? 그때는 1과 0.99999…의 차이는 도대체 무엇인가가 문제가 된다.

생각해보면 0.99999…라는 무한 소수의 표기는 어쩐지 꺼림칙하다. '…'에는 무엇이 들어가는 것일까? 유한한 존재인 우리에게는 무한한 숫자가 늘어서 있는 무한 소수를 단번에 이해할 수 없다. 그래서 우리가 이해할 수 있는 0.9, 0.99, 0.999, 0.9999라는 유한 소수의 열을 생각해보자. 이처럼 숫자가 늘어서 있는 것을 '수열'이라고 한다. 이 수열과 1과의 차이를 계산해 보면 다음과 같다.

$$1 - 0.9 = 0.1 = \frac{1}{10}$$

$$1 - 0.99 = 0.01 = \frac{1}{100}$$

$$1 - 0.999 = 0.001 = \frac{1}{1000}$$

$$1 - 0.9999 = 0.0001 = \frac{1}{10000}$$

$$1 - 0.99999 = 0.00001 = \frac{1}{100000}$$

수열을 계속 진행해갈수록 우변이 0에 가까워진다는 것을 알 수 있다. 즉 1과 0.99999⋯의 차이는 어떤 수보다도 작아진다.

계속 진행하면 할수록 1에 가까워진다. 게다가 1과의 차이는 얼마든지 작게 할 수 있다. 예를 들면 이 수열의 세 번째보다 앞쪽에 있는 숫자는 어떤 것을 선택해도 $\frac{1}{1000}$ 이하이다. 좀 더 정밀도를 높여서 1과의 차이를 $\frac{1}{1000000}$ 이하로 하고 싶으면 여섯 번째보다 앞쪽의 숫자를 보면 된다. 아무리 높은 정밀도를 요구해도 어느 지점 이후에 있는 숫자는 모두 그 정밀도를 만족한다.

수학에서는 정의가 중요하다는 것은 알고 있을 것이다. 특히 무한과 같이 우리의 직감이 미치지 않는 대상을 생각할 때는 정의가 중요하다. 19세기에 들어와 수학자들이 무한에 대해 깊이 생각하게 되자 '극한'에 대해서도 정확한 정의가 필요하게 되었다. 수열 a_1, a_2, a_3,⋯이 있을 때 이것이 어떤 수 A에 가까워진다고 하자. 이때 아무리 높은 정밀도를 요구한다 해도 수열의 어느 지점부터 그 다음은 전부 그 정밀도를 만족할 때 '이 수열의 극한은 A이다'라고 말한다. 이것이 극한의 정의이다.

예를 들면 수열 0.9, 0.99, 0.999,⋯는 1에 가까워져 가는 것처럼 보인다. 아무리 높은 정밀도를 요구해도 어떤 n 이후에 있는 숫자에 대한 a_n, a_{n+1}, a_{n+2},⋯과 1과의 차이는 모두 그 정밀도를 만족한다. 그러므로 0.9, 0.99, 0.999,⋯의 극한은 1이다. 이것이 '0.99999⋯ = 1' 이라는 식의 의미다.

아킬레우스는 거북이를 따라잡을 수 없는 걸까?

무한 소수를 유한 소수의 극한으로 이해하는 것은 답답하다. 그러나 우리는 유한한 존재이므로 무한을 한번에 파악하기가 힘들다. 먼저 유한의 경우를 생각하고 그 극한으로 이해할 수밖에 없다. 무한의 사고방식에는 예전부터 여러 가지 역설이 따라다녔다. 그 이유의 대부분은 극한의 절차를 생략한 것이 원인이다. 앞에서 다룬 등식 1 = 0.99999…도 그 한 예이다.

다르게 표현한 식의 숫자가 같다는 것은 역설처럼 보이지만, 우변의 …의 의미를 수열의 극한이라고 생각하면 이 등식도 이상하지 않다. 1 = 0.99999…라는 식은 0.9, 0.99, 0.999,…라는 수열이 소수점 이하의 숫자를 늘려나가면 얼마든지 1에 가까워진다는 것을 나타낸다.

무한과 극한에 대해서 좀 더 깊이 이해하기 위해 제논의 역설 이야기를 해보자. 제논은 기원전 5세기에 현재의 이탈리아 나폴리의 남부 마을 엘레아에 살았던 철학자이다. 변증법의 창시자라고도 불린다. 변증법이란 논의를 할 때 어디서 의견이 다른가를 확실하게 하여 진실을 명백히 밝히는 방법이다. 플라톤의 대화편《파르메니데스》에 따르면 젊은 시절 소크라테스는 제논과 그의 스승 파르메니데스가 아테네를 방문했을 때 제논의 강의를 듣고 변증법을 배웠다고 한다.

제논은 당시 철학자가 운동에 대한 이해가 불충분하다는 사실을 밝히기 위해 여러 가지 역설을 고안했다. 특히 유명한 것 중 하나가 '아킬레우스와 거북이'의 역설이다.

아킬레우스는 호메로스의 서사시《일리아스》의 주인공으로 달리기가 빠르기로 유명했다. 거북이 따위와는 비교도 되지 않을 정도로 빠르지만, 이야기를 이해하기 쉽도록 아킬레우스의 속도가 거북이의 두 배라고 하자. 이 아킬레우스와 거북이가 경쟁한다. 아킬레우스가 빠르므로 거북이는 공평을 기해서 1km 앞에서 출발한다.

여기서 제논은 아킬레우스가 거북이를 따라잡을 수 없다고 주장한다. 아킬레우스가 1km 달려서 거북이가 출발한 지점까지 오면 아킬레우스보다 절반의 속도인 거북이는 $\frac{1}{2}=0.5$km 앞에 있다. 그리고 아킬레우스가 거북이를 따라잡으려고 0.5km 앞에 도착하면 거북이는 다시 $\frac{1}{2^2}=0.25$km 앞에 있다. 아킬레우스가 0.25km 앞으로 가도 거북이는 $\frac{1}{2^3}=0.125$km 앞에 있다. 이것을 아무리 반복해도 거북이는 아킬레우스보다 앞에 있게 된다는 논리이다.

이 '아킬레우스가 거북이가 있던 지점에 도착한다. → 거북이가 그 절반 거리만큼 앞서 있다.'라는 과정을 한 번으로 하고 n회 반복하면 거북이는 처음 위치에서 어느 정도 진행했을까? n회째 거북이는 $\frac{1}{2^n}$km만큼 진행한다. 그러면 거북이가 진행한 거리는 첫 번째부터 n회째까지 진행한 거리의 합이 되어

$$a_n = \frac{1}{2} + \frac{1}{2^2} + \cdots + \frac{1}{2^n}\text{km}$$

가 된다. 앞서 제4장에 등장한 수학적 귀납법을 사용하면 이 a_n은

$$a_n = 1 - \frac{1}{2^n}$$

으로 나타낼 수 있다는 것을 증명할 수 있다. n이 커지면 $\frac{1}{2^n}$은 점점 작아지므로 a_n는 1에 가까워진다. 그러므로 이 과정을 무한정 반복

하면 마지막에는 거북이는 1km 만큼 진행한 셈이 된다. 아킬레우스는 거북이보다 두 배 빨리 달릴 수 있으므로 그 사이에 2km 진행한다. 처음에 1km 앞에서 출발했으므로 거북이가 1km 진행하고 아킬레우스가 2km 진행한 지점에서 아킬레우스는 거북이를 따라잡는다. 그 다음부터는 아킬레우스가 앞서 달리게 된다. 아킬레우스는 거북이를 따라잡고 앞서 나갈 수 있다.

물론 제논 자신도 정말로 아킬레우스가 거북이를 따라잡을 수 없다고는 생각하지 않았다. 그가 역설을 주창한 본심은 유한한 거리, 지금 같은 경우는 거북이가 진행한 1km의 거리라도 무한한 간격으로 나눌 수 있다는 것이다.

고대 그리스의 수학자들은 선분 길이에는 최소 단위가 있어서 모든 길이는 그것을 단위로 하여 측정할 수 있다고 생각했다. 이것은 모든 물질이 원자라는 기본 단위로 되어 있다는 데모크리토스의 원자론 측면에서 보면 자연스럽다고 생각할 수 있다. 길이에 최소단위가 있다면 모든 선분의 길이는 그 최소단위의 자연 배수가 된다.

그러면 어떤 선분의 비율도 분수로 나타낼 수 있게 된다. 제2장에서 말한 '정사각형의 한 변과 대각선의 비 $\sqrt{2}$ 는 분수로는 나타낼 수 없다.'라는 발견이 충격적이었던 것은 이 신념과 모순되었기 때문이다. 유한한 거리를 무한하게 나눌 수 있다는 제논의 역설도 길이에는 최소 단위가 없다는 것을 보여준다.

고대 그리스 수학자들은 엄밀한 추론을 중요시했으므로 무한을 직접 다루는 것을 피했다. 그러나 중세 스콜라 신학의 융성으로 추상적인 논의 방법이 발달하고 논리를 극한까지 추구하는 일에 대한 저항이 약해진 점도 있어서 중세를 벗어나 르네상스를 맞이한 유럽에서는 무한에 대한 재도전이 시작되었다. 이것은 17세기 뉴턴과 라이프니츠에 의한 미적분의 발견으로 이어졌다. 더욱이 18세기부터 19세기에 걸쳐서 등장한 수많은 수학자의 노력으로 인해 이제 무한을 사용해도 수학적으로 엄밀한 논의를 할 수 있게 되었다.

'지금 나는 거짓말을 하고 있다'

19세기에 무한의 성질이 해명되면서 수학의 기초를 다시 한번 생각해보는 일이 중요해졌다. 이때 본보기가 된 것이 유클리드 기하학이다. 유클리드는 '두 점 사이에는 직선을 연결할 수 있다.' '모든 직각은 서로 같다.'와 같은 다섯 개의 규칙에서 출발하여 논리적인 추론에 따라 도형의 성질을 밝혔다. 이러한 추론의 기초가 되는 규칙을 '공리'라고 한다. 또 공리의 모둠을 공리계라고 부른다.

그러나 유클리드 기하학에는 미비한 점이 있었다. 예를 들면 유클리드는 '점이란 크기가 없는 것을 말한다.'라고 정의했지만, 이것은 현대 수학의 측면에서 보면 정의라고 할 수 없다. 또 공리를 표현하는 데도 엄밀함이 부족했다. 그래서 힐베르트는 괴팅겐대학에서 1898년부터 1899년에 걸친 강의에서 유클리드 기하학의 공리를 엄밀하게 음미하고 이것을 정리한 저서 《기하학 기초론》을 펴내 더욱 정밀한 공리계를 완성하였다. 그리고 '수의 개념을 사용할 수 있다면' 힐베르트가 정비한 공리계에는 모순이 없다는 것을 증명하였다. 그래서 다음으로 문제가 된 것은 '수의 세계에 모순은 없는가?' 하는 것이었다.

힐베르트는 유클리드 기하학뿐만 아니라 수의 체계를 포함한 수학 전체의 기초를 다지려는 야심적인 프로그램에 착수하기로 한다.

당시 수의 세계에 대해서도 공리에 근거한 구성이 시도되고 있었다. 예를 들면 이탈리아의 수학자 주세페 페아노는 자연수를 정의하기 위하여 다섯 개의 공리를 생각했다. 자연수는 1부터 시작하여 그다음 수를 2, 그 다음을 3이라고 부르며 계속해서 정의해갈 수 있다. 이것을 정밀하게 한 것이 페아노의 공리이다.

페아노의 공리 중 제1번부터 제4번까지는 자연수를 1부터 차례대로 만들어가는 방법을 정한 것이다. 자연수 집합을 정의했다고 해도 좋다. 그리고 자연수 집합 안에서 '수학적 귀납법'을 적용할 수 있다는 것을 제5번 공리로 하였다. 앞의 제4장에서 페르마의 소정리를 증명할 때 수학적 귀납법을 사용하여 '연달아 증명할 수 있다.'고 당연한 듯이 적었지만, 사실은 수학적 귀납법을 적용할 수 있다는 것을 공리로 가정해야 했다.

자연수 공리계에 모순은 없는가? 서장에서 소개한 것처럼 힐베르트가 1900년에 발표한 23개의 문제 중 1번 문제는 칸토어의 '연속체 가설'의 증명이었다. 그다음 2번 문제로 힐베르트는 '산술의 공리계 안에서 모순이 일어나지 않는 것을 증명하라'는 문제를 냈다.

힐베르트 이전에는 수학이란 자연을 탐구하기 위한 도구를 만드는 것이라고 여겼다. 이에 반하여 힐베르트는 수학의 공리계 자체를 연구대상으로 삼는 수학의 새로운 방향을 제시하고 이것을 '메타수학'이라고 불렀다. 물론 메타수학이라고 할지라도 어떤 공리에 기반을 두어야 한다. 그래서 힐베르트는 공리계의 정합성, 즉 공리에 기반을 둔 추론에서 모순이 일어나지 않는다는 것을 공리계 자신을 사용하여 증명하는 것을 생각했다. 이것을 수의 체계에 대하여 실행해 보라고 한 것이 '힐베르트의 2번 문제'였다.

그러나 자기 자신에 대하여 논리적인 추론을 실행한다는 것은 위험한 작업이다. 고대 그리스 시대부터 이와 관련하여 '자기 언급의 역설'이 지적되었다.

기원전 4세기의 철학자 에우불리데스가 고안한 역설 중 하나로 다음과 같은 것이 있다.

지금 나는 거짓말을 하고 있다.

이 주장은 모순이다. 원래 주장 A가 '모순'이라는 것은 이와 다른 주장 B도 또 그 부정 $\overline{B}$도 양쪽 다 유도할 수 있다는 의미이다. 에우불리데스의 주장을 A라고 하면, 여기에서 B: '에우불리데스는 거짓말을 하고 있다'는 주장을 유도할 수 있다. 그러나 에우불리데스는 거짓말을 하고 있으므로 주장 A는 거짓말이며 그 부정인 $\overline{B}$: '에우불리데스는 거짓말을 하고 있지 않다'를 유도할 수도 있다. 그러므로 에우불리데스이 주장은 모순이다. 이것이 '자기 언급의 역설'이다.[1]

---

[1] 자기 언급이 반드시 역설이 되는 것은 아니다. 예를 들면 현대의 정보처리기술에서는 자기 언급이 유용하게 사용되고 있다. 또 고대 그리스의 예를 든다면, 기원전 7세기의 철학자 에피메니데스는 제우스를 기리는 시 속에서 '크레타인은 항상 거짓말쟁이고 사악한 짐승이며 게으른 먹보다.'라고 기록하고 있다. 실은 에피메니데스 자신이 크레타 인이므로 이것은 자기 언급이지만, 역설은 아니다. 이 문장에 따르면 에피메니데스는 항상 거짓을 말할 것이다. 그러므로 '항상 거짓말쟁이'라는 것이 거짓이라면 '때로는 진짜를 말한다'가 된다. 그러므로 때때로 진짜를 말하지만 지금은 거짓을 말하여 '항상 거짓말쟁이다'라고 주장하고 있다면 모순인 것은 아니다.

자기 언급의 역설에는 간단한 해결책이 있다. '의미 없는 주장을 한다.'라고 이해하기만 하면 된다. 예를 들면 '지금 나는 거짓말을 하고 있다.'라는 문장을 읽는 것은 누구라도 할 수 있다. 그러나 이 문장은 앞뒤가 맞지 않는다. 자기 언급을 포함하고 있는 문장은 의미를 갖지 않는 경우가 있다는 것이 이 역설의 교훈이다.

말장난처럼 들리지만, 이것은 유명한 '괴델의 불완전성 정리'로 이어진다. 고대 그리스의 역설은 2000년 이상이나 되는 시간을 넘어서 힐베르트의 야심적인 프로그램에 치명적인 타격을 입히게 된다.

'알리바이 증명'은 '귀류법'

힐베르트의 프로그램이 자기 언급의 역설에 따라 수행 불가능하게 된 이유를 설명하기 위해 먼저 귀류법이라는 사고방식에 관해 설명해두자.

변증법을 창시한 제논은 그 기초가 되는 '배중률'을 스승인 파르메니데스로부터 배웠다고 전해진다. 모든 주장은 '참'이나 '거짓' 둘 중에 하나밖에 없다는 것이 배중률이다. 귀류법에서는 이 배중률을 이용하여 수학적인 정리를 증명한다. 플라톤의 대화편 《파르메니데스》에 따르면 제논의 강의를 들은 뒤 소크라테스는 제논과 파르메니데스와 함께 논의를 시작한다. 거기에서 제논이 구사한 것이 귀류법이다.

어떤 정리를 증명하고 싶을 때 일부러 그 주장이 거짓이라고 가정해본다. 이러한 가정에서 모순을 유도할 수 있다면 '거짓'이라는 가정이 틀렸다는 말이 된다. 주장은 참이나 거짓 둘 중에 하나밖에 없으므로 주장을 부정해서 모순이 유도되었다면 그 주장은 참이다. 이것이 귀류법의 논리이다.

귀류법은 추리소설이나 범죄 수사에서 '알리바이 증명'에도 사용된다. 알리바이란 범행이 일어났을 때 용의자가 다른 장소에 있었다는 증거를 말한다. '용의자는 무죄이다.'를 증명하려면 그 반대로 '용의자가 범행을 저질렀다.'라고 가정해본다. 그런데 용의자가 범행 시간에 다른 장소에 있었다는 증거가 있다면 모순이 생긴다. 따라서 용의자는 범행을 저지르지 않았고 무죄라는 것이 알리바이 증명이다.

이것이 괴델의 불완전성 정리다!

힐베르트는 수 체계의 정합성을 증명해서 수학 전체의 기초를 닦으려고 생각했다. 그러나 이것은 달성하기 어려운 프로그램이었다. 23개의 문제를 발표한 파리 국제수학자회의로부터 30년 후인 1930년에 쾨니히스베르크(현재는 러시아 일부로 칼리닌그라드라고 불린다)에서 독일 과학의학회 총회가 열렸을 때 힐베르트는 라디오 연설을 다음과 같은 말로 끝을 맺고 있다.

우리는 철학적인 표현이나 잘난 체하는 말투로 문명의 쇠퇴나 불가지론을 외치며 돌아다니는 사람들을 믿어서는 안 됩니다. 불가지한 것은 존재하지 않으며 내 의견으로는 자연과학에서 불가지 등과 같은 일은 전혀 있을 수 없기 때문입니다. 어리석은 불가지론에 대해서 나는 이렇게 주장하려 합니다. 우리는 알아야만 한다. 우리는 알게 될 것이다.

이 마지막에 있는 '우리는 알아야만 한다. 우리는 알게 될 것이다. (Wir müssen wissen. Wir werden wissen)'라는 말은 괴팅겐에 있는 힐베르트의 묘비에도 새겨져 있다.

그러나 그 전날 열린 분과회에서 쿠르트 괴델은 힐베르트의 프로그램이 수행 불가능하다는 증명을 발표한다. 이것이 유명한 '불완전성 정리'이다. 이 정리에는 두 가지 버전이 있는데, 먼저 첫 번째 버전을 살펴보자.

제1 불완전성 정리: 유한 수의 문자로 표현할 수 있는 모순 없는 공리로서 자연수와 그 산술을 포함하는 것이 있다고 가정하면, 자연수에 관한 주장에서 그 공리만으로는 증명도 반증도 할 수 없는 것이 반드시 존재한다.

괴델의 불완전성 정리는 20세기 수학에서 가장 중요한 성과 중 하나지만, 이 정리만큼 오해를 받는 수학 정리도 없을 것이다. 그러나 그것을 증명하는 아이디어는 어렵지 않다.

불완전성 정리의 증명을 설명하기 위해서 먼저 계산기 프로그램의 '정지 문제'에 대하여 이야기해두자. 이것은 불완전성 정리를 계산기 언어로 치환한 것이지만, 이렇게 하는 편이 알기 쉽다.

아직 계산기가 실용화되기 이전인 1936년 영국의 앨런 튜링은 가상적인 계산기를 고안하였다. 튜링은 제4장에서 등장한 독일군의 암호기 '에니그마'를 해독하는 데 공헌한 것으로도 유명하다. 튜링 기계라고 불리는 가상의 계산기에서는 기록용 테이프에 써넣은 기호를 일정한 규칙에 따라서 조작한다. 현재 사용하는 계산기의 기본 동작도 이 튜링 기계의 원리를 따른 것이다.

그럼 '정지 문제'에 대하여 알아보자. 계산기에서 프로그램을 실행할 때 신경을 써야 할 것은 계산이 끝날 때까지 시간이 얼마나 걸리는가이다. 무한 루프에 들어가 영원히 끝나지 않을지도 모른다. 그래서 '프로그램이 유한한 시간에 정지하여 답을 낼지 어떨지를 실제로 프로그램을 실행하지 않고 유한한 단계에서 판정하는 프로그램이 존재하는가?'를 증명하는 것이 프로그램 정지 문제이다.

튜링은 정지 문제의 답이 '아니오.'라는 것을 증명하였다. 프로그램이 정지할지 어떨지를 판정하는 프로그램은 존재하지 않는다. 튜링은 이 정리를 귀류법을 사용하여 증명했다.

귀류법을 사용하기 위해 '정지 판정이 가능한 프로그램이 존재한다.'라고 가정해보자. 이 프로그램에 다른 프로그램 P를 입력하면 P가 정지할지 어떨지를 알려준다는 것이다. 이와 같은 정지 판정 프로그램이 있다면 이것을 사용하여 새로운 프로그램을 만들 수 있다. 그것은 프로그램 P를 입력했을 때

(1) P가 정지한다고 판정되면 계속 동작

(2) P가 정지하지 않는다고 판정되면 정지

시키는 프로그램이다. 심술궂은 프로그램이지만, 정지 판정 프로그램이 있다면 이런 프로그램을 만들 수 있다.

그러면 이 프로그램에 자기 자신을 입력하면 어떻게 될까? 만일 이 프로그램이 정지한다고 판정되었다면 (1)에 따라서 계속 동작해야 한다. 그러나 계속 동작하고 있으면 (2)에 따라서 정지해야 한다. 이것은 모순이므로 애초부터 이러한 프로그램은 만들 수 없었다는 것이 된다.

이것은 그야말로 자기 언급의 역설이다. 튜링의 증명은 '정지 판정이 가능한 프로그램이 있다.'라는 주장이 몰래 자기 언급을 포함하고 있다는 사실을 밝힌 것이었다. 정지 판정을 내릴 수 있는 프로그램이 존재한다면 자기 자신에게도 정지 판정을 내릴 수 있어야 한다. 이것은 '지금 나는 거짓말을 하고 있다.'라는 주장과 동일한 모순을 발생시킨다. 그러므로 정지 판정이 가능한 프로그램은 있을 수 없다는 것이 증명의 포인트다.

물론 어떤 특정 프로그램에 대해서는 그것이 정지할지 어떨지 판정할 수 있을지도 모른다. 예를 들면 프로그램의 구조가 간단해서 한눈에 판정할 수 있는 경우도 있다. 또 잠시 실행하다 보니 실제로 멈추는 경우도 있을 것이다. 그러나 계속 동작하여 멈추지 않는다면 어떨까? 언젠가는 멈출지도 모르고 그대로 계속 동작할지도 모른다.

유한 시간 안에 판정해야 하므로 언제까지나 기다릴 수는 없는 노릇이다. 튜링의 정리는 모든 프로그램에 대해서 정지 판정할 수 있는 프로그램은 없다고 말하는 것이다.

이 논의를 사용하면 '자연수에 관한 주장에서 그 공리만으로는 증명도 반증도 할 수 없는 것이 반드시 존재한다.'라는 괴델의 제1 불완전성 정리도 증명할 수 있다. 그래서 사용하는 것이 또다시 귀류법이다.

만약 이 불완전성 정리가 틀렸다고 해보자. 그러면 자연수에 관한 주장은 모두 증명할 수 있는 것 아니면 반증할 수 있는 것이 된다. 튜링 기계는 테이프에 써넣은 기호를 조작하는 것이므로 그 프로그램이 정지할지 어떨지의 문제는 자연수의 조작에 관한 주장이라고 해석할 수 있다. 그러면 프로그램이 정지한다는 주장을 증명 혹은 반증할 수 있다. 따라서 이 절차를 프로그램으로 만들면 정지 판정 프로그램을 완성한 셈이 된다. 정지 판정 프로그램은 존재하지 않으므로 이것은 모순이다. '제1 불완전성 정리가 틀렸다.'라고 가정하여 모순이 도출되었으므로 이 정리가 증명된 것이다.

허탈한 느낌이 들지 모르겠지만, 이것이 제1 불완전성 정리 증명의 개요다. '자연수에 관한 어떠한 주장도 증명 혹은 반증할 수 있다.'는 주장은 '지금 나는 거짓말을 하고 있다.'는 주장과 같이 자기 언급의 역설에 빠져버린 것이다.

쾨니히스베르크에서 힐베르트가 한 연설 '자연과학에서 불가지 등과 같은 일은 전혀 있을 수 없다.'는 주장 속에는 '수학에서는 모든 주장이 맞는지 틀리는지를 알 수 있다.'는 신념도 내포되어 있다. 그러나 괴델의 제1 불완전성 정리는 이것을 송두리째 앗아가는 것이었다. 게다가 괴델의 파괴력은 여기에 그치지 않았다.

이 튜링의 정리를 증명하는 방법을 조금 바꾸면, 여기서는 설명하지 않지만, 다음과 같은 정리를 증명할 수도 있다.

제2 불완전성 정리: 유한 수의 문자로 표현할 수 있는 모순 없는 공리로서 자연수와 그 산술을 포함하는 것이 있다고 가정하면, 그 공리만을 사용하여 공리계 자신의 무모순성을 증명할 수 없다.

'자연수와 그 산술을 포함하는 공리계에 모순이 없다.'는 주장은 그 자신을 자연수의 언어로 치환해서 표현할 수 있다. 제1 불완전성 정리에서는 '자연수에 관한 주장에서 그 공리만으로는 증명도 반증도 할 수 없는 것이 반드시 존재한다.'는 것을 보였지만, '공리계에 모순이 없다.'라는 주장이 그 예에 해당한다는 것이 제2 불완전성 정리이다. 수 체계의 정합성을 그 자체로 증명하려 했던 힐베르트의 목표는 달성할 수 없다는 것이 증명되어 버린 것이다.

괴델의 불완전성 정리는 그 심원한 내용 때문에 종종 오해 받고 있다. 포스트모던 사상에 있어서 과학의 남용을 비판한 앨런 소칼과 장 브리크몽은 저서 《지적 사기》에서 "괴델의 정리야말로 아무리 퍼내도 마르지 않는 지적 남용의 원천이다."라고 썼다. 괴델의 불완전성 정리에 대해 자주 발생하는 오해에 대하여 설명해두자.

제1 불완전성 정리는 자연수의 정리를 증명할 수 없다고 주장하는 것이 아니다. 모든 정리를 전부 다 증명할 수는 없다고 말하고 있을 뿐이다. 실제로 자연수에 대해서는 여러 가지 중요한 정리가 증명되었다.

또 '진실이지만 증명할 수 없는 경우가 있다.'라고 잘못 인용하는 경우도 있는데, 이 정리는 절대적인 의미에서 진위를 다루고 있는 것이 아니다. '하나의 공리계' 안에서는 진위를 판정할 수 없다고 말하고 있을 뿐이다. 어떤 공리계에서는 증명할 수 없어도 다른 공리계를 사용하면 증명할 수 있는 경우도 있다. 예를 들면 페르마의 최종 정리는 앤드루 와일즈가 (리처드 테일러의 협력을 받아서) 증명했지만, 이때는 현대 수학의 고도의 수법을 사용하였고 자연수의 초등적인 산술만을 사용한 증명은 아직 못하고 있다.

제1 정리와 제2 정리 모두 공리계에는 모순이 없다고 가정한다. 특히 제2 정리에서는 공리계에 모순이 없다고 가정하고 있음에도 그 공리계의 무모순성을 증명할 수 없다고 주장하는 것이 기묘하다고 생각할지도 모르겠다. 그러나 모순된 가정을 하게 되면, 그로 인해 어떠한 주장도 증명할 수 있게 되어 버린다. 예를 들면 정수의 세계에서는 $1 \neq 0$를 유도할 수 있으므로 거기서 다시 $1 = 0$라고 가정하면 모순이 생긴다. 이러한 모순된 가정을 세우면 어떠한 등식이라도 증명할 수 있게 된다. 예를 들면 $125 = 91$을 증명해보자. $125 - 91 = (125 - 91) \times 1 = (125 - 91) \times 0 = 0$이므로 양변에 91을 더하면 $125 = 91$이 된다. 이렇게 모순된 공리계로부터는 어떠한 주장이라도 유도할 수 있다. 따라서 공리계 자신의 무모순성을 증명하는 것도 가능하다. 불완전성 정리에서 공리계에 모순이 없다고 가정하는 것은 그 때문이다.

제2 불완전성 정리는 수 체계가 모순을 포함한다고 주장하는 것이 아니다. 자기 자신의 공리만을 사용해서 유한한 단계에서 정합성을 증명할 수 없다고 말하고 있을 뿐이다. 실제로 수학자들 중에서 자연수의 공리가 모순을 포함하고 있다고 정말로 우려하는 사람은 드물다고 생각한다.

어떤 공리계의 무모순성을 증명하려면 그것보다 큰 공리계를 고려할 필요가 있다. 어떤 공리계의 무모순성을 증명할 수 있는 더욱 큰 공리계가 있는 경우 그 공리계는 원래의 공리계보다 '강하다'고 말할 수 있다. 일반적으로 두 개의 공리계가 있을 때 그것들이 동등한 것인가 아닌가를 판정하기는 어렵다. 그러나 불완전성 정리의 조건을 만족하는 두 개의 공리계가 있고 한쪽을 사용하여 다른 한쪽의 무모순성을 증명할 수 있다면 '강약'의 관계가 있으므로 두 개의 공리계는 동등하지 않다는 것을 알 수 있다. 불완전성 정리는 이렇게 도움이 되는 정리이기도 하다.

불완전성 정리는 자연수 체계에 관한 주장으로, 완전하며 모순이 없는 공리계이기도 하다. 예를 들면 실수의 덧셈과 곱셈은 모순을 포함하고 있지 않다. 단, 실수 중에서 그 부분집합으로서의 자연수를 정의하려면 그러한 이론 안에서는 자기 자신에게 모순이 없다는 것을 증명할 수 없게 된다. 이처럼 불완전성 정리는 자연수를 포함하는 이론에 관한 한정적인 주장이다. '괴델의 정리는 우리의 지식은 언제나 불완전하다는 것을 밝혔다.'라고들 하는 경우가 있지만, 이 정리에는 그러한 포괄적인 의미는 없다.

그렇다고 해도 자연수는 수학의 기초 중 하나이므로 괴델의 정리가 남긴 충격은 지대한 것이었다. 수학은 얼마 되지 않는 공리에서 출발하여 수많은 정리를 증명하는 것이 중요하다. 자연수에 대해서도 무한개의 정리를 생각할 수 있다. 유한 수의 문자로 나타내는 공리로부터 시작해서 그 모든 것을 증명할 수는 없다. 불완전성 정리가 말하고 있는 것은 우리가 유한한 존재라는 것이다.

제6장

우주의 형태를 측정하다

고대 그리스인은 지구의 크기를 어떻게 측정했을까?

기하학 연구는 고대 이집트와 고대 바빌로니아에서 지면 측정을 위해 시작되었다고 한다. 영어의 "geometry(기하학)"라는 단어는 고대 그리스어 "$\gamma\varepsilon\omega\mu\varepsilon\tau\rho\acute{\iota}\alpha$(geometria)"에서 유래하며 "$\gamma\varepsilon\omega$(geo)"는 '지면', "$\mu\varepsilon\tau\rho\acute{\iota}\alpha$(metria)"는 '측량'이라는 뜻이다. 이집트에서는 매년 나일 강이 범람하여 세금 징수 등을 위해서는 농지의 경계를 다시 측정할 필요가 있었으므로 도형의 면적계산 방법과 각도의 관계에 대한 이해가 깊었다. 또한, 성이나 피라미드 등을 지을 때도 기하학이 사용되었다. 예를 들면 제2화에서도 등장한 '린드 파피루스'에는 다양한 평면도형과 입체의 면적이나 체적을 구하는 계산 방법이 기술되어 있다. 이렇게 축적된 지식은 그리스인들의 손에 의해 정비되어 한 쌍의 공리에서 논리에 따라 정리를 유도해가는 현재의 수학 형식으로 확립되었다. 지면을 측량하는 구체적인 문제를 벗어나 수학을 추상적으로 생각할 수 있게 됨에 따라 그 응용범위도 넓어졌다.

그리스인들은 기하학을 사용하여 인간의 손이 미치지 않는 우수의 모양마저도 이해하려고 했다. 그리스인들은 지구가 구형이라는 것을 알고 있었다. 그 근거로는 다음 세 가지를 들 수 있다.

(1) 멀리 떨어진 곳으로 여행하면 장소에 따라서 북극성의 높이가 다르게 보인다. 지구가 평탄하다면 항상 같은 높이로 보여야 한다.

(2) 그리스인은 월식의 원인이 달이 지구의 그늘로 들어가기 때문이라는 것을 정확히 이해하고 있었으며, 그 그늘의 가장자리 모양이 둥글다는 사실을 지구가 구형이라는 증거로 삼았다.

(3) 또 다른 이유는 동물인 코끼리 때문이다. 그리스인에게 코끼리는 동방과 서방에만 있는 신기한 동물이었다. 알렉산더 대왕이 기원전 326년에 인도까지 동방 원정을 갔을 때 마가다국의 군대는 6,000마리의 코끼리를 몰고 나와 대치했다. 한편, 지중해 문명의 중심지 중 하나였던 이집트 서방의 카르타고에는 지금은 멸종된 북아프리카 코끼리가 있었다. 기원전 218년에 시작된 제2차 포에니 전쟁 때 카르타고의 명장 한니발이 이베리아 반도에서 30마리 이상의 코끼리를 이끌고 알프스 산맥을 넘어 로마 공화국으로 쳐들어간 것은 유명한 이야기이다. 그리스인들은 인도코끼리와 아프리카코끼리가 다르다는 것을 몰랐기 때문에 동방과 서방에 같은 모양의 코끼리가 살고 있고 그 중간에 있는 자기들이 사는 곳에는 코끼리가 없으므로 동과 서는 연결되어 있다고 생각하였다.

지구가 구형이라면 그것은 얼마나 클까? 이 문제를 태양의 관측과 기하학을 조합하여 푼 사람이 알렉산드리아의 에라토스테네스이다.

그리스, 이집트, 중동에서 중앙아시아 일부에 걸치는 대제국을 건설한 알렉산더 대왕이 기원전 323년에 급사하자 장군들 중 한 사람이었던 프톨레마이오스 1세가 이집트 지배를 이어받아 지중해에 면한 알렉산드리아를 수도로 정했다. 프톨레마이오스 왕조는 카이사르와 클레오파트라의 아들 카에사리온이 옥타비아누스에게 살해당하는 기원전 30년까지 약 300년 동안 지속된다. 프톨레마이오스 1세가 설립한 '무세이온'은 학술 및 예술의 여신 무사(뮤즈)의 신전이라는 뜻으로, 말하자면 이집트 정부의 연구기관이었다. 무세이온의 연구자에게는 급료와 숙소, 무료 식사와 하인, 더욱이 세금을 면제해 주는 특권이 있었기 때문에 지중해에 면한 세계의 전역으로부터 최고의 두뇌가 몰려들었다.

기원전 275년경에 북아프리카에서 태어난 에라토스테네스는 아테네의 아카데메이아에서 수학한 뒤 30세에 알렉산드리아 대도서관의 사서로 임명되었고, 4년 뒤에는 도서관과 무세이온의 관장이 되었다. 제4장에 등장한 소수를 발견하는 '에라토스테네스의 체'로도 유명하다.

에라토스테네스는 다음과 같이 지구의 크기를 측정하였다. 알렉산드리아의 정남쪽에 있는 시에네(현재의 아스완)에서는 하지 정오에 깊은 우물의 바닥까지 태양 빛이 도달한다. 이 도시는 북회귀선 상에 있으므로 하지에 태양이 가장 높은 곳에 뜬다. 이 사실을 안 에라토스테네스는 같은 날 같은 시간에 알렉산드리아에서 태양이 만드는 그늘의 각도를 측정하여 7.2도라는 것을 알았다. 지구가 구형이라고 하고 태양 빛이 평행하게 내리쬔다고 하면 '평행선의 엇각은 같다'라는 기하학의 정리(이것에 대해서는 나중에 설명한다)를 써서

그림 1과 같이 알렉산드리아와 시에네의 위도차도 7.2도인 것을 알 수 있다. 이 7.2도를 50배하면 지구를 일주하는 360도가 되므로 지구의 전체 원주는 두 도시 사이의 거리의 50배. 에라토스테네스가 만든 지도에 따르면 알렉산드리아와 시에네 사이의 거리는 현재 단위로 환산하면 약 930km이므로 지구의 원주는 930 × 50 = 46,500km로 계산할 수 있다. 실제로는 40,000km이므로 16% 정도 크지만, 당시의 측량기술을 생각하면 놀랄 정도의 정확도이다.

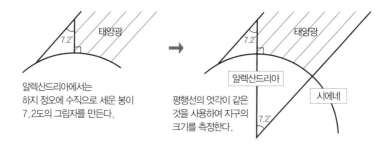

그림 1 에라토스테네스에 의한 지구 크기 측정

사실은 나도 초등학생 때 에라토스테네스를 흉내 내서 지구의 크기를 측정한 적이 있는데, 그 이야기는 웹사이트에 적어두었다.

고대 그리스인은 우주에 '깊이'가 있다는 것을 알고 있었다. 이것은 당시로는 놀랄만한 통찰력이다. 많은 고대문명의 사람들은 달과 별은 지구를 둘러싸는 반원의 천장 같은 것에 붙어 있는 것으로 생각하였다. 그러나 그리스인들은 입체적인 우주상을 가지고 있었다.

그래서 지구의 크기를 알고 나서는 달과 태양까지는 얼마나 떨어져 있는지에 대한 흥미가 생겼다.

기원전 310년경에 그리스의 사모스 섬에서 태어나 지동설을 주창한 아리스타르코스는 월식 때 달이 지구의 그늘을 가로지르는 모습을 관찰하여 달과 지구 지름의 비율을 계산하였다. 이것을 알고 있었던 에라토스테네스는 이 비율에 자신이 측정한 지구의 크기를 곱하여 달의 크기를 계산하였다.

달의 실제 크기와 지구에서 보이는 크기를 비교해보면 달까지의 거리도 계산할 수 있다. 이번에 보름달이 떴을 때 확인해보면 알겠지만, 5엔짜리 동전을 들고 팔을 쭉 뻗으면 달은 딱 동전에 난 구멍 크기에 완전히 들어온다. 보름달은 지평선 근처에 있을 때는 크고 머리 위로 올라가면 작게 보이지만, 5엔 동전 구멍 크기와 비교하면 어느 높이에서도 크기는 변하지 않는다. 도형의 닮음을 이용하면

$$\frac{\text{달의 직경}}{\text{달까지의 거리}} = \frac{\text{5엔 동전 구멍크기}}{\text{팔 길이}}$$

를 유도할 수 있으므로 달의 지름을 알면 달까지의 거리도 계산할 수 있다.

그리스인들은 지동설이 맞는지 천동설이 맞는지도 천체관측과 기하학을 조합하여 과학적으로 판단하려고 했다. 오른쪽 팔을 똑바로 펴고 집게손가락을 세워서 왼쪽 눈을 감고 이 집게손가락을 바라본다. 다음으로 오른쪽 눈을 감고 왼쪽 눈을 떠보자. 집게손가락의 위치가 움직여 보이는 것을 알 수 있을 것이다. 이것은 '시차(視差)'라는 현상으로 이것을 이용하면 대상까지의 거리를 측정할 수 있다. 이

와 마찬가지로 만일 지구가 일 년에 걸쳐서 태양 주위를 공전하고 있다면 반년 동안에 지구가 태양 반대쪽으로 갔을 때는 멀리 있는 행성의 위치가 달라 보일 것이다. 시차를 이용한 측정기술은 기원전 190년경에 태어난 히파르코스에 의해 크게 발전하여, 이 기술을 사용해 지구에서 태양까지의 거리나 춘분점과 추분점이 이동하는 세차(歲差)현상 등을 측정할 수 있게 되었다. 그러나 지구의 공전운동의 증거가 되어야 할 행성의 시차는 관측되지 않았다.

지구의 공전운동으로 인한 시차를 고대 그리스인들이 관측할 수 없었던 이유는 행성들이 너무 멀리 떨어져 있었기 때문이었다. 예를 들면 태양의 크기가 지름 1cm의 구슬이라고 했을 때 우리 지구는 0.1mm 정도로 모래알보다 작다. 이런 모래알이 구슬에서 1m 정도 떨어져서 주위를 돌고 있는 것이 지구의 공전운동이다. 이때, 지구와 가장 가까운 행성 센타우루스자리 프록시마까지의 거리는 도쿄-나고야 사이의 거리보다도 먼 300km. 지구의 공전운동으로 인한 시차는 겨우 0.76초로, 이는 0.0002도에 해당한다. 고대 그리스의 기술로 관측할 수 없었던 것도 이해할 만하다. 이러한 증거가 발견되지 않았던 점, 그리고 '지구가 움직이고 있다면 왜 우리는 그것을 못 느끼는가?'라는 직관적인 반론도 있어서 천동설이 천문학의 주류를 이루었다. 그리스인들이 천동설을 선택한 것은 종교적인 이유가 있었을지 모르지만, 과학적 근거에도 바탕을 둔 판단이었다.

고대 이집트와 고대 바빌로니아 시대에 축적된 수와 도형에 대한 지식은 그리스인들에 의해 수학이라는 학문이 되었다. 이것은 인류 역사 중에서도 획기적인 사건, 기적이라고 해도 좋을 만한 사건이었다고 생각한다. 그리스인들은 기하학을 사용하여 지구, 달, 행성의 위치와 움직임을 이해하려 했다. 이번 이야기에서는 고대 그리스부터 현대에 이르는 기하학의 발전을 따라가면서 우주의 형태에 대하여 생각해보자.

기본 중의 기본, 삼각형의 성질

제2장에서 말한 것처럼 고대 그리스인은 당연한 것도 일일이 '공리'로써 확인하고 그 공리만을 사용하여 '정리'를 유도하는 방식을 시작했다. 그 덕분에 수학의 정리는 미래영겁(未來永劫) 동안 성립하는 진리가 되었다.

이 방법의 본보기가 된 것이 유클리드 기하학이다. 유클리드는 평면 기하학의 기초를 다음과 같은 다섯 가지 공리로 정리했다.

[**공리 1**] 두 점이 있으면 그것을 연결하는 선분은 단 하나 그을 수 있다.

[**공리 2**] 선분이 있으면 그것을 어느 쪽으로나 무한정 연장하여 직선을 만들 수 있다.

[**공리 3**] 두 점이 있으면 한 점을 중심으로 하고 다른 한 점을 지나는 원을 단 하나 그릴 수 있다.

[**공리 4**] 직각은 모두 같다(유클리드는 두 개의 직선이 교차하여 이루는 각도가 같은 경우에 그 각도를 직각이라고 정의한다).

[**공리 5**] 두 개의 직선(**그림2**의 실선)이 있을 때 그들과 만나는 하나의 직선(**그림2**의 점선)에서 같은 쪽에 만드는 내각의 합(**그림2**의 $a+b$)이 2직각(180도)보다도 작다면, 두 개의 직선을 작은 쪽으

로 연장하면 어딘가에서 교차한다(**그림2**의 ○).

그림2   유클리드의 제5공리

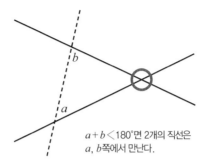

$a+b<180°$면 2개의 직선은
a, b쪽에서 만난다.

그리고 이 다섯 개의 공리를 바탕으로 기하학의 수많은 정리를 증명
하였다.

　몇 개 안되는 원리에서 출발하여 대상의 복잡한 성질을 유도해가
는 유클리드의 논증 방식은 그 이후 학문의 본보기가 되어 스피노자
와 같은 신학자부터 데카르트와 뉴턴에 이르기까지 폭넓은 철학자
와 과학자에게 영향을 주었다.

　스티븐 스필버그 감독의 영화 〈링컨〉에서는 에이브러햄 링컨 역할
의 다니엘 데이 루이스가 무선 통신사들에게 '동일한 어떤 것에 대하
여 같은 것은 서로 같다. 유클리드는 이것을 명백한 진리라고 하였다'
라고 하며 노예해방의 논리를 설명한다. 그보다 약 1세기 전에 토머스
제퍼슨이 기초한 '독립선언문'의 제2단락이 '우리는 모든 인간이 평
등하다는 것을 명백한 진리로 여기며'라고 시작하는 것도 유클리드의
영향을 받았다고 한다. 실제로 링컨은 게티즈버그의 연설에서 '독립선

언문'의 이 부분을 '명제'로서 인용하고 있다. 유클리드 논증법은 의견이 다른 사람들을 논리적으로 설득하는 민주주의의 기초이기도 하다.

[공리 1]에서 [공리 4]까지는 당연한 것을 적어놓은 것처럼 보인다. 반면 다섯 번째 공리는 복잡하고 어려워서 고대 그리스 시대부터 이것은 독립된 공리가 아니라 처음 네 개로부터 논리적으로 유도할 수 있을 것이라고 생각하였다. 그리고 근대에 이르기까지 2000년 동안 수많은 수학자에 의해 처음 네 개의 공리만을 가정하여 다섯 번째의 공리를 정리로서 증명하고자 하는 노력이 계속되었다. 이러한 시도를 통해 다섯 번째 공리는

[공리 5'] 직선과 그 바깥에 한 점이 있으면 그 직선에 평행한 직선을 단 하나 그릴 수 있다.

라고 바꿔 말할 수 있다는 것도 알았다. '평행선 공리'라고 불리는 다섯 번째 공리가 [공리 1]부터 [공리 4]까지의 공리와 독립적이라는 것을 가장 먼저 알아차린 이는 이미 몇 번이나 등장한 가우스였다. 이것에 대해서는 이번 이야기의 후반부에 거론하기로 한다.

평면 기하학에서는 삼각형의 성질이 특히 중요하다. 여기서는 삼각형의 내각의 합의 정리와 피타고라스의 정리에 대하여 생각해보자.

(1) '내각의 합은 180도'를 증명한다

유클리드의 공리로부터 다음과 같은 유명한 정리를 유도할 수 있다. 이 정리는 앞서 이야기한 에라토스테네스의 지구 크기 측정에도 사용되었다.

그림 3

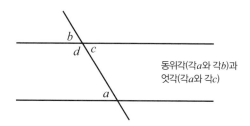

동위각(각 a와 각 b)과
엇각(각 a와 각 c)

정리: 평행한 두 개의 직선에 **그림3**과 같이 하나의 직선이 교차하면,
거기서 생기는 동위각(각 a와 각 b)은 같고 엇각(각 a와 각 c)
도 같다.

이 정리를 증명하기 위해서는 먼저 '대우(對偶)'라는 말에 대해 설명
해야 한다. 일반적으로 'X면 Y이다'라는 주장이 성립된다면 그것으
로부터 'Y가 아니면 X가 아니다'라는 주장을 유도할 수 있다. 이것을
대우라고 한다. 예를 들면 '비가 내리면 우산을 쓴다'의 대우는 '우산
을 쓰고 있지 않으면 비는 내리지 않는다'가 된다. 대우에서는 X와 Y
가 반전되는 것에 주의해야 한다. 예를 들면 '비가 내리지 않으면 우
산을 쓰지 않는다'는 대우가 아니다. '비가 내리면 우산을 쓴다'라는
주장은 비가 내릴 때 무엇을 하는가를 말하는 것뿐으로 이 주장만으
로 비가 내리지 않을 때 우산을 쓰는지 안 쓰는지를 유도하는 것은
불가능하다.

이제 다시 [공리 5]를 떠올려 보자.

'두 개의 직선이 있을 때 그들과 만나는 하나의 직선에서 같은 쪽에

만드는 내각의 합이 2직각보다도 작다면, 두 개의 직선을 작은 쪽으로 연장하면 어딘가에서 교차한다.'

이 공리에서는 '내각의 합이 2직각보다도 작은 쪽에서 교차한다'라고 주장한다. 이것을 약간 약하게 표현하면 '내각의 합이 2직각보다도 작다면 직선은 어딘가에서 교차한다'가 된다. 그리고 그 대우를 생각해보면,

'두 개의 직선이 교차하지 않으면 그것과 교차하는 하나의 직선의 어느 쪽에서도 내각의 합은 2직각보다 작아서는 안 된다.'

가 된다. '두 개의 직선이 교차하지 않는'이라는 것은 평행이라는 것이다. 또한, 내각의 합이 어느 쪽에서도 2직각보다 작지 않다는 것은 2직각 이외에는 있을 수 없다. 따라서 [공리 5]로부터 '평행한 두 개의 직선과 그것을 교차하는 하나의 직선의 내각의 합은 2직각이다'를 유도할 수 있다. 그럼 이것을 이용하여 앞에서의 동위각과 엇각에 관한 정리를 증명해보자.

> **그림3**의 각 a와 각 d는 평행한 직선과 교차하는 직선의 내각이므로 그 합은 2직각이 된다. 한편 각 b와 각 d는 직선과 직선이 교차하여 생기므로 이 두 각도를 더한 값도 2직각이 된다. 이 두 가지 사실을 식으로 표현하면

$$a + d = 2직각, \quad b + d = 2직각$$

이 된다. a와 b는 d라는 같은 각도를 더하면 같은 2직각이 되므로 $a = b$. 즉 동위각은 같다는 것이 된다. 또한, 각 c와 각 d도 직선과 직선이 교차하여 생긴 것이므로

$$c + d = 2직각$$

이 된다. 이것을 처음 식과 비교해 보면 엇각 a와 c도 같다는 것을 알 수 있다.

이것을 이용하면 삼각형의 내각의 합의 정리를 증명할 수 있다.

그림 4   삼각형의 내각의 합의 정리: 초등학교 교과서에서의 설명

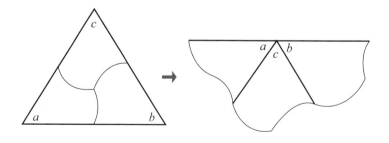

정리: 삼각형의 내각의 합은 180도(2직각)이다.

이 정리는 초등학교 고학년의 수학에서 실제로 배운다. 초등학교에서는 **그림4**와 같이 삼각형의 세 각을 떼어내서 조합하면 직선이 된다는 것을 설명한다. 정식으로 증명하자면 다음과 같다.

삼각형의 내각의 합의 정리: 엇각을 사용한 증명

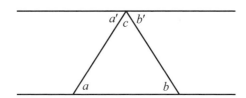

삼각형의 세 개의 꼭짓점을 a, b, c라고 하고 같은 기호로 각 꼭짓점의 내각도 나타내기로 한다. **그림5**와 같이 꼭짓점 c를 지나며 선분 ab에 평행한 직선을 그린다. 이때 a의 엇각 a'과 b의 엇각 b'를 생각하면 a', c, b'는 세 개의 직선이 교차하여 생기는 각이므로

$$a' + c + b' = 180도$$

가 된다. 그런데 위의 정리에서 평행선의 엇각은 같다. 즉 $a = a'$, $b = b'$. 따라서 $a + b + c = 180$도가 된다.

이 정리는 이번 이야기의 후반부에 재등장하므로 기억해두자.

(2) 평생 잊지 않는 '피타고라스 정리'의 증명법

수학의 정리를 영어로는 'theorem'이라고 한다. 이것은 고대 그리스의 '$\theta\varepsilon\omega\rho\acute{\varepsilon}\omega$(theoreo)'에서 유래한 것으로 원래는 '잘 보다'라는 뜻이다. 'theater(극장)'의 어원인 '$\theta\varepsilon\acute{a}o\mu a\iota$(theaomai)'와도 어원이 같다. 평면 기하학의 증명에서는 보조선을 그리는 것으로 증명을 완성하는 일이 많다. 문제가 되는 도형을 그린 다음 직선 하나를 긋고는 '보라'라고 하면 증명이 완성된다.

평면 기하학의 백미라고 하면 '피타고라스 정리'가 될 것이다. 유클리드의 《원론》에서는 제1권의 제47명제로서 증명하고 있다.

정리: 직각 삼각형의 꼭짓점을 a, b, c[1]라 하고 b의 내각이 직각일 때 이것들을 연결하는 세 변 $\overline{ab}, \overline{bc}, \overline{ca}$의 길이 사이에는

$$\overline{ca}^2 = \overline{ab}^2 + \overline{bc}^2$$

와 같은 관계가 있다(**그림6**).

이 정리는 다음 절에서 이야기하는 데카르트 좌표의 거리 공식에 사용되며, 이것을 통해서 현재의 과학과 공학의 기초가 만들어졌다. 중요한 정리이므로 수백 개의 증명 방법이 존재한다. 그중에서 잘 알려져 있는 것을 하나 예로 들어보자.

---

1 옮긴이 주 – 삼각형의 꼭짓점을 대문자로, 그 내각을 소문자로 구분하여 표현하는 것이 일반적이나, 내용 이해에 지장이 없는 한 수학적 엄밀성보다는 간결한 표현을 위하여 원문에 따르고 있음에 유의.

그림6   피타고라스 정리

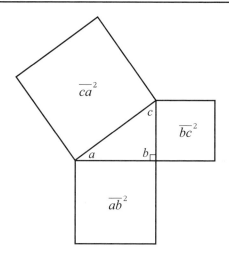

빗변 $\overline{ca}$의 길이를 한 변으로 하는 정사각형을 생각해보자. 문제가 되는 직각 삼각형과 동일한 삼각형을 네 개 준비하여 **그림7**의 왼쪽과 같이 각각의 빗변을 정사각형의 네 개의 변에 붙이면 한 변의 길이가 $\overline{ab}+\overline{bc}$인 정사각형이 된다. 이 커다란 정사각형의 면적에서 네 개의 직각 삼각형의 면적을 뺀 것이 $\overline{ca}^2$이다. 다음으로 이 커다란 정사각형에서 네 개의 직각 삼각형의 위치를 **그림7**의 오른쪽과 같이 이동시킨 후 네 개의 직각 삼각형을 없애면 한 변의 길이가 $\overline{ab}$인 정사각형과 한 변의 길이가 $\overline{bc}$인 정사각형이 남는다. 동일한 정사각형에서 네 개의 삼각형을 이동시킨 것뿐이므로 남은 부분의 면적은 같다. 즉 $\overline{ca}^2=\overline{ab}^2+\overline{bc}^2$이 된다.

정말 그렇게 되겠다는 생각이 드는 증명이지만, 이 정리의 위대함과 비교하면 증명 방법이 잔재주를 부리는 것처럼 느껴진다. 이 증명의 가장 큰 문제는 어떻게 증명하였는지를 (나는) 기억할 수 없다는 것이다. 집으로 돌아가는 어두운 밤길에서 갑자기 권총으로 위협하면서 '피타고라스 정리를 증명해봐'라고 했을 때 이 방법으로 증명할 자신이 나는 없다.

그림 7 피타고라스 정리의 증명

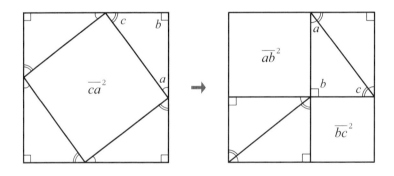

증명을 기억에 의존해서 재현할 수 없다는 것은 정리의 참뜻이 증명에 반영되어 있지 않기 때문이 아닐까? 사실 피타고라스의 정리에는 좀 더 본질적인 증명 방법이 있다. 한번 보면 평생 잊어버리지 않는 방법이다. 그것을 증명해보자. 이를 위해서는 먼저 《원론》 제6권에 명제 31로써 증명되어 있는 정리를 소개해 둔다.

정리: 세 개의 닮은 도형 A, B, C가 있고 A, B, C에 대응하는 변이 직

각 삼각형의 세 변 $\overline{ab}$, $\overline{bc}$, $\overline{ca}$의 길이와 같다고 하자. 이때 세 개 도형의 면적을 같은 기호 A, B, C로 나타내면

$$A + B = C$$

라는 관계가 성립한다.

그림8 **일반화된 피타고라스 정리의 증명(반원 버전)**

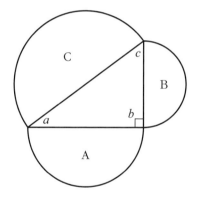

본래의 피타고라스 정리는 이 정리에서 도형 A, B, C가 정사각형인 경우를 가정하였다. 이 정리는 위와 같은 관계가 삼각형과 5각형 및 **그림8**과 같은 반원 등 어떤 도형에서도 성립한다는 것이다. 따라서 이것을 '일반화된 피타고라스 정리'라고 부르자. 정사각형의 면적에 관한 피타고라스의 정리는 빗변의 정사각형을 쪼개서 다시 조합하는 것으로 증명할 수 있었다. 그러나 일반화된 피타고라스 정리는 위

와 같은 방법으로는 증명할 수 없다. 예를 들면 반원의 경우 큰 반원을 작은 반원 두 개로 알맞게 나누기 어렵기 때문이다.

사실 이 정리는 본래의 피타고라스 정리를 이용하면 증명할 수 있다.

닮은꼴 도형의 면적의 관계에 대하여 되짚어보자. 정사각형의 변의 길이를 X배하면 면적은 X^2배가 된다. 이것은 어떤 도형에 대해서도 성립한다. 두 개의 닮은꼴 도형이 있고 한 도형의 변의 길이가 다른 도형의 대응하는 변의 X배라면 면적은 X^2배가 된다. 문제가 되는 세 개의 닮은꼴 도형 A, B, C에 대응하는 변의 길이는 $\overline{ab}, \overline{bc}, \overline{ca}$ 이므로 이 면적들 사이에는

$$A : B : C = \overline{ab}^2 : \overline{bc}^2 : \overline{ca}^2$$

라는 비례 관계가 성립한다. 피타고라스 정리에 따라 $\overline{ab}^2 + \overline{bc}^2 = \overline{ca}^2$ 이므로 이 비례관계를 이용하면 $A + B = C$가 된다.

이 증명이 명백히 밝힌 것은 일반화된 피타고라스 정리는 하나의 도형에 대해 증명하면 비례관계에 의해 다른 도형에 대해서도 자동적으로 증명된다는 것이다. 본래의 피타고라스 정리는 직각 삼각형의 세 변에 붙인 세 개의 정사각형의 면적에 대한 정리였지만, 이것은 정리의 증명에 가장 적합한 도형은 아니다. 정리의 내용을 좀 더 본질적으로 파악할 수 있는 도형이 있다. 그것은 바로 직각 삼각형이다. 이것

을 사용하여 일반화된 피타고라스 정리를 다시 한번 증명해보자.

그림 9 평생 잊지 않을 증명

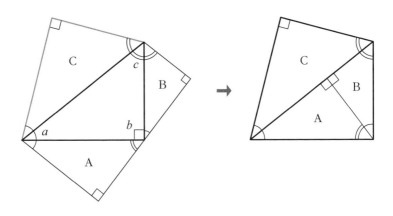

그림9와 같이 직각 삼각형 abc의 빗변 $\overline{ca}$를 기준으로 abc를 바깥 쪽으로 접어서 얻을 수 있는 삼각형을 생각해보고 이것을 C라고 하자. 이 C의 면적은 삼각형 abc의 면적과 같다. 다음으로 이것과 닮음인 삼각형을 변 $\overline{ab}$와 변 $\overline{bc}$에 접하게 그린 뒤에 이것을 A와 B라고 하자(그림9의 왼쪽). 이 A와 B를 변 $\overline{ab}$와 변 $\overline{bc}$를 기준으로 안쪽으로 접어 보자(그림9 오른쪽).

"보라($\theta\varepsilon\omega\rho\acute{\varepsilon}\omega$)!"

이 두 개의 삼각형은 직각 삼각형 abc 안에 정확히 포개지는 것이 아닌가. 따라서 $A + B = C$가 된다.

피타고라스 정리는 직각 삼각형에 관한 정리이므로 이 증명처럼 직각 삼각형만을 사용하는 편이 증명하기에 좋다고 생각한다. 이 방법이라면 밤길에 갑자기 권총을 들이대도 설명할 수 있다.

데카르트 좌표라는 획기적인 아이디어

15세기에 구텐베르크가 활자 인쇄를 실용화하자 유클리드의《원론》도 활자화되었다.《원론》은 1482년에 베네치아에서 초판이 인쇄된 이래 세계 각지에서 1,000개 이상의 인쇄판이 나와 성경에 이은 베스트셀러가 되었다고 한다. 성경과《원론》이 유럽 문명을 지탱하는 두 개의 기둥이었다는 것을 알 수 있다.

유클리드의 평면 기하학에 큰 변혁을 가져온 것은 1596년에 태어나 근대 합리주의의 원조로 불리는 르네 데카르트다. 데카르트는 저서《방법서설》에서 진리를 탐구하는 방법으로 다음과 같은 네 가지를 말한다.

(1) 명백하게 진리라고 인정할 수 없으면 참이라고 할 수 없다는 것
(2) 사고의 대상을 더 잘 이해하려면 잘게 나눌 것
(3) 단순한 것에서 복잡한 것으로 순서에 따라 사고를 유도할 것
(4) 완전한 열거와 광범위한 재검토를 할 것

이것은 당연한 것으로 보이는 공리에서 출발하여 도형의 복잡한 성질을 유도해가는《원론》의 정신을 반영한 것이다.

이《방법서설》은 '서설'이라는 말에 드러나는 것처럼 진리를 탐구하는 방법에 관한 책의 서문이었다. 데카르트는 이 방법을 적용하는 하나의 예로서 기하학의 새로운 방법을 제안했다. 그것은 평면 위의 점을 두 개의 실수의 조합 (x, y)로 나타내는 아이디어다.

평면 위에 직교하는 두 개의 직선을 그리고 이것을 x축과 y축이라고 한다. 평면상의 점 위치를 나타내기 위해 그 점에서 x축과 y축으로 수직선을 그린 후 각 축과 만나는 곳을 x, y로 하고 이 두 개 숫자의 조합 (x, y)를 이용하는 것이 '데카르트 좌표'이다(**그림10**).

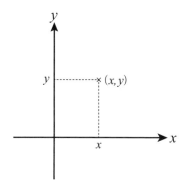

그림 10 데카르트 좌표(직교 좌표)

좌표축 자체는 데카르트가 발견한 것이 아니고 직교 좌표라고도 불리지만, 여기서는 기하학에 새로운 아이디어를 도입한 그의 이름을 딴 용어로 불러보자. 데카르트 좌표를 사용하면 평면 기하학의 문제를 (x, y)에 대한 계산 문제로 바꿀 수 있다. 유클리드의 다섯 개 공리도 데카르트 좌표의 언어로 번역할 수 있다.

예를 들면 [공리 3]에서는 두 개의 점 (x_1, y_1)과 (x_2, y_2)가 주어졌을 때 한쪽을 중심으로 다른 한쪽을 지나는 원을 그리는 것을 요구하고 있다. 원이란 어떤 점에서 같은 거리에 있는 점들의 집합이므로 먼저 이 두 점 사이의 거리를 계산한다.

그림 11　두 점 사이의 거리 r을 직사각형의 대각선으로 계산한다.

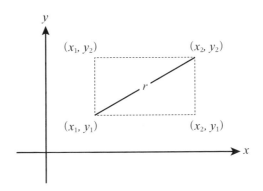

그림11과 같이 (x_1, y_1)과 (x_2, y_2)를 연결하는 선분을 대각선으로 하는 직사각형을 생각해보자. 피타고라스 정리에 따라 대각선 길이 r의 제곱은 긴 변 길이의 제곱과 짧은 변 길이의 제곱을 합한 것이 된다. 즉,

$$r = \sqrt{(x_2 - x_1)^2 + (y_2 - y_1)^2}$$

으로 나타낼 수 있다. [공리 3]의 '(x_1, y_1)을 중심으로 하며 (x_2, y_2)

를 지나는 원'이란 (x_1, y_1)에서 거리 r에 있는 점의 집합이므로

$$(x-x_1)^2 + (y-y_1)^2 = r^2$$

을 만족하는 (x, y)의 집합이라고 생각할 수 있다.

유클리드 기하학의 문제는 데카르트 좌표를 사용하면 방정식을 푸는 문제로 바꿀 수 있다.

2009년에 수학서방(일본 출판사)에서《이 정리가 아름답다》라는 제목의 책을 출판하였다. 스무 명의 필자가 저마다 아름답다고 생각하는 수학의 정리를 골라 그 매력에 대해 이야기하는 책으로, 나도 소립자론에 사용되는 정리에 관하여 썼다. 이 책에서 교토 산업 대학의 우시타키 후미히로는 평면 기하학의 수심(垂心) 정리를 다루었다. 삼각형의 수선이란 하나의 꼭짓점에서 마주 대하고 있는 변(대변)에 수직이 되도록 그린 직선으로, 삼각형에는 세 개의 꼭짓점이 있으므로 수선도 세 개 있다. 수심 정리란 세 개의 수선이 한 점에서 교차한다는 정리로 그 교점을 수심이라고 한다.

두 개의 직선은 평행이 아니라면 반드시 교차하지만, 세 개의 직선이 같은 점에서 교차하는 것은 당연한 것이 아니다. 수심 정리의 증명에 대하여 우시타키는 '중학생이던 내가 나만의 힘으로는 도저히 도달할 수 없는 수준의 증명에 압도되면서도 도형의 조화 그리고 이론을 축적해나가는 절묘함에 분명하게 아름다움을 느꼈다.'라고 적고 있다. 고대 그리스로부터 전해오는 수심 정리의 증명에는 가히 예술적이라고 할 만큼 놀라운 보조선 활용법이 등장한다. 인터넷에서 '수심 정리'를 검색하면 금새 증명 방법이 나오니까 흥미가 있으

면 봐 두자.

이 정리를 데카르트 좌표를 사용하여 증명하면 다음과 같다. 자세한 설명은 하지 않지만, 식의 분위기만 보고 '기하학의 문제를 방정식으로 바꾼다는 것은 이런 것이구나.'라고 이해하는 정도면 된다.

삼각형의 꼭짓점을 $a = (0, 0), b = (p, 0), c = (q, r)$이라고 하면 꼭짓점 c에서 변 $\overline{ab}$로 내려 그은 수선은

$$x = q$$

꼭짓점 a에서 변 $\overline{bc}$로 내려 그은 수선은

$$y = \frac{p - q}{r} x$$

꼭짓점 b에서 변 $\overline{ca}$로 내려 그은 수선은

$$y = -\frac{q}{r} x + \frac{pq}{r}$$

라는 방정식으로 나타낼 수 있다. 처음 두 개의 식을 x와 y에 대하여 연립방정식으로 풀면 $(x, y) = (q, (p - q)q/r)$이 된다. 이 해는 세 번째 식도 만족하므로 세 개의 식에는 공통의 해가 있다. 즉 세 개의 수선은 한 점에서 만나고 이것이 삼각형의 수심이 된다.

이 증명에는 고대 그리스로부터 전해오는 보조선을 사용한 증명 방법이 보인 예술성은 없다. 문제가 되는 수선을 데카르트 좌표에서 식으로 나타내고 그 교점의 좌표를 연립방정식으로 지정한 후 그것을 기계적으로 푸는 담담한 작업이 있을 뿐이다. 영감을 필요로 하지 않으므로 방법을 알고 있으면 누구라도 증명할 수 있다.

보조선을 사용한 증명을 시골길 풍경을 즐기면서 자전거로 달리는 것과 비교하면 데카르트 좌표를 이용한 증명은 정밀한 시간표로 운행하는 고속철을 타고 이동하는 것 같이 느껴진다. 데카르트 좌표로 인해 기하학의 연구는 목가적인 시대가 끝을 맺고 효율을 중시하는 근대로 들어섰다.

제2장에서 '도형의 변의 비가 가감승제와 제곱근의 유한 번의 조합으로 표현될 수 있을 때 그 도형은 작도할 수 있으며 그렇지 않으면 작도를 할 수 없다'라는 가우스의 발견에 관하여 이야기하였다. 이것도 데카르트 좌표를 사용하면 간단하게 나타낼 수 있다. 작도의 규칙에서는 자와 컴퍼스밖에 사용하지 않는다. 데카르트 좌표에서는 자로 그리는 직선은 1차 함수 $y = ax + b$, 컴퍼스로 그리는 원은 2차 함수 $(x-x_1)^2 + (y-y_1)^2 = r^2$으로 나타낸다. 따라서 이것을 반복하여 작도한 선분의 길이의 비는 1차 방정식과 2차 방정식의 조합의 해가 되므로 가감승제와 제곱근의 유한 번의 조합으로 표현할 수 있는 셈이다.

데카르트 좌표는 이러한 기하학의 연구뿐만 아니라 과학기술 분야에도 광범위한 영향을 미쳤다.

데카르트가 《방법서설》을 서문으로 하는 '진리를 탐구하는 방법'에 관한 책을 출판한 것은 갈릴레오 갈릴레이가 만년일 때였다. 갈릴레오는 진자의 움직임 주기는 움직임의 세기에 의존하지 않는다는 '진자의 등시성', 물체가 낙하하는 데 걸리는 시간은 그 질량에 의존하지 않는다는 '낙하물체의 법칙', 일정 속도로 움직이는 물체는 힘을 가하지 않는 한 일정 속도로 계속 움직인다는 '관성의 법칙', 또 일정 속도로 움직이는 좌표계에서는 역학의 법칙이 정지(靜止)계처럼 보인다는 '상대성' 등 물질의 운동에 대하여 수많은 중요한 관찰을 하였다. 그러나 역학의 체계를 완성하진 못했다. 그 가장 큰 이유는 갈릴레오가 데카르트 좌표를 몰랐기 때문이 아닐까 생각한다.

갈릴레오가 죽은 해에 태어난 뉴턴이 역학과 중력의 법칙을 수학으로 표현하기 위해 사용한 것이 바로 데카르트 좌표였다. 그 이후로 과학과 공학의 다양한 방정식은 데카르트 좌표를 사용하여 표현하게 되었다.

오늘날 데카르트 좌표는 과학기술의 여러 분야에서 사용된다. 예를 들면 컴퓨터나 스마트폰의 화면상의 점은 데카르트 좌표로 지정되어 있다. 위치가 수학으로 표현되어 있으므로 화상을 컴퓨터로 처리할 수 있다.

6차원이라도 9차원이라도 10차원이라도

데카르트 좌표의 또 하나의 커다란 업적은 우리들의 사고를 평면에서 고차원으로 해방시킨 것일 테다.

2차원 평면의 점을 두 개 숫자의 조합 (x, y)로 나타낼 수 있다면 3차원 공간의 점은 세 개 숫자의 순서쌍 (x, y, z)으로 지정할 수 있다. 3차원 공간에 직교하는 세 개의 직선을 그리고 이것을 x축, y축, z축이라고 하자. 3차원 공간의 점에서 각각의 축으로 내려 그은 수직선의 위치를 x, y, z로 하고 이 세 개 숫자의 순서쌍을 좌표로 한다.

2차원 평면 위에서 (x, y)와 (x', y')로 지정된 두 점 사이의 거리 r은

$$r = \sqrt{(x-x')^2 + (y-y')^2}$$

로 주어진다. 이와 마찬가지로 3차원 공간상에서 (x, y, z)와 (x', y', z')로 지정된 두 점 사이의 거리 r은

$$r = \sqrt{(x-x')^2 + (y-y')^2 + (z-z')^2}$$

이 된다.

점의 위치를 좌표로 표현한다면 3차원보다 높은 차원을 생각하는 것도 간단하다. n차원 공간이란 n개의 실수의 순서쌍을 좌표로 하는 점의 집합을 말한다. 3차원 공간이면 눈으로 볼 수 있지만, 4차원 이상의 공간을 생각하는 것에 의미가 있을까라는 의문이 생길지 모른다. 그러나 우리가 일상생활에서 접하는 것 중에도 고차원의 세계가 숨어 있다.

예를 들면 내 친구 중에는 증권회사에서 고속 자동 거래 방법을 개발하고 있는 친구가 있다. 시장 상태는 현물 주식과 주식 옵션, 상품 선물과 지수 선물 등의 매매 주문 상황 등으로 정해진다. 즉 시장은 주문 상황에 대해 수천, 수만이라는 수치로 나타나는 고차원 공간

의 점으로 표현되며 그 변동은 고차원 공간 안에서의 운동이라고 생각할 수 있다. 고속 자동 거래의 알고리즘은 이 고차원 운동을 예측하여 1,000분의 1초 단위로 거래하는 것이다.

수학의 힘의 원천 중 하나는 일반화와 추상화에 있다고 생각한다. 기하학은 평면 도형의 성질을 조사하기 위해 발달해왔지만, 데카르트 좌표를 사용하면 n차원 공간의 기하학으로 일반화할 수 있다. 그리고 그 좌표 $(x_1, x_2, \cdots, x_n)$은 도형뿐만 아니라 시장 동향과 같은 다양한 현상을 나타내는 데 사용할 수 있다.

내가 연구하고 있는 '초끈이론'이라고 불리는 소립자의 통일 이론에서는 6차원과 9차원, 10차원과 같은 고차원의 기하학이 필요하다. '10차원 공간이라니 도대체 어떻게 볼 수 있나요?'라는 질문을 받곤 하지만, 좌표를 사용하면 몇 차원이라도 똑같다. 예를 들면 10차원 공간 안에서 원점을 중심으로 하는 반경 r의 구면은

$$x_1^2 + x_2^2 + \cdots + x_{10}^2 = r^2$$

을 만족하는 점의 집합으로 생각한다. 좌표를 사용함으로써 몇 차원의 공간이라도 다룰 수 있게 된 것이다.

유클리드 공리가 성립하지 않는 세계

유클리드의 다섯 가지 공리 중에서 다섯 번째인 '평행선 공리'만은 다른 네 개의 공리와 성질이 다르다고 여겨져 왔다. 이것을 다르게

바꾸어 나타낸 공리 5'의 표현으로 다시 한번 인용해보자.

[공리 5'] 직선과 그 바깥에 한 점이 있으면 그 직선에 평행한 직선을 단 하나 그릴 수 있다.

이 평행선 공리를 다른 네 개의 공리로부터 유도하는 것을 처음 시도한 사람은 기원전 2세기의 포시도니우스라고 한다.

그러나 유클리드 공리에 의존하지 않는 기하학이 존재한다는 사실은 고대에도 알려져 있었다. 그것은 구면상의 기하학이다.

기원후 1세기의 수학자 메넬라우스의 《구면학》 제1권에서는 구면상에서 직선이나 삼각형에 상응하는 것은 무엇인가를 논의하였다. 물론 구면상에 똑바로 선을 그리는 것은 불가능하다. 그러면 '똑바로'가 아니더라도 직선과 같은 성질을 가지고 있는 것이 무엇인지 생각해보자. 평면상에 두 점이 있을 때 그것을 연결하는 최단 경로는 직선이다. 이렇게 '거리를 최단으로 한다.'라는 것을 직선의 본질적인 성질이라고 하면 이러한 성질을 가진 것을 구면상에서 생각해볼 수 있다. 나는 캘리포니아 공과대학 교수와 도쿄 대 카블리수물연대우주연구기구(Kavli IPMU)의 주임 연구원을 겸임하고 있어서 로스앤젤레스와 도쿄를 왕복하는 일이 많다. 우리가 종종 보는 메르카토르 도법의 지도에서는 이 두 도시의 최단 경로는 태평양을 똑바로 가로지르는 것처럼 보이지만, 로스앤젤레스에서 도쿄로 올 때는 비행기는 좀 더 북쪽으로 치우쳐서 알래스카 주의 알류샨 열도 근처까지 갔다가 남하한다. 이 경로가 더 짧기 때문이다(도쿄에서 로스앤젤레스로 돌아갈 때는 편서풍을 이용하므로 태평양을 똑바로 가로질러 가기도 한다).

그림12 구면상의 대원

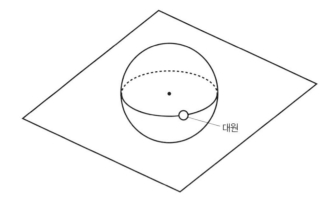

대원

구면 위의 두 점의 최단 경로는 '대원'의 일부가 된다. 대원이란 **그림 12**와 같이 구의 중심을 지나는 평면이 구면과 만나서 생기는 원의 일부를 말한다. 메넬라우스의 구면 기하학에서는 대원을 구면상의 직선으로 생각한다. 그리고 세 개의 대원으로 둘러싸인 영역을 구면상의 삼각형이라고 하였다.

구면 기하학에서 평행선 공리는 성립하지 않는다. 구의 중심을 지나는 두 개의 평면은 반드시 교차하며 그들이 구면과 교차하여 생기는 대원도 교차한다. 즉 두 개의 다른 직선은 평행이 될 수 없다.

평행선 공리가 성립하지 않으므로 평면 기하학의 여러 정리가 구면상에서는 바뀌게 된다. 예를 들면 제1장에서 검토했던 '삼각형의 내각의 합의 정리'를 보자.

그림 13 구면 위의 삼각형의 내각의 합은 180도보다 크다

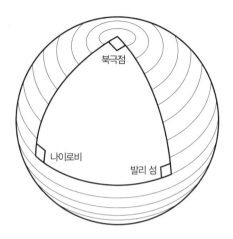

그림13과 같이 적도 바로 밑에 있는 인도네시아의 발리 섬과 케냐의 나이로비, 그리고 북극점의 세 점을 꼭짓점으로 하는 삼각형을 생각해보자. 발리 섬에서 자오선을 따라 북쪽으로 가서 북극점에 도착한 후 왼쪽으로 90도 꺾어서 남하한다. 자오선을 따라 적도로 돌아오면 나이로비 근처에 도착하므로 거기서 다시 한번 왼쪽으로 90도 꺾어서 동쪽으로 가면 발리 섬으로 되돌아온다. 이 삼각형에서는 발리 섬, 북극점, 나이로비에서의 내각은 각각 90도이므로 내각의 합은 180도가 아니라 270도가 된다. 일반적으로 구면상에 있는 삼각형의 내각의 합은

$$\text{내각의 합} = 180 + 720 \times \frac{(\text{삼각형의 면적})}{(\text{구의 표면적})}$$

이라는 식으로 계산할 수 있다. 예를 들어 발리 섬, 북극점, 나이로비

를 꼭짓점으로 하는 삼각형의 면적은 지구 표면적의 $\frac{1}{8}$이므로 이 공식을 사용하면 내각의 합이 $180 + 720 \times \frac{1}{8} = 270$도가 되어 앞의 이야기와 일치한다. 반경이 r인 구면의 면적은 $4\pi r^2$이므로

$$\text{내각의 합} = 180 + 720 \times \frac{(\text{삼각형의 면적})}{4\pi r^2}$$

이라고 나타낼 수 있다.

또한 구면 기하학에서는 '두 점이 있을 때 그것을 연결하는 선분은 단 하나 그릴 수 있다.'라는 제1공리도 성립하지 않는다. 예를 들면 구면의 북극과 남극을 연결하는 대원은 무한하게 있다. 하나의 대원이 있으면 북극과 남극을 연결하는 축에 대하여 그 대원을 회전시켜도 북극과 남극을 연결하는 대원이 되기 때문이다. 유클리드의 공리 중에서 평행선 공리가 다른 공리로부터 독립적이라는 것을 나타내기 위해서는 처음 네 개의 공리는 성립하고 평행선 공리만이 성립하지 않는 기하학이 필요하다. 구면 기하학에서는 제1공리도 성립하지 않으므로 그러한 사례는 되지 않는다.

평행선 공리만이 성립하지 않는 세계

평행선 공리가 다른 네 개의 공리와 독립적이라는 것이 명백해진 것은 19세기 초의 일로, 이것을 처음으로 알아차린 사람은 가우스였다고 한다. 그러나 가우스는 '좁지만 깊이 있게'를 근본 원칙으로 삼아서 자신이 납득할 때까지 이해가 안 되면 발표하지 않았다. 평행선

공리의 독립성은 논란적인 주제였으므로 가우스는 특히 신중했던 것으로 보이며 논문으로 정리하지는 않았다.

가우스와 별도로 러시아 카잔대학의 학장이었던 니콜라이 로바체프스키도 평행선 공리가 성립하지 않는 곡면이 있다는 사실을 발견하고 1829년에 러시아어로 쓴 논문을 발표하였다. 헝가리의 보여이 야노시도 1824년경에 이것을 독립적으로 발견하여 1831년에 부친인 보여이 퍼르커시의 기하학에 관한 저서의 부록으로 발표하였다.

2,000년 이상이나 현안이었던 문제의 해답이 거의 동시에 세 사람의 수학자에 의해 독립적으로 발견되었다는 것이 신기하게 여겨지지만, 과학의 세계에서는 실은 종종 있는 일이다. 유명한 예로는 뉴턴과 라이프니츠가 독립적으로 발견한 미적분법, 칼 빌헬름 셸레와 조지프 프리스틀리가 독립적으로 발견한 산소가 있다. 또 2013년 노벨 물리학상의 대상이 된 힉스입자의 예측도 세 개의 연구 그룹이 독립적으로 수행했다. 실제로 보여이 퍼르커시는 아들 보여이 야노시로부터 평행선 공리의 독립성 증명에 성공했다는 편지를 받고는 '정말로 성공했다면 시기를 놓치지 말고 발표하여라. 봄이 되면 제비꽃이 일제히 피는 것처럼 사물에는 기대라는 것이 있어서 동시에 여기저기에서 발견되는 법이다.'라고 답장하였다. 과학의 발견에도 시대정신이 반영된다고 할 수 있을 것이다.

가우스, 로바체프스키, 보여이가 독립적으로 발견한 곡면은 '쌍곡면'이라고 불린다. 이 곡면을 설명하기 위해 먼저 2차원의 구면이란 3차원 공간의 한 점에서 같은 거리에 있는 점의 집합이라는 것을 기억하자. 3차원의 데카르트 좌표 (x, y, z)를 사용하면 반경 r의 구면은

$$x^2 + y^2 + z^2 = r^2$$

을 만족하는 점의 집합이다. 한편 쌍곡면은 두 군데의 부호를 바꾼

$$x^2 + y^2 - z^2 = -r^2$$

라는 식으로 나타낸다. 3차원의 (x, y, z)에서 이 식을 만족하는 점의
집합을 **그림14**에 그려보았다. 곡선은 두 부분으로 나뉘며 둘 다 같은
형태이므로 $z < 0$인 부분으로 생각해보자. 이 쌍곡면상의 기하학을
'쌍곡 기하학'이라고 한다.

구면 기하학에서 직선의 역할을 하는 것은 원점 $(x, y, z) = (0, 0,$
$0)$를 지나는 평면이 구면과 교차하여 생기는 대원이었다. 마찬가지

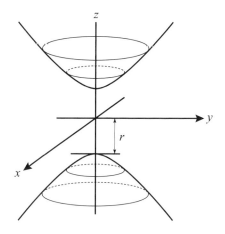

그림 14 쌍곡면

로 쌍곡 기하학에서 직선의 역할을 하는 것은 원점 $(x, y, z) = (0, 0,$ $0)$를 지나는 평면이 쌍곡면과 교차하여 생기는 곡선이다. 쌍곡면의 경우에는 이것이 쌍곡선이 된다. 이것을 쌍곡면상의 '직선'이라고 간주하고 삼각형을 그리면 그 내각의 합은 **그림15**와 같이 180도보다 작다. 삼각형의 내각의 합의 공식을 계산해 보면

$$내각의\ 합 = 180 - 720 \times \frac{(삼각형의\ 면적)}{4\pi r^2}$$

이 되어 구면 기하학의 공식에서 $r^2 \rightarrow -r^2$로 부호를 반전한 것이 된다. 이 쌍곡면 상에서는 유클리드의 제1부터 제4까지의 공리는 성립하므로 평행선의 공리가 독립이라는 것이 증명되었다.

평면 기하학 외에 구면 기하학이나 쌍곡 기하학이라는 유클리드의 공리를 따르지 않는 기하학이 있다는 것을 알고 나면 또 다른 것도 있을 수 있다는 생각을 하게 된다. 실제로 우리 주변에는 평면도 구면도 쌍곡면도 아닌 다양한 형태가 존재한다. 예를 들면 럭비공의

그림 15 쌍곡면 위의 삼각형의 내각의 합은 180도보다 작다

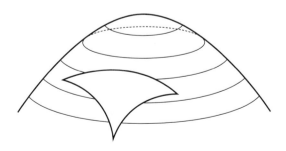

표면은 완전한 구면이 아니라 한쪽으로 길게 되어 있으므로 그 표면에서의 기하학은 구면 기하학과는 달라진다. 이와 같은 다양한 면의 형태를 하나로 통일하여 표현할 수 있는 방법을 발견한 사람은 이번에도 가우스였다.

외부에서 보지 않아도 형태를 알 수 있는 '경이로운 정리'

구면이나 쌍곡면과 같은 2차원 면이 구부러져 있다는 것은 외부에서 보면 금방 알 수 있다. 그러나 2차원 면 위에 살고 있다면 면이 얼마나 구부러져 있는지는 어떻게 알 수 있을까?

19세기 영국의 작가 에드윈 A. 애벗은 《플랫 랜드》라는 풍자 소설에서 2차원 면 세계의 모습을 그렸다. 이 소설의 주인공인 A. 스퀘어 씨는 3차원을 자유롭게 돌아다닐 수 있는 '구'와 친구가 되어 3차원 세계로 들어가서 처음으로 자기들이 살고 있는 플랫 랜드를 내려다보았다. A. 스퀘어 씨 같이 3차원 세계에 가지 않아도 플랫 랜드의 모양을 알 수 있는 방법이 없을까?

가우스는 1818년 하노버 왕의 요청을 받아 영지의 삼각측량을 시행했다. 삼각측량이란 측량할 토지를 삼각형으로 분할하여 각각의 삼각형의 변과 각도를 측정하는 것으로 토지의 형태나 크기를 정하는 방법이다. 가우스는 이 측량을 위해서 새로운 기구(회광기)를 발명했다. 유럽에서 유로화를 발행하기 전에 독일에서 유통되었던 10마르크 지폐에는 앞면에 가우스의 초상화, 뒷면에는 하노버 왕가 영지의 삼각형 분할과 회광기가 그려져 있었다.

가우스는 하노버 왕가의 삼각측량 데이터로부터 호헤하겐 산, 브로켄 산, 인젤베르크 산의 정상이 이루는 삼각형의 내각의 합을 계산해보았다. 내각의 합이 180도에서 벗어난 정도를 알면 삼각형의 내각의 합 공식

$$\text{내각의 합} = 180 + 720 \times \frac{(\text{삼각형의 면적})}{4\pi r^2}$$

을 사용하여 지구의 반경 r을 알 수 있게 된다. 가우스는 이것을 확인하려 했을 것이다. 유감스럽게도 각도의 미묘한 차이를 확인하기에는 측정 정확도가 부족했지만, 이 경험은 2차원 면의 형태를 측정하는 방법에 대하여 가우스에게 중요한 힌트를 주었다.

평평한 한 장의 종이를 생각해보자. 이 종이 위에서는 유클리드 기하학을 적용할 수 있다. 삼각형의 내각의 합은 180도이며 평행선의 공리도 성립한다. 여기서 이 종이를 구부리거나 비틀어보자. 찢거나 늘어뜨리지 않는 한 2차원 면에 있는 두 점의 거리는 변하지 않으므로 유클리드 기하학을 그대로 적용할 수 있다. 예를 들면 종이 위에 피타고라스 정리의 증명을 그린 다음 이 종이를 구부리거나 비틀어도 정리의 증명은 변하지 않는다. 평평한 종이 위에 사는 주민은 종이로부터 바깥으로 나가지 않으면 종이가 구부러져 있다는 것을 알 수가 없다.

가우스는 2차원 면의 이러한 구부러짐은 겉보기에만 그렇다고 생각했다. 그러나 겉보기만이 아닌 구부러짐도 있다. 지구와 평면, 쌍곡면 위에서는 삼각형의 내각의 합 공식도 달라진다. 가우스는 이러한 면의 구부러진 정도의 차이를 결정하기 위해 '곡률'이라는 양을

고안했다.

　플랫 랜드의 주민이 자기들이 사는 2차원 면의 형태가 알고 싶어졌다고 하자. 그래서 가우스가 하노버 영지에서 했던 것처럼 자기들이 사는 세계의 삼각측량을 한다. 면이 구면처럼 구부러져 있으면 삼각형의 내각의 합은 180도보다 클 것이고, 180도에서 벗어난 정도로부터 구면의 반경도 알 수 있다. 반대로 180도보다 작으면 쌍곡면처럼 구부러져 있다는 것이다.

　하지만 2차원 면이 구면이나 쌍곡면뿐이라고는 할 수 없다. 럭비공의 표면을 생각해보면 뾰족한 쪽이 구부러진 정도가 심하고 가운데 부분은 구부러진 정도가 작다. 따라서 뾰족한 부분에 삼각형을 그리면 내각의 합은 180도보다도 꽤 크고, 가운데 부분에 그린 삼각형의 내각의 합은 180도에 가깝다. 내각의 합인 180도에서 벗어난 정도를 측정하면 면의 구부러진 정도를 알 수 있다.

　럭비공의 표면에서는 삼각형의 내각의 합이 위치에 따라 다르다. 각 위치마다 구부러진 정도를 보다 정확하게 측정하기 위해서는 삼각형을 작게 하면 된다. 하지만 삼각형을 작게 하면 180도에서 벗어나는 정도도 작아진다. 구면일 때의 공식을 돌이켜보면

$$\text{내각의 합} - 180 = 720 \times \frac{(\text{삼각형의 면적})}{4\pi r^2}$$

이 되어 내각의 합이 180도에서 벗어난 정도가 삼각형의 면적에 비례한다는 것을 알 수 있다. 그래서 가우스는

$$\frac{(\text{내각의 합}) - 180}{(\text{삼각형의 면적})}$$

라는 비율을 생각하면 삼각형을 작게 해도 값이 0이 되지 않는다는 것을 알아차렸다. 이 비율로 삼각형의 면적이 작아지는 극한을 생각한 것이 가우스 곡률이다.[2]

럭비공 표면에서 구부러진 정도는 장소에 따라 다르다. 그 구부러진 정도의 크기를 나타내는 가우스 곡률은 럭비공 표면에 사는 주민이라도 일부러 외부에서 보지 않아도 측정할 수 있다. 삼각측량을 하면 되기 때문이다. 그러면 면의 각각의 점 주위에서 면이 구면처럼 양의 방향으로 구부러져 있는지 음의 방향으로 구부러져 있는지, 또 이때 구부러진 정도의 크기가 어느 정도인지를 알 수 있다.

가우스는 곡면 위의 기하학은 이 곡률만으로 완전하게 결정할 수 있다는 것을 증명하였고 이것을 스스로 '경이로운 정리'라고 불렀다. 독일의 옛 10마르크 지폐에서 칭송하고자 했던 것도 하노버 영지의 삼각측량뿐만 아니라 이 경이로운 정리가 아니었을까?

한 변이 100억 광년인 삼각형을 그린다

현대 천문학에서는 지구가 우주에서 특별한 장소에 있는 것이 아니라 우주의 어디를 가도 또 거기에서 어디를 보아도 똑같이 보인다고

---

2 럭비공 표면의 각 위치에 따른 구부러짐의 정도인 각도 차는 구면공식일 때의 내접삼각형의 내각의 합인 180도를 기준으로 각 구면에서 만들어지는 삼각형의 내각의 합을 비교해서 180도에서 벗어난 각도 차로부터 구면을 기준으로 곡면의 구부러진 정도를 추측해볼 수 있다. 그러나 이 각도 차는 삼각형의 면적에 비례하게 되어, 가우스는 이것을 삼각형의 면적으로 나눈 비인 곡률을 새로이 고안함으로써 각 곡면상의 세세한 위치에 따른 구부러짐의 정도를 곡률이라는 새로운 개념으로 수치화할 수 있게 된 것이다.

가정한다. 물론 엄밀하게 똑같지는 않다. 예를 들면 지구 주위에는 태양도, 행성도 있으며 항성도 드문드문 분포하고 있다. 그러나 더 큰 범위에서 보면 거의 차이가 없고 방향에 따라서도 일정하다고 가정할 수 있다. 이런 사고방식을 '코페르니쿠스의 원리'라고 한다. 지동설을 제창하고 지구를 우주의 중심에서 태양 주위를 도는 혹성의 하나로 격하시킨 니콜라우스 코페르니쿠스의 이름을 딴 것이다. 코페르니쿠스의 원리에 따라서 우주의 어디를 가도 또 거기에서 어디를 보아도 똑같이 보인다고 가정하면 우리가 사는 공간의 형태는 다음과 같은 세 종류밖에 없다는 것을 수학적으로 나타낼 수 있다.

평평한 공간: 이것은 유클리드 기하학이 성립하는 평면을 3차원으로 생각한 것과 같다. 여기서는 삼각형의 내각 합이 항상 180도가 된다.

양곡률의 공간: 이것은 구면을 3차원으로 생각한 것과 같다. 여기서는 삼각형의 내각의 합이

$$(\text{내각의 합}) = 180 + 720 \times \frac{(\text{삼각형의 면적})}{4\pi r^2}$$

이 된다. r이 작을수록 곡률은 커진다.

음곡률의 공간: 이것은 쌍곡면을 3차원으로 생각한 것과 같다. 여기서는 삼각형의 내각의 합이

$$(\text{내각의 합}) = 180 - 720 \times \frac{(\text{삼각형의 면적})}{4\pi r^2}$$

이 된다. r이 작을수록 곡률은 커진다.

알베르트 아인슈타인의 일반 상대성 이론에 따르면 공간의 곡률은 우주 안의 물질과 에너지 밀도에 의해 정해진다. 물질과 에너지양이 '임계 밀도'라고 하는 특별한 값일 때 우주는 평평해진다. 임계 밀도보다 많아지면 우주는 물질이나 에너지의 인력으로 인해 동그랗게 되고 구면과 같이 양의 곡률을 가지게 된다. 이때 우주 안에 그린 삼각형의 내각의 합은 **그림16**의 오른쪽 그림처럼 180도보다 커진다. 반대로 임계 밀도보다 작으면 우주는 쌍곡면처럼 음의 곡률을 가지며 삼각형의 내각의 합은 **그림16**(왼쪽)과 같이 180도보다 작아진다.

이러한 우주의 형태를 알기 위해서는 우주에 커다란 삼각형을 그리고 그 내각의 합을 측정하면 된다. 하지만 우리는 지구로부터 멀리는 갈 수 없는데 어떻게 하면 커다란 삼각형을 그릴 수 있을까?

그 힌트는 우주에 가득 차 있는 빛 '우주 마이크로파 배경복사'이다. 예를 들어 TV에서 방송하지 않는 채널을 틀면 새하얀 화면에 깜

그림 16　음의 곡률인 우주와 양의 곡률인 우주

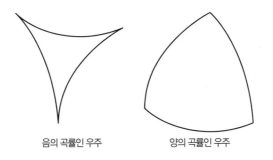

음의 곡률인 우주　　　　양의 곡률인 우주

빡깜빡 노이즈가 나온다. 그중의 몇 퍼센트는 우주의 시작으로부터 도달한 마이크로파다. 이것은 138억 년 전에 일어난 빅뱅의 타다 남은 불길로, 우주의 여러 방향으로부터 거의 똑같이, 방향에 따른 차이 없이 지구에 쏟아져 내린다.

그런데 1992년에 발견된 COBE 위성 실험 결과로 마이크로파에 몇 ppm의 흔들림이 있다는 것을 알았다. 이것은 초기 우주의 양자역학적 흔들림이 우주 안에 존재하는 물질의 진동과 공진하여 마이크로파에 새겨진 것이라고 해석하고 있다. 플랑크 위성 실험 그룹이 발표한 최신 데이터를 **그림17**에 실었다.

흔들림이 있다는 것은 마이크로파의 강도가 보는 방향에 따라 약간 변동한다는 것이다. 우주가 시작되었을 때 이 변동이 어느 정도 떨어진 거리에서 발생했는가는 이론적으로 계산할 수 있다. 그 변동하는 모습이 빛이라는 형태로 우리에게 똑바로 도달한 것이 마이크로파의 흔들림으로 관측된다. 그러므로 이 흔들림을 관측한다는 것은 **그림18**과 같이 우주의 시작과 현재의 지구 사이에 한 변이 100억 광년 정도인 삼각형을 사용하여 거대한 삼각측량을 한다는 것이 된다. 흔들림을 정밀하게 관측하면 우주에 커다랗게 펼쳐진 삼각형의 각도를 측정할 수 있으며 이를 통해서 '우주의 형태'를 알 수 있게 된다.

1990년대 말부터 2000년대 초에 걸쳐서 마이크로파의 흔들림을 정밀하게 측정하고자 하는 몇몇 실험들의 결과로 우주의 형태가 거의 평평하다는 것이 밝혀졌다.

그럼 우주는 왜 평평한가? 이것을 설명하는 이론이 일본의 사토 가쓰히코와 미국의 앨런 구스 등이 제창해온 '인플레이션 우주론'이

그림 17 우주 마이크로파 배경복사의 흔들림(NASA제공)

그림 18

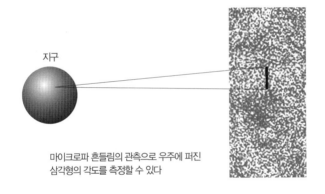

지구

마이크로파 흔들림의 관측으로 우주에 퍼진
삼각형의 각도를 측정할 수 있다

다. 내가 소속해 있는 카블리 연구소에서는 우주 항공 연구개발 기구
(JAXA)와 고에너지 가속기 연구 기구(KEK)와 공동으로 이 이론을
검증하기 위해 초기 우주의 모습을 관측하는 과학 위성 LiteBIRD의
발사를 계획하고 있다.

에라토스테네스는 '평행선의 엇각은 같다'라는 정리를 이용하

여 지구의 크기를 측정했다. 알렉산드리아와 시에네라는 지구 원주의 50분의 1밖에 되지 않는 경험 세계밖에 없었지만, 지구의 반경을 16%의 정확도로 결정할 수 있었다.

현대의 천체 물리학자는 '삼각형의 내각의 합'의 성질을 이용하여 우주의 형태를 결정했다. 지구로부터 멀리 가지는 못하지만, 우주에 100억 광년의 삼각형을 그릴 수 있다.

고대 그리스에서 현대에 이르기까지 수학은 우리의 경험세계를 크게 넓혀왔다. 이러한 수학을 발전시켜 온 것은 인간의 순수한 호기심이다. 유클리드의 평행선 공리가 다른 공리와 독립적인지 아닌지에 대한 문제의 탐구는 가우스가 곡률의 개념을 발견하는 데 공헌했다. 그리고 인류는 우주 전체의 형태와 그 안에 존재하는 물질과 에너지의 양까지도 과학적인 방법으로 측정할 수 있게 되었다.

제7장

미적분은 적분부터

아르키메데스로부터의 편지

지난번 제6장 첫 부분에서 기원전 3세기의 제2차 포에니 전쟁 때 카르타고의 명장 한니발이 알프스 산맥을 넘어 북쪽에서부터 로마 공화국으로 쳐들어간 이야기를 하였다. 그러나 로마군은 전쟁을 지구전으로 끌고 갔다. 그리고 지중해의 제해권을 차지하기 위해 카르타고의 동맹국인 시칠리아 섬의 도시국가 시라쿠사를 공격했다.

시라쿠사를 포위한 로마군을 맞이한 것은 고대 세계 최고의 수학자라고 불리던 아르키메데스와 그가 발명한 수많은 무기였다. 탄착(彈着)점을 조정할 수 있는 투석기에는 사각지대가 없었고 지레와 도르래의 원리를 응용한 크레인은 바다로부터 접근해오는 군함을 들어 올려 전복시켰다. 성벽으로 다가갈 수 없었던 로마군은 포위망을 풀고 일시적으로 철수할 수밖에 없었다.

그러나 시라쿠사에서 여신 아르테미스에게 제사를 지내던 날, 연회가 열려 파수꾼 중에는 지키던 자리를 비우는 사람도 생겼다. 밀고

자로부터 이 사실을 알게 된 로마군은 소수정예의 병사를 시켜 성벽을 넘도록 했다. 성문이 열리자 만 명에 이르는 로마 병사가 성 안으로 쏟아져 들어왔다. 그 후의 아르키메데스의 운명은 분명치 않다.

시라쿠사 포위전으로부터 1세기 이상 지난 기원전 75년에 로마의 속국이 된 시칠리아의 재무관 키케로는 아르키메데스의 무덤을 찾아다녔다. 그가 발견한 무덤에는 **그림1**과 같이 원과 그것에 외접하는 원기둥의 그림이 새겨져 있었다(아르키메데스의 무덤에 새겨져 있던 것은 이 그림을 바로 옆에서 본 것이라고 전해진다). 구의 체적은 그것을 둘러싼 원기둥의 체적의 $\frac{2}{3}$라는 발견을 나타내는 것이다. 아르키메데스는 수많은 실용적인 발명으로도 알려졌지만, 그가 가장 자랑스럽게 여겼던 업적은 순수 수학의 발견이었다. 아르키메데스가 스스로 설계했다는 무덤 형태도 그것을 말해주고 있다.

적분에 관한 연구는 면적과 체적을 측정하기 위해 발달했다. 토지

그림1 아르키메데스의 무덤에 새겨졌던 구와 그것에 외접하는 원기둥 그림

의 크기를 재서 세금을 매기기 위해서는 면적을 계산할 필요가 있었고, 곡물 창고의 용량을 재거나 피라미드 등과 같이 건축에 필요한 재료의 견적을 내기 위해서는 체적 계산이 쓸모가 있다. 아르키메데스는 포물선과 원 같이 곡선으로 둘러싸인 원형의 면적이나 구면으로 둘러싸인 체적을 계산할 수도 있었다. 아르키메데스의 무덤에 새겨져 있던 원과 원기둥의 체적 관계는 그 한 예이다.

아르키메데스는 제2차 포에니 전쟁 전에 적분하는 방법을 파피루스에 기록해 시라쿠사에서 배편으로 알렉산드리아의 대도서관 관장이던 에라토스테네스에게 보냈다. 이 편지는 다음과 같이 시작한다.

에라토스테네스 씨, 나는 당신이 성실하고 훌륭한 철학 교사이며 또한, 수학 연구에 무척 흥미가 많다는 것을 알고 있어서 내가 발견한 특별한 방법을 보내기로 했습니다. 여기서 설명하는 방법을 사용하여 우리가 아직 모르는 정리를 발견할 수 있는 사람이 지금이나 혹은 장래에 나타날 것이라고 생각합니다.

'방법'으로 알려진 이 편지가 도서관에 보관돼 있던 사실을 우리는 300년 후인 기원전 1세기에 수학자이자 공학자인 헤론이 빌려 읽었다는 기록으로부터 알게 되었다. 아르키메데스가 친구들에게 보낸 편지 대부분은 로마 제국의 붕괴와 함께 흩어져 없어졌지만, 그 일부 편지의 내용은 비잔틴 제국시대에 양가죽으로 된 종이로 옮겨졌다. 이들 사본도 1204년에 수도 콘스탄티노플이 십자군에 의해 약탈당했을 때 빼앗겼으며 그 후로 행방이 파악된 것은 세 권뿐이다. 그중 한권은 1311년 이래 행방불명, 또 한 권은 르네상스 시대에 레오나

르도 다빈치 등에게 영향을 미쳤다고 일컬어지지만 1564년 이우의 기록은 남아 있지 않다.

현재 우리가 아르키메데스의 '방법'을 직접 알 수 있는 것은 마지막으로 남겨진 세 번째 사본 덕분이다. 이 사본은 20세기 초에 발견되었고 그것을 해독한 요한 헤이베르에 의해 아르키메데스 수학의 전모가 밝혀졌다. 그 후 잠시 행방불명 상태였지만 1998년에 크리스티의 뉴욕 경매장에 그 모습을 드러내 익명의 개인이 낙찰받았다. 그는 사본을 손에 넣은 것뿐만 아니라 그 보수와 해석에 거액의 비용을 쏟아 부어 현재는 그 디지털 이미지를 인터넷상에서도 볼 수 있다.

여기서는 아르키메데스의 '방법'을 현대 수학에서 쓰는 용어로 풀어서 적분의 사고방식을 설명한다. 그 후에 미분의 이야기를 하겠다.

왜 '적분부터 먼저' 일까?

고등학교 수학에서는 거의 모든 교과서가 미분을 먼저 설명한 후에 그 역연산으로서 부정적분을 도입한다. 그리고 면적을 계산하기 위한 정적분은 부정적분의 차이로서 정의한다. 이러한 순서는 완성된 수학을 논리적으로 가르친다는 의미에서는 이치에 맞지만, 역사적인 발전 순서로 보면 정반대이다. 아르키메데스가 면적을 계산하기 위해 적분을 연구한 것은 기원전 3세기이고 뉴턴과 라이프니츠가 미분법을 고안해낸 것은 17세기. 두 시기 사이에는 1800년 이상이나 차이가 있다.

역사적으로 적분이 먼저 발견된 것에는 이유가 있다. 적분은 면적이나 체적 등 눈에 보이는 양을 계산하는 데 직접 관계가 있다. 반면, 미분의 경우에는 무한 소수나 극한 등의 개념을 확실하게 이해할 필요가 있다. 예를 들면 운동하는 물체의 속도는 미분으로 정의할 수 있지만, 고대 그리스 시대에는 극한의 개념이 아직 확립되지 않았기 때문에 나중에 이야기하는 '날아가고 있는 화살은 멈춰 있다'라는 제논의 역설이 문제가 되었다. 미분은 수학적으로 더 '고상'한 개념이다.

어려운 미분을 공부하기 전에 먼저 직관적으로 이해하기 쉬운 적분의 의미를 확실히 익힌 뒤에 그 역으로 미분을 공부하는 편이 알기 쉽지 않을까? 그래서 이 책에서는 적분을 먼저 설명한다. 고등학교에서 미적분을 공부할 때 무슨 말을 하는지 종잡을 수 없었던 사람도, 지금부터 미적분을 공부하려는 사람도, '적분부터 먼저'를 시험해보자.

원래 면적은 어떻게 계산하지?

적분은 도형의 면적을 계산하는 것으로부터 시작되었다. 면적의 단위에는 제곱미터, 제곱킬로미터 등 '제곱'이라는 이름이 붙는다. 한 변의 길이가 1미터인 정사각형의 면적을 1제곱미터라고 한다. 즉 면적이란 정사각형을 기본 단위로 했을 때 도형의 크기가 정사각형 몇 개분에 해당하는가를 측정한 양을 말한다.

그럼, 직사각형의 경우는 어떨까? 초등학교에서 직사각형의 면적은 가로와 세로의 곱이라고 배웠지만 이것을 모른다고 가정하고 생각해보자.

예를 들어 직사각형의 가로가 2미터, 세로가 1미터라고 하고 이 직사각형을 한가운데에서 세로로 나누면 한 변이 1미터인 정사각형 두 개가 되므로 면적도 두 배인 2제곱미터임을 알 수 있다. 즉 가로세로의 곱이 직사각형의 면적이 된다.

좀 더 일반적으로 m과 n을 자연수라 하고 가로가 m미터, 세로가 n미터인 경우 가로를 m개, 세로를 n개로 균등하게 나누면 한 변이 1미터인 정사각형이 $m \times n$개가 된다(**그림2**). 이 직사각형의 면적은 정사각형 면적의 $m \times n$배이므로 $m \times n$제곱미터. 또 다시 가로세로의 곱이 되었다.

가로세로의 길이가 분수 미터일 때도 닮은꼴을 사용하여 정수 미터의 직사각형 면적과 관련지으면 그 면적은 역시 가로세로의 곱이 되는 것을 나타낼 수 있다. 더욱이 그 극한을 생각해보면 가로세로의 길이가 $\sqrt{2}$와 같은 무리수일 때도 가로세로의 곱으로 면적을 계산할 수 있다.

그림2 m미터×n미터의 직사각형은 $m \times n$개의 정사각형으로 분할할 수 있다

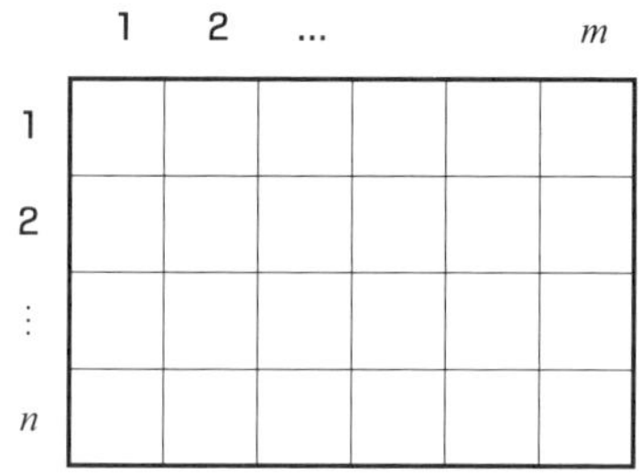

그림 3   삼각형의 면적은 직사각형의 반

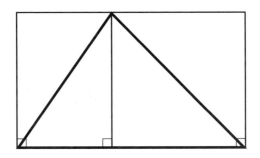

초등학교에서 삼각형의 면적은 '밑변 곱하기 높이 나누기 2'라고 배우지만 이것도 **그림3**과 같이 삼각형의 면적을 두 배로 하면 직사각형의 면적이 되는 것으로부터 알 수 있다.

고대 그리스인은 직사각형과 삼각형뿐만 아니라 꺾은선으로 둘러싸인 어떤 형태의 도형이라도 그 면적을 정사각형의 면적과 관련짓는 방법을 알고 있었다. **그림4**와 같이 꺾은선으로 둘러싸인 도형은 그것이 어떤 형태라도 반드시 삼각형의 집합으로 나타낼 수 있으므

그림 4   꺾은선으로 둘러싸인 도형은 삼각형으로 분할할 수 있다

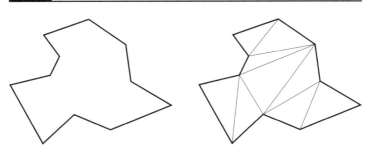

로, 삼각형의 면적을 알면 그것을 더해 나가는 방식으로 도형의 면적을 알 수 있다.

어떤 도형이라도 OK, '아르키메데스의 구적법'

꺾은선으로 둘러싸인 도형의 면적은 삼각형으로 쪼개서 계산할 수 있다는 것을 알았다. 그럼, 포물선이나 원처럼 부드러운 곡선으로 둘러싸인 도형의 면적은 어떻게 구할까? 바로 머릿속에 떠오르는 것은 **그림5**와 같이 곡선을 꺾은선으로 근사하면 어떨까 하는 것이다. 부드러운 곡선으로 둘러싸인 도형의 면적은 꺾은선 도형을 이용하여 근사적으로 계산할 수 있다. 이것은 좋은 아이디어지만, 근사에는 반드시 오차가 있어서 어느 정도 오차가 생길 것인가를 계산할 필요가 있다. 가능하면 오차를 없애고 싶다. 이를 위해서 아르키메데스가 생

그림 5   곡선으로 둘러싸인 도형의 면적은 꺾은선 도형의 면적으로 근사할 수 있다

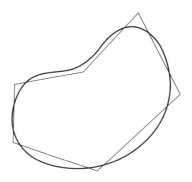

각한 '방법'을 설명해보자.

그림6과 같이 곡선으로 둘러싸인 도형 A가 있다고 하고 그 도형 안에 꺾은선으로 둘러싸인 도형 B를 그려보자. 또 도형 A를 둘러싸는 또 하나의 꺾은선 도형 C를 생각해보자. 이 세 개 도형의 면적 사이에는,

$$면적(B) \leq 면적(A) \leq 면적(C)$$

라는 부등식이 성립한다. 도형 A의 면적은 아직 정확하게는 모르지만, 도형 B의 면적(이것은 꺾은선 도형이므로 계산할 수 있다)보다 크고, 도형 C의 면적(이것도 계산할 수 있다)보다는 작다. 이것으로 꺾은선 도형으로 인한 근사 오차를 알았다.

그럼, 오차를 없애기 위해서는 어떻게 하면 좋을까? 그래서 아르키메데스가 생각한 것이 한 쌍의 꺾은선 도형 B와 C뿐만 아니라

그림6　아르키메데스의 구적법

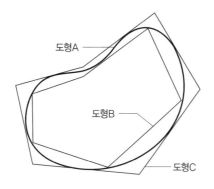

그림7과 같이 교차점 수를 늘려 나가면서 꺾은선 도형을 점점 곡선 도형 A에 근접시켜 가는 방법이다. 이러한 꺾은선 도형을

$$(B_1, C_1), (B_2, C_2), (B_3, C_3), \cdots$$

라고 나타내기로 하자. 각각의 쌍에 대하여 도형 A는 도형 B_n을 감싸고 도형 C_n에 둘러싸이도록 한다. 그러면 이전과 같이,

$$면적(B_n) \leq 면적(A) \leq 면적(C_n)$$

이 성립한다.

이 도형의 순서쌍(B_n, C_n)의 개수가 많아질수록 근사가 더 잘 되도록 하고 싶다. 근사가 잘 된다는 것은 도형 B_n과 C_n의 면적이 도형 A의 면적에 가까워진다는 것을 의미한다. 하지만 우리는 도형 A의

그림 7   아르키메데스의 '방법'

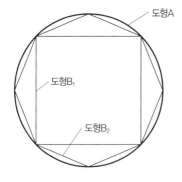
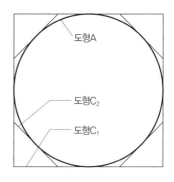

면적이 얼마인지 모른다. 알지 못하는 면적에 가까워진다는 것을 어떻게 보증할 것인가.

그래서 아르키메데스는 다음과 같이 생각했다. n이 커질수록,

$$면적(C_n) - 면적(B_n)$$

도 점점 작아져서 n이 무한대가 되는 극한에서 이 차이가 0이 되도록 만들자. 계산하고 싶은 도형 A의 면적은 면적(B_n)과 면적(C_n) 사이에 있으므로 양쪽이 일치하는 극한에서의 값은 도형 A의 면적이기도 하다. 아르키메데스는 이 방법이 기원전 4세기의 수학자 에우독소스가 제안한 것이라고 하지만, 이것을 발전시켜 기하학의 여러 가지 문제를 푼 것은 아르키메데스이므로 여기서는 '아르키메데스의 구적법'이라고 부르기로 한다.[1]

원의 면적 계산을 예로 들어 설명해보자. **그림7**과 같이 (B_1, C_1)은 정사각형, (B_2, C_2)는 정팔각형, (B_3, C_3)는 정십육각형, 일반적으로 (B_n, C_n)은 정2^{n+1}각형으로써 이것으로 원의 면적을 근사한다. 도형 B_n과 도형 C_n은 중심과 교차점을 연결하는 직선으로 자르면 삼각형의 집합으로 나눌 수 있으므로 그 면적을 계산할 수 있다. 계산해보면 두 도형의 면적의 차

$$면적(C_n) - 면적(B_n)$$

---

1 에우독소스의 실진법이라고 불리기도 한다.

는 n이 1씩 증가할 때마다 반 이하가 된다는 것을 알 수 있다. n을 크게 해가면 오차는 반의 반…과 같이 점점 작아지므로 면적(C_n)과 면적(B_n)은 이 무한대가 되는 극한에서 일치하며 이것이 원의 면적이 된다. 아르키메데스는 이와 같은 방법으로 원의 면적을 계산하였다.

'적분'에서는 무엇을 계산하고 있을까?

아르키메데스의 구적법을 사용하면 훨씬 복잡한 곡선으로 둘러싸인 도형의 면적도 계산할 수 있다. x축과 y축을 사용하는 데카르트 좌표로 생각하면 **그림8**과 같이 직선은 $y = ax + b$로 나타낼 수 있고 $y = x^2$이면 포물선이다.

그러면 좀 더 일반적으로 어떤 함수 $f(x)$가 있다고 가정하고 $y = f(x)$라는 곡선을 생각해보자. $a \leq x \leq b$라는 구간에서 $f(x)$의 값은

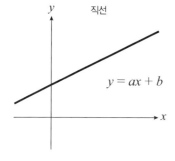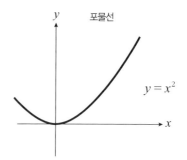

직선
$y = ax + b$

포물선
$y = x^2$

그림9 그래프 아래의 면적

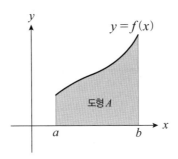

항상 0 이상이라고 가정하고 **그림9**와 같이 $y = f(x)$라는 곡선과 세 개의 직선 $y = 0$, $x = a$, $x = b$로 둘러싸인 도형 A(그림에서 색을 칠한 부분)를 생각해보자. 이 도형 A의 면적 계산법을 알면 그것을 조합하는 방식으로 곡선에 둘러싸인 도형의 면적을 계산할 수 있다.

곡선 $y = f(x)$는 y축 방향으로 올라갔다 내려갔다 한다. 이야기를 간단히 하기 위해 $a \leq x \leq b$의 구간에서 $y = f(x)$가 단조롭게 증가한다고 가정해보자. 그렇지 않을 때는 구간 $a \leq b$ 사이에서 $f(x)$가 단조롭게 증가하는 구간과 감소하는 구간을 나눠서 그 각각의 구간에 대해 다음의 설명을 적용하면 된다.

도형 A의 면적을 아르키메데스의 구적법으로 계산하기 위해 구간 $a \leq x \leq b$를 등분하여 **그림10**과 같은 도형 B_n과 C_n을 생각한다. 도형 A는 도형 B_n를 감싸고 도형 C_n에 둘러싸인다. 두 도형 모두 직사각형의 집합이므로 그 면적은 계산할 수 있다.

그림 10 아르키메데스의 구적법으로 그래프 아래의 면적을 계산한다

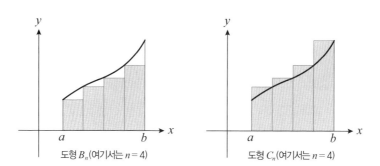

도형 B_n(여기서는 $n = 4$)　　　　도형 C_n(여기서는 $n = 4$)

그림 11 C_n과 B_n의 면적의 차는 n을 크게 하면 얼마든지 작게 할 수 있다

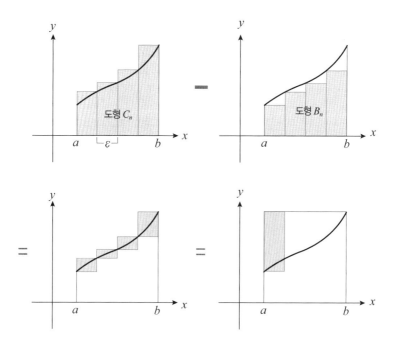

236

그림11에서 나타낸 것과 같이 면적(C_n)과 면적(B_n)의 차는

$$(도형\ C_n의\ 면적) - (도형\ B_n의\ 면적) = (f(b) - f(a)) \times \varepsilon$$

이 된다. 즉 밑변이 $\varepsilon = (b-a)/n$이고 높이가 $(f(b)-f(a))$인 직사각형의 면적이 된다. n을 크게 해가면 ε은 작아지므로 도형 B_n과 도형 C_n의 면적은 가까워지고 결국 ε이 0이 되는 극한에서 일치한다. 이 극한에서의 값이 도형 A의 면적이다.

　이렇게 계산한 도형 A의 면적을 '함수 $f(x)$의 구간 $a \le x \le b$에서의 적분'이라고 하며

$$\int_a^b f(x)dx$$

로 나타낸다. 이 $\int$라는 기호는 뉴턴과 함께 미적분법의 창시자라 불리는 라이프니츠가 고안한 것으로 '합을 구한다'라고 할 때의 'sum'의 머리글자 'S'를 세로로 늘린 것이다. 또 'dx'의 'd'란 '차이'라고 할 때의 'difference'의 머리글자로, 도형을 직사각형의 집합으로 근사했을 때 직사각형 하나의 밑변 길이가 $x + \varepsilon$와 x의 '차'가 된다는 것을 나타내고 있다. 높이 $f(x)$, 밑변 ε인 직사각형의 면적은 $f(x)\varepsilon$이므로 ε를 dx라는 기호로 치환하여 $f(x)dx$라고 나타낸다. 즉 $\int_a^b f(x)dx$라는 표시에는 '적분이란 높이가 $f(x)$, 밑변이 dx인 직사각형을 $x = a$부터 b까지 나란히 세워서 그 면적의 합을 구하는 것이다'라는 라이프니츠의 생각이 함축되어 있다.

　여기서 설명한 적분은 19세기 독일 철학자 베른하르트 리만의 정

의에 따른 것이므로 리만 적분이라고 불린다. 실은 적분에는 여러 종류가 있어서 프랑스의 앙리 르베그가 생각한 르베그 적분, 일본의 이토 기요시가 고안한 이토 적분이라는 것도 있다. 고등학교 수학 시간에 배우는 함수에 대해서는 리만 적분으로 충분하지만, 예를 들어 주식 가격과 같이 불규칙하게 변동하는 값을 적분할 때는 이토 적분이 필요해진다. 이토 적분은 스톡옵션 가격을 정할 때도 사용되고 있어, 이토 기요시는 '월스트리트에서 가장 유명한 일본인'이라고 불리고 있다.

여러 가지 함수를 적분해보자

리만의 정의를 사용하여 여러 가지 적분을 계산해보자. 먼저 일차함수 $y=x$를 $x=0$부터 $x=a$까지 적분하면 어떻게 될까? **그림12**에 있는 것처럼 이것은 밑변 a, 높이 a인 직각삼각형의 면적이므로 $a^2/2$이

그림 12 1차함수를 적분한다

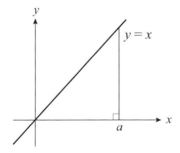

된다. 이것을 확인해보자.

이때 도형 C_n은 밑변의 길이 $\varepsilon = a/n$이고 높이가 $\varepsilon, 2\varepsilon, \cdots$인 직사각형의 집합이므로,

$$(\text{도형 } C_n \text{의 면적}) = \varepsilon \times \varepsilon + 2\varepsilon \times \varepsilon + \cdots + n\varepsilon \times \varepsilon$$
$$= (1 + 2 + \cdots + n) \times \left(\frac{a}{n}\right)^2$$

이 된다.

이 $(1 + 2 + \cdots + n)$의 합은 피타고라스 시대부터 알려져 있었다. 이것을 계산하려면 예를 들어 2배 해서

$$2 \times (1 + 2 + \cdots + n) = [n + (n-1) + \cdots + 1] + [1 + 2 + \cdots + n]$$

라고 써본다. 우변의 첫 번째 괄호 안의 제1항은 n, 2번째 괄호 안의 제1항은 1이므로 그 합은 $(n+1)$. 두 개 괄호 안의 제2항끼리도 $(n-1)$과 2로 그 합은 $(n+1)$. 합이 $(n+1)$이 되는 조합이 전부 합쳐서 n쌍 있으므로 우변은 $n \times (n+1)$. 좌변에 2를 곱했던 것을 생각해서 2로 나누면

$$1 + 2 + \cdots + n = \frac{1}{2}n(n+1)$$

라고 계산할 수 있다.

이것을 사용하면

$$\text{(도형 } C_n \text{의 면적)} = \frac{1}{2}n(n+1) \times \left(\frac{a}{n}\right)^2 = \frac{1}{2}\left(1+\frac{1}{n}\right) \times a^2$$

n을 크게 해가면 괄호 안의 $1/n$항이 무시할 수 있을 정도로 작아지므로 n이 무한대인 극한에서 면적은 $a^2/2$가 된다. 이것은 직각삼각형의 면적과 일치한다. 조금 전의 적분 기호를 사용하면

$$\int_0^a xdx = \frac{a^2}{2}$$

이 된다.

이차함수 $y=x^2$의 $x=0$부터 $x=a$까지의 면적도 같은 방법으로 구할 수 있지만, 정확히 설명하려면 계산이 길어진다. 그러나 이차함수의 적분 공식은 아르키메데스가 기원전 3세기에 발견한 것이므로 아무런 설명 없이 넘어가는 것도 아쉬우므로 조금만 설명해둔다. 이차함수 $y=x^2$일 때는 도형 C_n은 밑변 $\varepsilon=a/n$, 높이가 ε^2, $(2\varepsilon)^2$, $\cdots$ 인 직사각형의 집합이므로

$$\text{(도형 } C_n \text{의 면적)} = \varepsilon^2 \times \varepsilon + \cdots + (n\varepsilon)^2 \times \varepsilon$$
$$= (1^2+2^2+\cdots+n^2) \times \left(\frac{a}{n}\right)^3$$

이 된다. 위 식에서 괄호 안의 합은

$$1^2+2^2+\cdots+n^2 = \frac{1}{3}n^3 + \frac{1}{2}n^2 + \frac{1}{6}n$$

라고 계산하여

$$(\text{도형 } C_n\text{의 면적}) = \left(\frac{1}{3} + \frac{1}{2n} + \frac{1}{6n^2}\right)a^3$$

이 된다. 여기서 n을 무한대로 크게 한 극한의 경우

$$\int_0^a x^2 dx = \frac{a^3}{3}$$

으로 적분을 계산할 수 있다. 더 자세한 설명은 웹사이트에 실어 놓았다.

같은 방법으로 좀 더 고차 함수의 적분도 계산할 수 있다. $y = x^k$를 $x = 0$부터 $x = a$까지 적분하기 위해서는 $(1^k + 2^k + \cdots + n^k)$를 계산할 필요가 있다. '마지막 정리'로 유명한 페르마는 1636년 친구에게

$$\frac{n^{k+1}}{k+1} < 1^k + 2^k + \cdots + n^k < \frac{(n+1)^k}{k+1}$$

이므로 $y = x^k$의 적분을 계산할 수 있다고 편지를 썼다. 실제 이 부등식과 아르키메데스 구적법을 사용하면 적분은

$$\int_0^a x^k dx = \frac{a^{k+1}}{k+1}$$

이 되는 것을 알 수 있다.

일반적인 k에 대한 $1^k + 2^k + \cdots + n^k$의 정확한 공식을 발견한 것은 에도 시대의 수학자 세키 다카카즈이며 그의 사후 1712년에 제자들이 출판한 《괄요산법(括要算法)》에서 발표되었다. 그런데 우연하게도 그 다음 해인 1713년에 출판된 야코프 베르누이의 유고(遺稿)

에서도 완전히 똑같은 공식을 예상하였다. 제3장에서 네이피어 수의 발견자로서 등장한 수학자이다.

　세키와 베르누이의 공식을 증명한 것은 오일러였다. 일본은 쇄국을 하고 있어서 오일러는 세키의 업적을 알 길이 없었고 그는 그 공식의 계수를 베르누이 수라고 불렀으며 이 이름이 정착되었다. 세키와 베르누이가 독립적으로 발견했으므로 세키−베르누이 수라고 불러야 맞을 것이다.

날아가고 있는 화살은 멈춰 있는가?

적분이 면적 및 체적 계산과 관계있는 것처럼 미분은 속도 계산과 관계있다. 속도에 대해 생각하기 위해 제논을 재등장시켜 보자. 제5장에서 제논의 '아킬레우스와 거북이'의 역설 이야기를 했지만, 여기서는 또 다른 역설이 문제가 된다.

　날아가고 있는 화살을 생각해보자. 시간이 순간의 집합이라면 각각의 순간에 화살은 공간의 어느 정해진 장소에 있다. 정해진 장소에 있다는 것은 움직이지 않는다는 것이므로 날아가고 있는 화살은 멈춰 있다는 것이 역설이다. 물론 이 주장은 말이 안 된다. 여기서 뭐가 잘못되었을까?

　속도란 무엇인가를 되짚어 보자. 한 시간에 3.6km 걸을 수 있다면 시속 3.6km. 속도란 진행한 거리를 거기까지 가는 데 걸리는 시간으로 나눈 것이므로

$$\frac{3.6\text{km}}{1\text{시간}} = \frac{60\text{m}}{1\text{분}}$$

로 시속 3.6km는 분속 60m와 같다. 측정하는 시간을 좀 더 단축하면

$$\frac{60\text{m}}{1\text{분}} = \frac{1\text{m}}{1\text{초}}$$

로 초속 1m가 된다. 시간을 줄이면 이동하는 거리도 줄어들지만, 같은 속도로 진행하고 있다면 시간과 거리의 비는 변하지 않는다. 여기서 측정하는 시간을 점점 줄여서 0이 되는 극한값을 가지면 어느 순간에서의 속도를 정의할 수 있을 것이다.

한 점이 직선상을 왼쪽에서 오른쪽으로 이동하고 있다고 할 때 직선의 좌표 x에서 그 위치를 측정하기로 한다. 시각 t에서의 위치를 $x(t)$라고 하면 시각 t에서 t' 사이에는 $(x(t') - x(t))$만큼 이동한 것이 된다. 그동안의 평균 속도는 $(x(t') - x(t)) \div (t' - t)$이다. 여기서 t'를 t에 가깝게 가져가면 $t' = t$이 되는 극한에서 시각 t의 속도를 알 수 있다. 단, 이 극한에서는 $x(t) - x(t)$도 $t - t$도 0이 되므로 아무 생각 없이 계산하면 $0 \div 0$가 되어 영문을 알 수 없게 된다. 주의를 기울이면서 진행해보자.

예를 들어 생각해보자. 먼저 $x(t) = t$라고 하면

$$\frac{x(t') - x(t)}{t' - t} = \frac{t' - t}{t' - t} = 1$$

이 된다. 극한에서 $0 \div 0$이 될 것 같은 이유는 분자와 분모 양쪽에 $(t' - t)$가 있어서니까 미리 양쪽의 $(t' - t)$를 상쇄해 두면 $t' = t$라고

해도 문제가 되지 않는다.

다음으로 $x(t) = t^2$이 되는 경우를 생각해보면

$$\frac{x(t') - x(t)}{t' - t} = \frac{t'^2 - t^2}{t' - t} = \frac{(t' - t)(t' + t)}{t' - t} = t' + t$$

가 되고 여기서도 분자분모에서 $(t' - t)$를 상쇄한 뒤에 $t' = t$라고 하면 속도는 $2t$. 즉 속도가 t에 비례하여 증가하는 것을 알 수 있다.

어느 순간의 속도를 계산하기 위해 $(x(t') - x(t)) \div (t' - t)$에서 $t' \to t$의 극한을 생각하면 $0 \div 0$이 돼버릴 것 같지만 지금까지의 예에서 알 수 있는 것과 같이 먼저 분자와 분모의 $(t' - t)$를 상쇄한 뒤에 극한을 가지면 문제없다. 이것이 미분의 정의로,

$$\frac{dx(t)}{dx} = \lim_{t' \to t} \frac{x(t') - x(t)}{t' - t}$$

라고 나타낸다. 우변의 lim라는 기호는 'limit(극한)'을 가진다는 의미이다. 미분의 개념은 영국의 뉴턴과 독일의 라이프니츠가 각기 독립적으로 도달했다고 전해지지만 dx/dt라는 미분 표기법은 적분과 마찬가지로 라이프니츠에 의한 것이다.

제논의 역설로 돌아가면 문제가 되는 것은 그야말로 이것

$$\frac{x(t') - x(t)}{t' - t}$$

으로, $t' \to t$의 극한을 어떻게 계산하느냐는 것이다. 분자나 분모의 극한을 멋대로 가지면 역설이 일어난다. 예를 들면 분자의 $x(t') -$

244

$x(t)$를 먼저 0으로 하면 이것은 $0 \div (t'-t)$가 되고 그 다음에 분모의 $(t'-t)$를 작게 해가도 값은 그대로 0이다. 이것이 '날아가고 있는 화살은 멈춰 있다'라는 의미라고 생각한다. 즉 제논의 역설은 극한을 어떻게 가져가느냐 하는 문제였다. 분자와 분모의 극한을 따로따로 생각하는 것이 아니라, $(x(t')-x(t)) \div (t'-t)$의 분자분모를 합친 전체에 대하여 $t' \to t$의 극한을 가지면 '순간의 속도'에 의미를 부여할 수 있다. 이것을 이해하기까지는 제논의 시대로부터 뉴턴과 라이프니츠에 이르기까지 2100년 이상의 세월이 걸렸다.

미분은 적분의 역

뉴턴과 라이프니츠의 가장 중요한 발견 중 하나는 미분과 적분이 서로 역연산 관계에 있다는 것이다. 어떤 함수 $f(x)$가 있을 때 이것을 0부터 a까지 적분하면

$$\int_0^a f(x)dx$$

가 되며 이것은 a의 함수로 생각할 수 있다. 여기서 이것을 a에 대하여 미분하면

$$\frac{d}{da}\int_0^a f(x)dx = f(a)$$

가 되어, 원래의 함수 $f(x)$에서 $x=a$라고 한 것과 같아진다. 이것이

미분과 적분이 역연산 관계라는 의미이다.

　이것을 증명해보자. 일반적으로 하나의 도형 A를 두 개의 도형 B 와 C로 나누면

$$면적(A) = 면적(B) + 면적(C)$$

가 된다. 여기서 도형 A가 곡선 $y = f(x)$의 아래의 구간 $0 \leq x \leq b$ 부분이라고 하자. 이 구간을 $0 \leq x \leq a$와 $a \leq x \leq b$로 분할하면 면적도

$$\int_0^b f(x)dx = \int_0^a f(x)dx + \int_a^b f(x)dx$$

로 분할된다. 여기서 우변의 제1항을 좌변으로 이항하면

$$\int_0^b f(x)dx - \int_0^a f(x)dx = \int_a^b f(x)dx$$

가 된다.

　이 식을 미분의 정의에 대입하면

$$\frac{d}{da}\int_0^a f(x)dx = \lim_{a' \to a} \frac{\int_0^{a'} f(x)dx - \int_0^a f(x)dx}{a'-a} = \lim_{a' \to a} \frac{\int_a^{a'} f(x)dx}{a'-a}$$

이 된다. 미분을 계산하기 위해 a'를 a에 가깝도록 작게 해가면 $a < x < a'$라는 좁은 구간 안에서 $f(x)$는 거의 변하지 않으므로 적분 $\int_a^{a'} f(x)dx$는 밑변 $(a'-a)$, 높이 $f(a)$인 직사각형의 면적으로 근사

할 수 있다.

$$\int_a^{a'} f(x)dx \fallingdotseq (a'-a) \times f(a)$$

이것을 앞 페이지의 식에 대입하면

$$\frac{d}{da}\int_0^a f(x)dx = \lim_{a' \to a} \frac{(a'-a) \times f(a)}{a'-a} = f(a)$$

가 되어 적분을 미분하면 원래의 함수로 돌아가는 것을 알았다. 반대로 함수를 미분하고 적분하면 원래로 돌아가는 것을 보여줄 수도 있다.

$$\int_a^b \frac{df(x)}{dx}dx = f(b) - f(a)$$

뉴턴과 라이프니츠의 '미적분학의 기본정리'란 이와 같이 미분과 적분이 역연산 관계에 있다는 것이다.

　일본의 고등학교 교과서에서는 먼저 미분을 정의해놓고 적분은 그 역으로 정의한다. 따라서 일본의 고등학교 수학에서는 '미적분학의 기본정리'는 정리가 아니라 적분의 정의가 된다. 이번 이야기에서는 적분을 '곡선 $y = f(x)$의 밑 부분의 면적'이라고 정의하였으므로 '미적분학의 기본정리'가 정리가 된다.

지수함수의 미분과 적분

적분과 비교할 때 미분은 극한 값 등에 주의할 필요가 있으므로 수학적으로도 고도의 개념이다. 그런데도 불구하고 일본의 고등학교에서 미분을 먼저 배우는 이유 중 하나는 미분의 계산이 간단하기 때문일지도 모른다.

제3장에서 등장한 네이피어 수 'e'를 사용한 지수함수 $f(x) = e^x$의 미분을 계산해보자. 먼저 미분의 정의로부터

$$\frac{de^x}{dx} = \lim_{x' \to x} \frac{e^{x'} - e^x}{x' - x}$$

앞의 '큰 수가 나와도 떨지 말자'에서 지수함수에 대하여

$$e^{x+y} = e^x \times e^y$$

라는 식이 성립하는 것을 설명했다. 이것을 사용하면 우변의 분자는

$$e^{x'} - e^x = (e^{x'-x} - 1) \times e^x$$

가 되므로 지수함수의 미분을

$$\frac{d}{dx} e^x = \left(\lim_{x' \to x} \frac{e^{x'-x} - 1}{x' - x} \right) \times e^x$$

라고도 할 수 있다.

이 식의 우변에서 $x'-x=\varepsilon$라고 하면 $x' \to x$의 극한은 $\varepsilon \to 0$와 같으므로

$$\frac{de^x}{dx} = \left(\lim_{\varepsilon \to 0} \frac{e^\varepsilon - 1}{\varepsilon} \right) \times e^x$$

가 된다. 이 우변에 나타나는 극한 값이

$$\lim_{\varepsilon \to 0} \frac{e^\varepsilon - 1}{\varepsilon} = 1$$

이 되는 것의 증명은 간단하지만 그래도 약간의 계산이 필요하므로 웹사이트에 실었다. 이것을 사용하면 지수함수 e^x의 미분은 바로 자기 자신이 되는 것을 알 수 있다.

$$\frac{de^x}{dx} = e^x$$

미분을 계산할 수 있으면 '미적분학의 기본정리'에 따라 적분도 간단하게 계산할 수 있다. 먼저 지금 계산한 미분 공식의 양변을 적분하면

$$\int_a^b \frac{de^x}{dx} dx = \int_a^b e^x dx$$

가 된다. 이 좌변에 기본정리를 사용하면

$$\int_a^b \frac{d}{dx} e^x dx = e^b - e^a$$

이므로

$$\int_a^b e^x dx = e^b - e^a$$

가 되는 셈이다.

지수함수의 적분은 미분의 도움을 빌리지 않고도 정의를 사용하여 직접 계산할 수 있다. 자세한 사항은 웹사이트에 실어 두었으며 이것을 보면 미분과 비교해서 적분의 계산이 얼마나 힘든지 알 것이다.

삼각함수 $\sin x$, $\cos x$, $\tan x$에 대해서도 미분 공식의 역으로써 적분을 계산할 수 있다. 그러나 미적분을 엄밀하게 계산할 수 있는 함수는 멱함수, 지수함수, 삼각함수 외에는 별로 없다. 수학의 응용에서 등장하는 함수들 중에는 이 세 종류의 함수 중 어느 하나로 근사할 수 있는 것도 있지만, 컴퓨터를 사용한 수치계산을 사용하지 않으면 적분할 수 없는 것도 많다. 지수함수와 삼각함수의 미적분을 계산할 수 있다는 점에서도 도움은 되지만, 자유인의 교양으로써는 먼저 미분과 적분의 의미를 확실히 알아두는 것도 중요하다는 생각에서 이번에는 적분부터 이야기를 시작해보았다.

제8장

정말로 존재하는
'공상의 수'

공상의 수, 공상의 친구

네가 유치원에 들어갈 때 원장선생님께서 해주신 조언 가운데 하나는 '공상의 친구(imaginary friend)'에 대한 것이었단다. 2살에서 7살 정도의 아이들은 상상 속의 친구를 만드는 경우가 있다. 예를 들면 밤중에 어린아이 혼자밖에 없는 방에서 재미있어 보이는 이야기소리가 들릴 때가 있다.

또는

아이: 소피가 못된 말을 자꾸 해.

부모: 소피가 누군데?

아이: 내 방 옷장 속에 살고 있는 아이야.

라는 식의 대화를 하게 될 때가 있다. 하지만 걱정하지 않아도 된다. 공상의 친구와 이야기를 나누는 것은 아이의 심리적 성장에 도움이 된다고 한다. 7세까지 아이의 70% 가까이가 공상의 친구를 갖고 있다고 하는 미국의 조사결과도 있다.

공상의 친구가 아이의 성장에 도움이 되는 것처럼, 공상의 수도 수학의 발전에 중요한 기여를 했다. 소위 '허수'가 그렇다. 일본말로 허수라고 하면 뭔가 신비한 수 같은 인상을 받지만, 영어로는 'imaginary number'라고 불린다. 즉 인간이 공상한 수라는 의미다.

공상의 친구는 아이가 초등학교에 들어갈 때 쯤에는 사라진다. 이제는 현실 속 친구들과의 놀이에 바쁘다. 그러다 불현듯 생각이 나서 옷장 문을 열어보면 공상의 친구는 이젠 없어져 버렸다고 하는 경우가 많은 모양이다. 이와는 달리 공상의 수는 수학이 발전함에 따라 점점 현실성이 커져왔다. 현재는 수학의 대부분의 분야에서 활약하고 있다.

허수가 나오는 유명한 식으로 다음과 같은 수식이 있다.

$$e^{i\pi} + 1 = 0$$

이 식에는 네이피어 수 e, 원주율 π, 어떤 수를 곱해도 그 수가 되기에 '곱셈의 단위'라고 불리는 1, 어떤 수를 더해도 그 수가 되기에 '덧셈의 단위'로 불리는 0, 그리고 이번 이야기의 주역인 '허수단위' i 가 함께 만나고 있다. 오가와 요코의 《박사가 사랑한 수식》에서 미망인과 가정부의 응어리를 푸는 것도 박사가 메모용지에 써놓은 이 공식이었다. 이번 장의 후반에는 이 수식이 성립하는 이유와 그 의의에 대하여 이야기하기로 하자.

어떻게 해도 나오는 '제곱하여 음수가 되는 수'

중학교 3학년 수학에서 2차방정식

$$ax^2 + bx + c = 0$$

의 해가

$$x = \frac{-b \pm \sqrt{b^2 - 4ac}}{2a}$$

라는 것을 배운다. 그러나 이 해의 공식이 실수의 해가 되는 것은 제곱근 속의 수가 음수가 아닐 때 만이다. 제곱근 속의 $b^2 - 4ac$ 는 2차방정식의 '판별식'이라 불린다.

판별식 $b^2 - 4ac$ 가 음수가 되는 2차방정식의 예로

$$x^2 + 1 = 0$$

이 있다. 이 방정식은 판별식이 $b^2 - 4ac = -4$ 로 음수가 되어 실수의 해를 갖지 않는다.

실수의 해가 없다는 것을 납득하기 위해서는 **그림1**과 같이 포물선 $y = x^2 + 1$의 그래프를 그려보자. 이 식에서 $y = 0$으로 하면 원래의 방정식은 $x^2 + 1 = 0$이 되므로, 이 방정식의 해는 포물선의 그래프가 x축($y = 0$)과 만나는 곳의 x값이 된다. 그러나 이 경우, 포물선은 늘 축보다 위에 있어서 x축과 교차하는 일은 없다. x가 실수일 때

그림 1 y=x²+1의 그래프는 x축과 만나지 않는다.

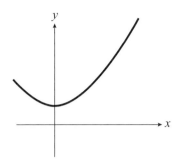

만 x^2+1는 양수가 되므로, 포물선 $y=x^2+1$은 $y=0$보다 항상 위에 있다. 그러므로 이 방정식의 실수의 해는 없게 된다.

허수는 이러한 실수의 해를 갖지 않는 2차방정식을 풀기 위해 고안되었다고 자주 이야기하지만 실은 그렇지 않다. 역사적으로 허수에 대한 생각이 수학에 진지하게 받아들여지게 된 것은 2차방정식이 아니라 3차방정식의 해법의 연구 때문이었다. 2차방정식의 경우에는 '판별식 b^2-4ac 이 음수인 방정식은 실수의 해를 갖지 않는다'로 이야기해버리면 그것으로 끝이다. 허수라는 생각을 도입하여 무리하게 해를 갖게 할 강력한 동기는 없었다.

그러나 3차방정식의 경우에는 그렇지 않다. 방정식

$$x^3-6x+2=0$$

에는 3개의 실수해가 있다. 이것을 확인하기 위해서는 **그림2**와 같이 $y=x^3-6x+2$를 그래프로 나타내보면 된다. 그래프가 x축을 3번 횡

그림 2　$y=x^3-6x+2$의 그래프는 x축을 3번 횡단한다.

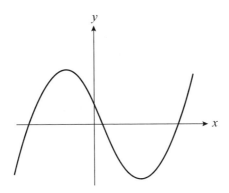

단하고 있어서 $x^3-6x+2=0$에는 확실히 3개의 실수해가 있는 것을 알 수 있다.

　2차방정식의 해의 공식이 있는 것처럼, 3차방정식의 해도 제곱근 $\sqrt{}$ 과 세제곱근 $\sqrt[3]{}$ 을 사용하여 나타낼 수 있다. 그 방법은 16세기 초반에 이탈리아의 시피오네 델 페로와 니콜로 타르탈리아가 독립적으로 발견했다고 알려져 있으나, 지롤라노 카르다노의 저서《아루스 마그나(위대한 기법)》에서 공표되었기에 카르다노의 공식으로도 불린다. 카르다노의 공식은 다음 9장에서 갈루아 이론을 소개할 때 설명하겠다.

　카르다노의 공식을 $x^3-6x+2=0$에 적용하면, 그 해 중 하나는

$$x = \sqrt[3]{-1+\sqrt{-7}} + \sqrt[3]{-1-\sqrt{-7}}$$

이 된다. 해는 실수일 터인데 우변에는 $\sqrt{-7}$ 이라는 수가 출현한다.

실수는 제곱하면 0 또는 양수밖에 될 수 없으므로 $\sqrt{-7}$가 실수일 리는 없다. 이것은 허수다. 그러나 그 의미를 깊이 생각해보지 않고 $(\sqrt{-7})^2 = -7$이 된다고 계산해보면 방정식 $x^3 - 6x + 2 = 0$의 해가 된다. 간단한 계산이므로 스스로 확인해볼 것을 권한다.

허수를 포함하고 있지만 우변 전체를 계산해보면 실수가 된다. 답이 실수이므로 실수만을 사용한 공식이 있어도 좋을 듯 하지만 방정식 $x^3 - 6x + 2 = 0$을 제곱근이나 세제곱근으로 풀려고 하면 허수를 쓰지 않을 수 없다. 16세기의 수학자들은 어떻게 해도 해의 공식에서 허수를 제거할 수 없었다. 그리고 그 이유는 19세기에 발견된 갈루아의 이론에 의해 처음으로 명백해졌다.

실수의 해가 있음에도 그것을 나타내려고 하면 허수가 필요해진다. 수학자들은 $\sqrt{-7}$와 같은 허수는 카르다노의 공식을 사용할 때에 도중에 출현하는 편의적인 표식으로 그 자체는 의미가 없다고 생각했다. 아이가 성장하면 공상의 친구가 없어져버리는 것처럼, $\sqrt{-7}$도 공상의 수로 계산이 끝나면 없어진다고 생각했었다.

그러나 그 후 수세기 동안 이 공상의 수는 수학의 다양한 문제에서 활약하게 되었다. 이와 병행하여 수학자들 사이에서는 수의 개념을 확장하는 것에의 저항이 옅어졌다. 제2장에서도 이야기한 바와 같이, '음의 수'가 널리 받아들여지게 된 것도 유럽의 17세기 후반의 일이었다. 그리고 19세기가 되어 드디어 허수에 어떤 의미가 있는지가 밝혀졌다.

1차원의 실수에서 2차원의 복소수로

실수를 제곱하면 반드시 양수 또는 0의 실수가 된다. 0이 되는 것은 원래 실수가 0일 때밖에 없다. 그러니 실수의 세계에서는 제곱하여 음이 되는 수는 없다. 제곱하여 음이 되는 수를 생각하기 위해서는 실수의 세계 밖으로 뛰쳐나가지 않으면 안 된다.

제6장 '우주의 형태를 측정하다'에 등장한 데카르트 좌표를 떠올려보자. 데카르트 좌표에서는 2차원 평면 위의 점을 지정하기 위해 2개의 실수의 순서쌍 (a, b)를 쓴다. 이 순서쌍을 그 자체가 하나의 수라고 생각하고 덧셈, 뺄셈, 곱셈, 나눗셈을 정의해보자. 2개의 실수를 조합한 것이므로, 복수의 요소를 조합했다는 의미로 '복소수'라고 부른다.

실수의 조합 (a, b)를 새로운 '수'로 생각하는 것이 이상하다고 생각할지 모르나 분수라고 하는 것도 잘 생각해보면 2개의 정수의 조합이다. 분수는 2개의 정수의 순서쌍 $[a : b]$이다. 분수의 덧셈은

$$\frac{a}{b} + \frac{c}{d} = \frac{ad + bc}{bd}$$

이지만, 이것을 수의 순서쌍 $[a : b]$에 대한 조작이라고 생각하면

$$[a : b] + [c : d] = [ad + bc : bd]$$

가 된다. 이와 마찬가지로, 분수의 곱셈

$$\frac{a}{b} \times \frac{c}{d} = \frac{ac}{bd}$$

는

$$[a:b] \times [c:d] = [ac:bd]$$

로 해석할 수 있다. 즉 분수도 정수의 순서쌍 $[a:b]$에 대하여 이러한 덧셈과 곱셈을 정의한 결과라는 것이다. 다만 분수에 대하여는 하나 더 약분이라는 성질이 있다.

$$\frac{a \times c}{b \times c} = \frac{a}{b}$$

이것은 서로 다른 정수의 순서쌍이라도 순서쌍의 수의 비가 같으면 같은 수로 본다는 것이다.

복소수에서도 이와 같이 수의 순서쌍을 생각한다. 이번에는 2개의 실수의 순서쌍이다. 다만 약분과 같은 규칙은 없다. 또 덧셈과 곱셈의 방법도 분수와는 다르다.

우선, 덧셈과 뺄셈의 규칙을

$$(a, b) \pm (c, d) = (a \pm c, b \pm d)$$

라고 하자. 이와 같이 덧셈의 규칙을 정하면 곱셈의 규칙도 정해진다. 제2장에서 말한 '3개의 규칙' 즉 결합법칙, 교환법칙, 분배법칙이 성립하지 않으면 안 되기 때문이다. 제6장에서 인용된 데카르트의

《방법서설》에 따라 곱셈규칙으로 허용되는 것에 대하여 '완전한 열
거'를 하면

$$(a, b) \times (c, d) = (a \times c - b \times d, a \times d + b \times c)$$

라는 가능성밖에 없다는 것을 안다.[1]

이와 같이 곱셈이 정해지면 나눗셈도 그 역 조작으로

$$(a, b) \div (c, d) = \left(\frac{a \times c + b \times d}{c^2 + d^2}, \frac{b \times c - a \times d}{c^2 + d^2} \right)$$

복소수 속에 들어맞는다. 가감승제가 자유롭게 되고, 계산의 기본규
칙을 만족하고 있기 때문에 실수의 순서쌍 (a, b)를 '수'로 생각해도
무방하다. 물론 이것이 '실수의 확장'이라고 말할 때에는 어딘가에
실수가 들어가 있지 않으면 안 된다. 복소수의 세계에서는 $(a, 0)$라
는 수를 실수로 생각할 수 있음을 설명해둔다.

실수 a가 직선 위의 위치를 나타내는 것이라고 한다면, 2개의 실
수의 조합인 (a, b)는 2차원의 평면 위의 위치로 생각해볼 수 있다.
평면에 데카르트 좌표를 사용하면 a가 x좌표, b가 y좌표의 값이다.
즉 이 평면이 복소수의 세계이다. 그렇다면 $(a, 0)$은 축 위에 있다. 이

---

1 '완전한 열거'를 하면 이 외에 2개의 가능성이 더 있다. 하나는 $(a, b) \times (c, d) = (a \times c,$
$b \times d)$인데, 이것은 덧셈에서도 곱셈에서도 실수를 2개의 순서쌍으로 한 것이므로 새로운
'수'를 만든 것이 되지 않는다. 또 다른 하나는 $(a, b) \times (c, d) = (ac, ad + bc)$인데, 이걸로
는 어떤 실수 b, d에 대하여도 $(0, b) \times (0, d) = 0$이 되어, 나눗셈을 할 수 없게 된다. 그래
서 수의 2차원 평면에의 자연스런 확장으로는 본문에서 생각한 것밖에는 없다.

것은 아까 정의한 복소수의 덧셈이나 곱셈의 규칙을 적용하면

$$(a, 0) + (c, 0) = (a + c, 0)$$
$$(a, 0) \times (c, 0) = (a \times c, 0)$$

이 된다. 이것은 보통 실수 a와 c의 덧셈이나 곱셈의 규칙과 완전히 똑같다. 즉 복소수를 나타내는 평면에서 실수는 x축 위에 있다는 것을 알 수 있다. 1차원의 실수의 세계에서 2차원의 세계로 가는 것이 '복소수에의 확장'이 되는 것이다.

덧셈이 $(a, b) + (c, d) = (a + c, b + d)$이므로 복소수 (a, b)는

$$(a, b) = (a, 0) + (0, b)$$

로 쓸 수 있다. 우변에서 $(a, 0)$의 부분은 보통의 실수 부분이며, $(0, b)$로 추가한 부분이 '확장'한 부분이다. $x - y$평면에서는 $(0, b)$가 y축 위의 점에 대응하나, 그 곱셈의 규칙은 보통 실수의 곱셈과는 다르다. 조금 전 (a, b), (c, d)의 곱셈의 식에서 $a = c = 0$이라고 하면,

$$(0, b) \times (0, d) = (-b \times d, 0)$$

이 되기 때문이다. 특히, $b = d = 1$이라면

$$(0, 1) \times (0, 1) = (-1, 0)$$

이 된다. 이 (-1, 0)는 실수 -1과 같은 것이므로

$$(0, 1)^2 = -1$$

로 쓸 수 있다. 이것은 실수해를 갖지 않는 방정식

$$x^2 + 1 = 0$$

의 해가 되는 것이 아닌가?

실수의 세계에서 1은 어떤 수를 곱해도 그 수가 되므로 곱셈의 단위로 불린다. 수의 개념을 복소수로 확장할 때, 제곱하여 -1이 되는 수 (0, 1)가 등장한다. 이것을 허수단위라 부르고 i라는 기호로 나타낸다. 즉

$$i = (0, 1) = \sqrt{-1}$$

이다. 복소수는 $(a, b) = (a, 0) + (0, b)$로 분해할 수 있어서 $(a, 0)$은 실수 a와 같고, $(0, b)$는 허수단위 i를 사용하면 ib로 나타낼 수 있다. 따라서

$$(a, b) = a + bi$$

로 나타낼 수 있다. 이것이 고등학교에서 배운 복소수의 표기다.

제곱하여 -1이 되는 수를 최초로 생각한 것은 고대 그리스의 수

학자이며 공학자인 헤론이라고 한다. 그는 제7장 첫 부분에 등장한, 도서관에 보관된 아르키메데스의 편지를 빌려 읽었던 사람이다. 그러나 무려 천 년 이상 수학자들은 이러한 수가 의미가 있는지 없는지 답을 내지 못했다. 예를 들면 데카르트는 이것을 수상한 수로 생각하고 있었기에 현실의 것이 아니라 수학자가 공상한 수라는 의미로 'nombre imaginaire'라고 이름 지었고, 이것이 영어의 'imaginary number'나 일본어의 '허수'의 어원이 되었다.

복소수가 수학의 세계에서 시민권을 얻는 것은 가우스가 **그림3**과 같이 복소수를 평면상의 위치로 나타내는 것을 제안하고서부터이다.[2] 데카르트가 복소수의 존재에 회의적이었던 것에 비해 그가 개발한 데카르트 좌표가 복소수의 기초가 된 것은 흥미롭다. 복소수를 나타내는 평면은 '복소수평면' 또는 가우스를 따서 '가우스평면'이라고 불리고 있다. 이번에는 이 가우스의 발상을 따라 복소수를 설명해보고자 한다.

복소수를 쓰면 어떤 2차방정식도 풀 수 있다.

$$ax^2 + bx + c = 0$$

의 해는 어떤 실수 a, b, c에 대하여도

$$x = \frac{-b \pm \sqrt{b^2 - 4ac}}{2a}$$

---

2 가우스 이전에는 노르웨이의 수학자 카스파르 베셀도 생각해냈으나 덴마크어로 발표하였기 때문에 널리 알려지지 않았고, 6년 후에 가우스에 의해 독립적으로 발견되었다.

그림3 가우스평면(복소평면)

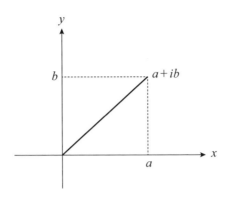

가 된다. $b^2 - 4ac < 0$인 경우에는

$$x = \frac{-b \pm i\sqrt{4ac - b^2}}{2a}$$

로 생각하면 된다. 나아가 a, b, c가 복소수일 때에도 같은 공식이 성립한다. 이러한 조작을 자유롭게 할 수 있다는 점이 바로 복소수만이 가진 장점이다.

2차방정식을 자유롭게 풀기 위해서는 복소수가 필요했다. 그렇다면 3차나 4차의 방정식을 생각해보면 어떻게 될까? 더욱더 수를 확장하는 것이 필요한 것일까? 미적분의 발견으로 뉴턴과 경쟁한 라이프니츠는 4차방정식에는 복소수를 사용하여도 풀 수 없는 것이 있다고 주장했다. 예를 들면 $x^4 + 1 = 0$를 생각해보자. 이 식은

$$x^4 + 1 = (x^2 + i)(x^2 - i) = 0$$

으로 쓸 수 있으므로, $x^2 = \pm i$ 이다. 여기서 예를 들면 $x^2 = i$ 에 착안하면 그 제곱근인 $x = \pm\sqrt{i}$ 가 된다. 라이프니츠는 $\sqrt{i}$ 는 복소수가 아니므로 이 방정식은 복소수로는 풀 수 없다고 생각했다. 그러나 그가 틀렸었다. 허수단위의 성질 $i^2 = -1$을 쓰면

$$\left(\frac{1}{\sqrt{2}} + \frac{i}{\sqrt{2}}\right)^2 = \frac{(1+i)^2}{2} = \frac{1+2i+i^2}{2} = i$$

가 되므로

$$\sqrt{i} = \frac{1}{\sqrt{2}} + \frac{i}{\sqrt{2}}$$

와 같이 복소수로 나타낼 수 있다.

실은 복소수까지 생각하면 몇 차 방정식이든 풀 수 있다. 이것은 수학의 정리 중에서도 가장 중요한 것 중의 하나로 '대수학의 기본정리'로 불리는 것이다. 이것을 증명한 것 또한 다름 아닌 가우스로 그가 22살 때에 출판한 학위논문에 포함되어 있다. 이 정리를 소중하게 생각한 가우스는 그 후에 추가로 3개의 서로 다른 증명을 제시하고 있다. 최후의 증명을 한 것은 최초의 증명을 한 지 50년이 지난 72세 때였다.

복소수는 2개의 실수의 순서쌍을 '수'로 생각하여 덧셈, 뺄셈, 곱셈, 나눗셈을 할 수 있게 한 것이다. 그렇다면 3개의 실수의 순서쌍 (a, b, c)을 생각하여 수개념을 더욱 확장할 수는 없을까?

19세기에 살았던 아일랜드의 수학자이자 물리학자인 윌리엄 해밀턴이 이 문제에 도전했다. 10년 이상의 세월을 들여 3개의 실수 순

서쌍으로 새로운 수를 만들려고 하였다. 매일 밤늦게까지 서재에서 연구를 계속하여 아침 일찍 일어나면 아이들이 '아버지, 3개의 숫자의 순서쌍으로 하는 곱셈은 만들어졌나요?'라고 묻고, 해밀턴은 '아니, 아직 덧셈과 뺄셈밖엔 하지 못했어'라고 답하는 것이 습관이 되어 있었다고 한다.

1843년 10월 16일 언제나처럼 부인과 함께 더블린 시의 운하 옆을 산책하던 해밀턴은 불룸스 다리목에서 3개의 숫자가 아니라 4개의 숫자 쌍을 생각하면 된다는 생각에 이른다. 감격한 해밀턴은 가지고 있던 칼로 다리에 4개의 숫자들의 순서쌍의 곱셈규칙을 새겼다 (**그림4**). 이것이 '4원수'로 불리는 수가 되었다.

4원수(元數)도 여러 가지 수학의 문제에 출현하나 복소수만큼 자주 사용되지는 않는다. 복소수의 이야기로 돌아가자.

그림 4　　불룸스교에 걸린 해밀턴의 발견을 기념하는 플레이트(JP제공)

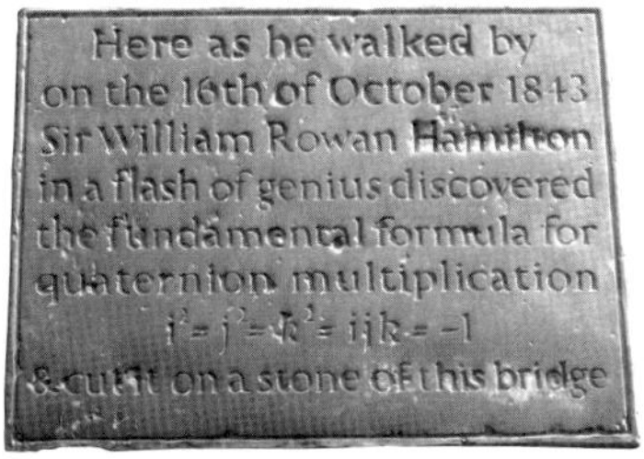

복소수의 곱셈은 '돌려서 늘인다'

복소수의 덧셈과 곱셈이 가우스 평면 위에서 어떻게 만들어지는가 생각해보기로 하자.

우선, 덧셈은

$$(a, b) + (c, d) = (a + c, b + d)$$

로 나타내어지며, 허수단위를 사용하면

$$(a + ib) + (c + id) = (a + c) + i(b + d)$$

로 쓸 수 있다. 여기서 **그림5**와 같이 원점, (a, b), (c, d)를 정점으로 하는 평행사변형을 생각해보면, 2개의 복소수의 합 $(a + c, b + d)$는

그림 5   2개의 복소수의 합

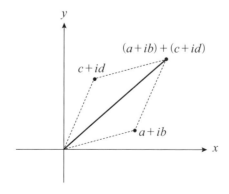

268

평행사변형의 또 다른 하나의 정점이 된다는 것을 알 수 있다. 이것이 복소수의 덧셈의 기하학적 의미다.

그러면 곱셈은 어떨까? 곱셈의 분배법칙으로부터

$$(a+ib) \times (c+id) = a(c+id) + ib(c+id)$$

가 되므로, 실수의 곱셈 $a \times (c+id)$과 허수의 곱셈 $ib(c+id)$을 별도로 생각하고, 나중에 합치기로 한다. 우선, 복소수$(c+id)$에 실수 a를 곱하고 다시 한번 분배법칙을 쓰면,

$$a(c+id) = a \times c + ia \times d$$

가 된다. 가우스평면을 생각하면 (c, d)가 $(a \times c, a \times d)$가 된다. 만약 a가 양수이면, **그림6**과 같이 원점에서 (c, d) 쪽으로 방향을 바꾸

그림6　복소수에 실수를 곱하면 방향은 같고 길이가 길어진다.

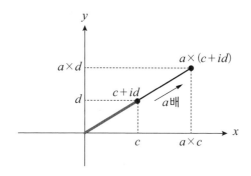

지 않고 길이를 a배한 것과 같아진다. a가 음수이면, 방향이 반대가 된다.

그러면 허수 ib를 곱한 경우는 어떨까. 우선 $(c+id)$에 허수단위 i를 곱하여 $i \times i = -1$를 쓰면,

$$i \times (c+id) = ic\text{-}d = \text{-}d + ic$$

가 된다. 즉 (c, d)가 $(-d, c)$가 된다. **그림7**과 같이, 이것은 (c, d)를 원점을 중심으로 반시계방향으로 90도 회전한 것이 된다.

허수단위를 곱하면 복소수가 90도 회전한다. 2번 연속으로 곱하면 180도 회전한 것이 되어, 이것은 -1을 곱한 것과 같다. 이것은 $i \times i = \text{-}1$이라는 것을 나타내고 있다. 지금은 허수단위의 곱셈을 생각한 것이지만 이것을 b배 한 ib의 곱셈에서는

$$ib \times (c+id) = \text{-}b \times d + ib \times c$$

그림7   복소수에 허수단위 i를 곱하면 90도 회전한다.

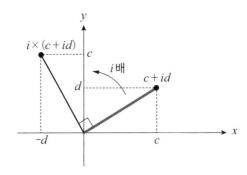

가 된다. 가우스평면 위의 위치 (c, d)가 $(-b \times d, b \times c)$가 되는데, 이것은 90도 회전하여 길이를 b배한다는 것이다.

실수 a의 곱셈은 가우스평면 위의 복소수(c, d)의 원점에서의 거리를 a배 늘린 것이다. 허수 ib의 곱셈은 (c, d)를 90도 회전한 후 b배 늘린 것이다. 그럼 이 2개를 합친 $(a + ib)$의 곱셈은 어떨까?

그림 8 ── 원점, a, a+ib를 정점으로 하는 직각삼각형

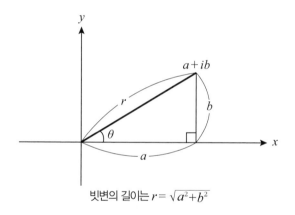

빗변의 길이는 $r = \sqrt{a^2 + b^2}$

우선, **그림8**과 같이, 원점과 (a, b), 그리고 x축에 수선을 내린 $(a, 0)$이 만드는 직각삼각형을 생각하고, 밑변과 빗변의 각도를 θ, 빗변의 길이를 $r = \sqrt{a^2 + b^2}$라 쓰기로 하자.

다음은, **그림9**와 같이 원점과 $a \times (c + id)$, $(a + ib) \times (c + id)$를 정점으로 하는 삼각형을 생각해보자. $a \times (c + id)$는 $(c + id)$를 a배 늘린 것이었다. 또 $ib \times (c + id)$는 $(c + id)$를 반시계방향으로

90도 돌린 후 b배 늘린 것이다. 그러므로 삼각형의 $a \times (c + id)$와 $(a + ib) \times (c + id)$을 연결하는 변은 $a \times (c + id)$와 직교하고, 길이는 b배된다.

복소수의 곱셈은 '돌리고 늘이는 것'

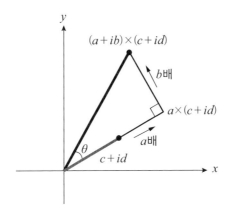

즉, **그림8**의 삼가형과 **그림9**의 삼각형 중 어느 것이든 직각을 끼는 변의 길이의 비가 $a : b$이므로 이 2개의 삼각형은 닮음이다. **그림8**의 삼각형의 밑변과 빗변이 이루는 각도는 θ, 길이의 비는 r이었다. 이것이 **그림9**의 삼각형과 닮음이라는 것은 $(a + ib) \times (c + id)$는 $(c + id)$를 원점을 중심으로 θ만큼 회전하고, 원점에서 길이를 r배만큼 늘인다는 것이다. 단어를 조합하여 새로운 단어를 만드는 것을 좋아하는 독일인은 복소수의 곱셈을 'Drehstreckung' 즉 '돌리고 늘이는 것'이라고 부르고 있다.

곱셈으로 이끄는 '덧셈정리'

복소수의 곱셈은 '돌리고 늘이는 것'이므로 $(a + ib)$를 가우스평면의 원점에서의 거리와 각도로 지정하면 편리한 경우가 많다.

그 준비로 우선 삼각함수에 대하여 복습하자. 삼각함수를 $\sin \theta$나 $\cos \theta$를 쓸 때의 θ는 각도를 '라디안'이라는 단위로 측정한 것이다. 이것은 원을 일주할 때의 각도를 360도가 아닌 2π로 하는 단위다. 삼각함수를 정의하기 위해서는 **그림10**과 같이 정점 A, B, C의 직각삼각형을 그린 후 정점 A의 각도가 θ, 정점 B는 직각이라고 한다. 이때, $\sin \theta$는 높이와 빗변의 비

$$\sin \theta = \frac{\overline{BC}}{\overline{AC}}$$

$\cos \theta$는 밑변과 빗변의 비

$$\cos \theta = \frac{\overline{AB}}{\overline{AC}}$$

그림 10   삼각함수를 정의하기 위한 직각삼각형

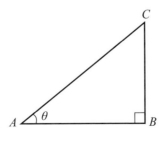

로 정의한다.

준비가 되었으므로 가우스평면에서 복소수 $(a + ib)$의 위치를 길이와 각도로 지정한다. 다시 한번 **그림8**을 보자. 삼각함수를 쓰면 밑변 a와 높이 b는

$$a = r\cos\theta, \quad b = r\sin\theta$$

로 나타낼 수 있으므로 (r, θ)로부터 (a, b)가 결정된다. 이것을 복소수 $(a + ib)$와 조합하면

$$(a + ib) = r(\cos\theta + i\sin\theta)$$

라고 쓸 수 있다. 즉 데카르트 좌표 (a, b) 대신에, 길이와 각도의 순서쌍 (r, θ)을 사용하여도 복소수의 위치를 지정할 수 있다. 이것을 '극좌표'라고 부른다. 극이라는 것은 원점을 말하는 것으로 원점에서의 거리와 각도로 장소를 지정하므로 극좌표라는 이름이 되었다.

복소수의 '돌리고 늘이기'를 사용하면 삼각함수의 덧셈정리를 간단히 유도할 수 있다. 원점을 중심으로 하는 반지름 1인 원을 생각하고 그 위에 두 개의 복소수 z_1, z_2를 표시한다고 하자. 어느 쪽도 원점에서의 거리가 1이므로 극좌표를 사용하면,

$$z_1 = \cos\theta_1 + i\sin\theta_1, \quad z_2 = \cos\theta_2 + i\sin\theta_2$$

가 된다. 이 두 개의 복소수의 곱셈을 해보자.

복소수의 곱셈은 '돌리고 늘이기'이므로, $z_1 \times z_2$는 z_2를 θ_1만큼 회전하는 것이다($r_1 = r_2 = 1$이므로 늘이는 조작은 없다). 원래 z_2는 원점에서의 각도가 θ_2이었기에 θ_1만큼 더 회전하면 각도는 $(\theta_1 + \theta_2)$이된다. 이것을 식으로 써보면

$$(\cos\theta_1 + i\sin\theta_1) \times (\cos\theta_2 + i\sin\theta_2)$$
$$= \underline{\cos(\theta_1 + \theta_2)} + \underline{i\sin(\theta_1 + \theta_2)}$$

이 된다. 이 식의 좌변을 전개하여 양변의 실수부분과 허수부분을 각각 등호로 연결하면,

$$\cos\theta_1\cos\theta_2 - \sin\theta_1\sin\theta_2 = \underline{\cos(\theta_1 + \theta_2)}$$
$$\sin\theta_1\cos\theta_2 + \cos\theta_1\sin\theta_2 = \underline{\sin(\theta_1 + \theta_2)}$$

이 된다. 이것은 다름 아닌 삼각함수의 덧셈정리이다.

기하의 문제가 방정식으로 풀린다!

복소수를 쓰면 삼각함수의 덧셈정리가

$$(\cos\theta_1 + i\sin\theta_1) \times (\cos\theta_2 + i\sin\theta_2) = \cos(\theta_1 + \theta_2) + i\sin(\theta_1 + \theta_2)$$

로 나타내어짐을 알았다. 이것은 제3장에서 말한 지수함수의 '곱셈

은 지수의 덧셈이 된다'는 성질

$$e^{x_1} \times e^{x_2} = e^{x_1 + x_2}$$

과 닮아 있다. 어느 쪽도 좌변은 곱셈인데 우변에는 변수가 덧셈으로
되어 있다. 제3장에서는 이 성질로부터

$$(e^x)^n = e^{nx}$$

즉, 'n제곱하면 지수가 n배가 된다'는 것을 유도했다. 예를 들면

$$(e^x)^3 = (e^x \times e^x) \times e^x = e^{2x} \times e^x = e^{3x}$$

가 된다.

여기서 사용하고 있는 것은 '곱셈이 변수의 덧셈이 된다'는 성질
이므로 삼각함수의 $\cos\theta + i\sin\theta$의 조합에 대하여도 'n제곱하면 변
수가 n배가 된다' 는 성질이 성립할 것이다. 즉,

$$(\cos\theta + i\sin\theta)^n = \cos n\theta + i\sin n\theta$$

가 된다. 이것은 '드무아브르 공식'으로 알려져 있다.

이 공식을 사용하여, 제2장에서 논의했던 정다각형의 작도를 생
각해보자. 복소수의 극좌표 표기 $z = r(\cos\theta + i\sin\theta)$에서 θ를 0에
서 2π까지로 하면, z의 궤적은 원점을 중심으로 하는 반지름 r인 원
으로 그릴 수 있다. 특히 $r = 1$로 하면 반지름이 1인 원이 된다. 이

원의 둘레를 **그림11**과 같이 3등분하면 원에 내접하는 정삼각형을 그릴 수 있다.

그림 11   정삼각형의 정점은 $x^3=1$의 3개의 해

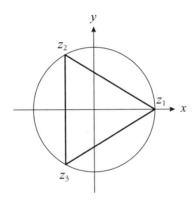

원의 반지름이 1이면 정점 z_1의 데카르트 좌표는 $(1, 0)$이고 복소수로는

$$z_1 = 1$$

로 표기된다. 정점 z_2는 z_1을 120도, 라디안 표기로 쓰면 $\theta = \dfrac{2\pi}{3}$ 만큼 회전한 것이므로

$$z_2 = \cos\left(\frac{2\pi}{3}\right) + i\sin\left(\frac{2\pi}{3}\right)$$

마찬가지로 정점 z_3를 복소수로 표기하면

$$z_3 = \cos\left(\frac{4\pi}{3}\right) + i\sin\left(\frac{4\pi}{3}\right)$$

가 된다. 거기에 드무아브르 공식을 사용하면

$$z_2^3 = \left(\cos\left(\frac{2\pi}{3}\right) + i\sin\left(\frac{2\pi}{3}\right)\right)^3 = \cos 2\pi + i\sin 2\pi = 1$$

이 된다. 이 식의 마지막에서는 $\cos 2\pi = 1$, $\sin 2\pi = 0$이 되는 것을 사용하였다. 이와 마찬가지로 z_3에 대하여도 $z_3^3 = 1$을 만족한다. 또 1을 몇 제곱하여도 1이므로 $z_1^3 = 1$이다. 반지름이 1인 원에 내접하는 정삼각형의 3개의 정점은 어느 것도 3차방정식

$$z^3 = 1$$

을 만족하고 있는 것을 알 수 있다.

이 3차방정식을 풀어보자. 우선,

$$z^3 - 1 = (z-1) \times (z^2 + z + 1)$$

로 인수분해되므로 $z = 1$은 하나의 해이고 이것은 z_1이다. 나머지 2개의 해는 $z^2 + z + 1 = 0$을 만족하므로 2차방정식의 해의 공식으로부터

$$z = -\frac{1}{2} \pm i\frac{\sqrt{3}}{2}$$

이 된다. 이것이 z_2와 z_3이 된다.

길이가 1인 선분이 주어져 있을 때 자와 컴퍼스로 이것을 2등분할 수 있다는 것은 제2장에서 설명하였다. 또 $\sqrt{3}$은 밑변 1, 빗변 2인 직각삼각형의 높이이므로 이것도 작도할 수 있다. 원점과 하나의 정점의 위치 $z_1 = 1$이 정해지면 $\frac{1}{2}$나 $\frac{\sqrt{3}}{2}$를 작도할 수 있으므로 나머지 2개의 정점의 위치 z_2도 z_3도 자와 컴퍼스로 정할 수 있어서 정삼각형을 작도할 수 있다는 것이다.

물론 정삼각형 정도는 복소수나 방정식을 쓰지 않고도 간단히 작도할 수 있다. 복소수가 그 위력을 발휘하는 것은 정5각형에서부터다. 정5각형의 정점의 위치는 5차방정식 $z^5 = 1$으로 정해진다.

이 5차방정식을 풀어보자. $z^5 - 1 = (z-1)(z^4 + z^3 + z^2 + z + 1)$이므로 해의 하나는 $z = 1$이고, 나머지 4개는 $z^4 + z^3 + z^2 + z + 1 = 0$을 만족한다. 여기에 $u = z + \frac{1}{z}$라는 새로운 변수를 사용하면, $z^4 + z^3 + z^2 + z + 1 = z^2(u^2 + u - 1) = 0$이 된다. $z = 0$는 $z^5 = 1$의 해가 아니므로 양변을 z^2로 나누면 $u^2 + u - 1 = 0$이다. 이것을 풀면

$$u = \frac{-1 \pm \sqrt{5}}{2}$$

이렇게 u가 정해지면 구하려는 z도 $u = z + \frac{1}{z}$, 즉 2차방정식 $z^2 - uz + 1 = 0$의 해로서 결정된다. 지금부터 $z^5 = 1$의 5개의 해는 복소수

$$w = \frac{-1 \pm \sqrt{5}}{4} + i\frac{\sqrt{10 + 2\sqrt{5}}}{4}$$

를 사용하여, $1, w, w^2, w^3, w^4$가 됨을 나타낼 수 있다.

제2장에서 설명한 바와 같이, 몇 개의 선분이 있을 때, 그 선분실이를 몇 배로 늘리거나 나누어서 확대 또는 축소하거나, 그 선분의 길이들을 합치거나 뺀 길이의 선분을 작도하는 것은 가능하다. 또 그 제곱근의 길이의 선분도 원을 사용하면 작도할 수 있다. 정5각형의 정점을 정하는 방정식 $z^5 = 1$의 해는 제곱근과 가감승제로 표시되므로 정5각형도 자와 컴퍼스로 작도할 수 있다. 정5각형의 작도법은 고대 그리스수학의 위대한 성과의 하나이긴 하지만, 복소수를 사용해도 간단히 확인할 수 있다.

일반적으로 정n각형의 정점은

$$z_k = \cos\left(\frac{2\pi k}{n}\right) + i\sin\left(\frac{2\pi k}{n}\right) \quad (k = 0, 1, \cdots, n-1)$$

로, 이것들이 $z^n = 1$의 해가 된다.

가우스는 이 해를 어떤 자연수에 대하여도 멱근(제곱근, 세제곱근, 네제곱근 등), 가감승제와 i를 몇 번 사용하는 것으로 나타낼 수 있다는 것을 증명했다. 단 작도가능하려면 일반적인 멱근이 아닌 제곱근으로만 풀려야 한다. 가우스는 24세 때 '정다각형은 정점의 수를 소인수분해 했을 때 거기에 홀수의 소인수가 페르마소수(m을 자연수라하고 $p = 2^{2^m} + 1$와 같은 형태의 소수) 중 하나며, 또한 같은 페르마소수가 2개 이상 나오지 않는 경우일 때에만 작도가능하다'는 것을 증명했다. 방정식 $z^n = 1$은 멱근과 분수계산으로 풀리지만, 제곱근과 분수계산만으로 풀리기 위해서는 n이 페르마소수와 관계가 있을 필요가 있다. 왜 그런가는 제9장에서 설명하는 갈루아 이론으로 밝혀진다.

삼각함수와 지수함수를 연결한 오일러공식

고교수학에서는 삼각함수와 지수함수를 공부한다. 이 2개의 함수는 완전히 독립되어 발전해왔지만 복소수를 통하여 그 사이에 깊은 관계가 있다는 것이 밝혀졌다.

그 힌트 또한 덧셈정리다. 아까 보았던 것처럼 지수함수에는

$$e^{x_1} \times e^{x_2} = e^{x_1 + x_2}$$

라는 곱셈법칙이 성립하며 이것은 삼각함수의 덧셈정리

$$(\cos \theta_1 + i\sin \theta_1) \times (\cos \theta_2 + i\sin \theta_2) = \cos(\theta_1 + \theta_2) + i\sin(\theta_1 + \theta_2)$$

와 닮아 있다. 이 2개의 함수의 성질이 닮아 있다는 것을 더 깊게 들여다보기로 하자.

드무아브르 공식

$$(\cos \theta + i\sin \theta)^n = \cos n\theta + i\sin n\theta$$

에서 $\theta \to \dfrac{\theta}{n}$ 로 바꾸어보면

$$\cos \theta + i\sin \theta = \left(\cos\left(\frac{\theta}{n}\right) + i\sin\left(\frac{\theta}{n}\right) \right)^n$$

로 쓸 수 있다. 이 식에서 n이 점점 커지면 우변의 $\dfrac{\theta}{n}$는 점점 작아진

다. n이 커지면 $\dfrac{\theta}{n}$는 작아지므로

$$\cos\left(\frac{\theta}{n}\right) \fallingdotseq 1, \ i\sin\left(\frac{\theta}{n}\right) \fallingdotseq \frac{\theta}{n}$$

로 근사할 수 있다. 그 이유는 웹사이트에 설명해두었다. 이것을 드무아브르의 공식과 엮어보면

$$\cos\theta + i\sin\theta = \left(\cos\left(\frac{\theta}{n}\right) + i\sin\left(\frac{\theta}{n}\right)\right)^n \fallingdotseq \left(1 + i\frac{\theta}{n}\right)^n$$

로 된다. n을 무한대로 하면 근사는 엄밀해지므로

$$\cos\theta + i\sin\theta = \lim_{n\to\infty}\left(1 + i\frac{\theta}{n}\right)^n$$

로 쓸 수 있다.

다음으로 n이 커지면 이 우변이

$$\lim_{n\to\infty}\left(1 + i\frac{\theta}{n}\right)^n = e^{i\theta}$$

로 되는 것을 표시할 수 있다. 그러면 삼각함수와 지수함수 사이에

$$\cos\theta + i\sin\theta = e^{i\theta}$$

관계가 성립된다는 것이 명백해진다. 이 관계를 이해하기 위해서는 우변의 $e^{i\theta}$의 의미를 설명하지 않으면 안 된다. 지수함수 e^x는 원래 x

가 실수인 경우에 정의되었다. 지수가 $x = i\theta$로 허수인 경우, $e^{i\theta}$는 어떻게 해석해야 할까?

제3장에서 네이피어 수 e를

$$e = \lim_{m \to \infty} \left(1 + \frac{1}{m}\right)^m$$

로 정의하였을 때, 그것을 x 제곱한 지수함수 e^x는

$$e^x = \lim_{m \to \infty} \left(1 + \frac{1}{m}\right)^{mx}$$

로 나타낼 수 있다. 우변의 m을 $m = \dfrac{n}{x}$로 쓰면

$$\left(1 + \frac{1}{m}\right)^{mx} = \left(1 + \frac{x}{n}\right)^n$$

이 된다. $m \to \infty$은 $n \to \infty$이기도 하므로

$$e^x = \lim_{n \to \infty} \left(1 + \frac{x}{n}\right)^n$$

을 지수함수 e^x의 정의라고 할 수도 있다.

지수함수 e^x는 원래 실수에 대하여 생각되어진 것이었다. 그러나 $\left(1 + \dfrac{x}{n}\right)^n$에서 n이 무한대 값일 때는 x가 복소수인 경우에도 의미를 갖는다. 이 정의에서 $x = i\theta$로 하면

$$\lim_{n \to \infty} \left(1 + i\frac{\theta}{n}\right)^n = e^{i\theta}$$

이 된다. 이것을 드무아브르 공식에서 n을 무한대로 한 앞의 식과 비교하면

$$\cos\theta + i\sin\theta = e^{i\theta}$$

을 얻을 수 있다. 이것이 '오일러의 공식'이다. 훌륭한 식이므로 흠뻑 맛보기 바란다.

우선, 이 공식을 사용하면 삼각함수의 덧셈정리

$$\cos(\theta_1 + \theta_2) = \cos\theta_1\cos\theta_2 - \sin\theta_1\sin\theta_2$$
$$\sin(\theta_1 + \theta_2) = \sin\theta_1\cos\theta_2 + \cos\theta_1\sin\theta_2$$

는

$$e^{i(\theta_1 + \theta_2)} = e^{i\theta_1} \times e^{i\theta_2}$$

가 된다. 이것은 지수함수의 곱셈법칙

$$e^{x_1 + x_2} = e^{x_1} \times e^{x_2}$$

와 같은 것으로, 이 식을 $x \longrightarrow i\theta$로 바꾼 것뿐이다. 복소수의 세계에서는 지수함수의 곱셈법칙과 삼각함수의 덧셈정리는 동일한 것이다.

복소수를 사용하면 삼각함수의 덧셈정리를 $e^{i\theta_1} \times e^{i\theta_2} = e^{i(\theta_1 + \theta_2)}$와 같이 간결하게 표시할 수 있으므로 삼각함수를 사용한 계산이 간

단해진다. 이것은 과학이나 공학의 다양한 분야의 계산에 응용되고 있다. 예를 들면 파도나 전자파 같은 파형의 성질, 교류전자회로 등의 진동현상의 해석에서는 $\cos\theta$나 $\sin\theta$와 같은 삼각함수를 사용하는 것보다는 복소수로 조합한 $e^{i\theta}$를 사용하는 것이 계산의 예측이 좋아지는 경우가 많다.

오일러의 공식 $\cos\theta + i\sin\theta = e^{i\theta}$에서 $\theta = \pi$라 하면 $\cos\pi = -1$, $\sin\pi = 0$이므로

$$-1 = e^{\pi i}$$

가 된다. 이것이 이번 장의 처음에 등장한 '박사가 사랑한 수식'이었다.

오일러가 이 공식을 발견한 계기는 미적분학의 창시자 중의 하나인 라이프니츠와 오일러의 스승격인 요한 베르누이(제3장과 제7장에서 등장한 야콥 베르누이의 남동생)와의 사이에서 벌어진 대수함수 $\log_e(-1)$에 대한 논쟁이었다.

제3장에서 등장한 대수함수는 $y = e^x$라고 할 때 그 역으로 정의된다. x가 실수라면 $y = e^x$는 반드시 실수이므로 라이프니츠는 음수의 대수는 '불가능'하다고 주장했다. 이에 대해 요한 베르누이는 $\log_e(-y) = \log_e y$라고 주장했다. 베르누이가 맞다면 $\log_e(-1) = \log_e 1 = 0$이 된다는 것이다.

그러나 라이프니츠도 베르누이도 둘 다 틀렸다. '박사가 사랑한 수식' $-1 = e^{\pi i}$을 사용하면

$$\log_e(-1) = \pi i$$

가 되기 때문이다. 즉 베르누이가 주장한 것과 같이 $\log_e(-1)$에 의미를 붙이는 것은 가능하지만 그 답은 0이 아니고 πi였다.[3] 라이프니츠와 베르누이의 논쟁은 승자 없이 끝났지만 오일러는 "이것과 관련된 곤란은 완전히 사라지고, 대수이론은 모든 공격으로부터 안전하게 지켜졌다."라고 기록을 남기고 있다. 수학이 발달하게 되면 지금까지 별개의 것으로 생각되어졌던 것 사이에 뜻하지 않은 연결성이 발견되기도 한다. 삼각함수는 고대 그리스의 시대에서부터 연구되어진 평면기하의 연구에서 태어났다. 한편 지수함수는 브라헤의 천문학에 촉발되어서 네이피어가 큰 수의 계산을 간단하게 하기 위해 개발했다. 태생도 발달도 전혀 다른 두 개의 함수인데도 '상상의 수' 즉, 복소수의 세계에서는 깊은 연결고리로 연결되어 있었다.

수학은 인간이 자연을 이해하기 위해 만들어낸 것이지만 일단 만들어지면 인간의 사정과는 상관없이 자기 자신의 생명을 가지고 발전해간다. 이번에 이야기한 삼각함수와 지수함수의 관계에 대해서도 인간이 만들어냈다기보다는 오일러와 같은 탐험가들이 수학의 세계 속에 이미 있던 것을 발견한 것이라고 생각한다. 복소수는 원래 인간이 상상한 수였지만, 인간이 사는 현실세계와 독립적으로 널리 퍼져 있는 수학의 세계 속에서 확실히 존재하는 수이기도 하다.

---

3   오일러는 삼각함수의 주기성 때문에 $\log_e(-1)$의 답은 πi가 아니라 모든 정수 n에 대하여 $(2n+1)\pi i$가 답이라는 것을 지적하고 있다.

제9장

'어려움'과 '아름다움'을 측정한다

갈루아, 20년의 생애와 불멸의 공적

19세기 최고의 수학자 중 한 명인 에버리스트 갈루아는 1811년 10월 25일 프랑스에서 태어나 1832년 5월 31일에 죽었다. 20년 7개월이라는 짧은 인생에서 갈루아는 무엇을 이루었는가?

1차방정식이나 2차방정식의 해법은 고대 바빌로니아 시대로부터 연구되어왔다. 1차방정식 $ax + b = 0$을 x에 대하여 풀면 $x = -\dfrac{b}{a}$가 되어, a나 b가 정수여도 답은 분수가 되는 경우가 있다. 제2장에서 이야기한 것처럼, '분수'란 이러한 방정식을 풀기 위해 생각한 수라고 할 수 있다.

고대 바빌로니아 사람들은 2차방정식의 해법을 궁리하고 있었는데, 그들은 분수로 풀 수 있는 경우만 생각했었던 것 같다. 그러나 제2장에서 말한 것처럼 고대 그리스 피타고라스의 제자 히파소스가 간단한 2차방정식 $x^2 = 2$의 해는 분수로는 나타낼 수 없다는 것을 발견해버린다. 이것이 무리수의 시작이었다.

일반적인 2차방정식의 해법을 발견한 것은 9세기 바그다드의 수학자 알 콰리즈미였다. 그의 방법을 현재의 표기법으로 표현하면 2차방정식

$$ax^2 + bx + c = 0$$

의 해는

$$x = \frac{-b \pm \sqrt{b^2 - 4ac}}{2a}$$

라는 중학교에서 배우는 '해(근)의 공식'이 된다. 해를 표현하기 위해서는 제곱근이 필요하므로 1차방정식보다 2차방정식이 '어렵다'고 할 수 있다.

알 콰리즈미가 개발한 방법이 중세 유럽에 전해지면서 수학자들은 경쟁하듯 3차방정식과 4차방정식의 해법을 내놓았다. 지난 제8장에서 이야기한 것처럼, 3차방정식

$$ax^3 + bx^2 + cx + d = 0$$

의 해법은 16세기의 델 페로와 타르탈리아가 독립적으로 발견하여 카르다노가 '아르스 마그나'에 공표했다. 또 카르다노의 제자 로도비코 페라리는 4차방정식

$$ax^4 + bx^3 + cx^2 + dx + e = 0$$

의 해의 공식을 발견하여 이것도 '아르스 마그나'에 게재되었다. 위 방정식 모두 방정식의 계수 $a, b, c, \cdots$의 제곱근이나 세제곱근으로 방정식의 해를 나타낼 수 있다.

제곱근과 더불어 세제곱근도 나타나므로 2차방정식보다 3차방정식과 4차방정식 쪽이 '더욱 어렵다'고 할 수 있다. 예를 들면 제2장에서 이야기한 것처럼 제곱근은 컴퍼스나 자로 작도할 수 있지만, 세제곱근은 작도할 수 없다.

2차, 3차, 4차방정식의 해의 공식이 발견되었으므로 5차방정식도 반드시 풀 수 있다고 생각했다. 그러나 델 페로 이후 300년 동안 수학자들의 갖은 노력에도 불구하고 해의 공식은 발견되지 않았다. 지난 제8장에서 소개한 가우스의 '대수학의 기본정리'에 따르면 어떤 차수의 방정식이든 복소수의 해를 가지는 법이다. 그럼에도 불구하고 반드시 있어야 할 해를 제곱근이나 세제곱근의 먹근으로 나타내는 방법은 발견되지 않았다.

이런 상황에서 등장한 것이 1802년 노르웨이에서 태어난 닐스 헨리크 아벨이었다. 아벨은 5차방정식의 해의 공식이 존재하지 않음을 증명하였다. 수학자들은 '풀 수 없는 문제'에 도전하고 있었던 것이다. 5차의 경우는 3차나 4차보다도 '훨씬 훨씬 더 어려운' 셈이다.

무언가를 할 수 없다는 것을 증명하는 일은 어렵다. 예를 들면 제5장에서 '자연수와 그 산술을 포함하는 공리계의 무모순성을 증명할 수 없다'는 제2 불완전성 정리를 소개했다. 방정식도 해의 공식이 '있다'는 것으로부터 공식을 적어서 보여주고는 해가 되는 것을 계산해서 보여주면 된다. 그러나 공식이 '없다'는 것을 증명하려면 어떻게 해야 할까? 4차방정식까지는 풀었는데 5차가 되는 순간 무엇이 어떻게 달라진 것인가? 그것을 이해하기 위해 아벨이 사용한 것은 '방정식의 어려움을 측정하는 방법'이다. 이것에 대해서는 나중에 차근차근 설명하겠다.

아벨은 17세 때 5차방정식의 해의 공식을 발견했다고 생각해 논문을 썼지만, 이것은 잘못된 것이었다. 그리고 21세 때 '5차의 일반 방정식의 풀이에 대한 불가능성을 증명하는 대수 방정식에 관한 논문'을 썼지만, 난해하여 사람들에게 금방 이해받을 수 없었다. 다행히도 그는 베를린의 수학자 아우구스트 레오폴트 크렐레와 친구가 되고, 그가 창간한 수학지의 제1호에 논문을 게재할 수 있었다. 아벨이 23세 때 일이었다. 그 후 아벨은 크렐레의 잡지에 계속 논문을 발표하여 명성은 높아져 갔지만 대학에 자리를 얻을 수 없었고, 경제적 궁핍 상태에서 결핵에 걸린다. 크렐레는 아벨을 돕기 위해 전력을 다해 베를린 대학의 교수 자리를 확보하지만, 크렐레로부터 낭보가 도착한 것은 아벨이 죽은 지 이틀 뒤였다고 한다. 겨우 26세였다.

그림 1　노르웨이 왕국의 정원에 있는 '아벨 기념비' (구스타프 비게란 작)

노르웨이의 오슬로에 가면 중심가를 내려다보는 왕궁의 정원에 거대한 아벨 기념비가 세워져 있다(**그림1**). 수도의 가장 중요한 위치에 놓여 있는 기념비가 정치가나 군인의 동상이 아니라 5차 일반 방정식의 해법의 불가능성을 증명한 수학자의 것이라는 사실이 대단하다. 노르웨이 사람들이 아벨을 얼마나 자랑스럽게 여기는지를 알수 있다.

아벨은 5차방정식에 멱근(거듭제곱근)을 사용한 근의 일반 공식이 없다는 것을 증명했지만, 간단히 풀 수 있는 예도 있다. 예를 들면 $x^5 = 1$은 5차방정식이지만, 제8장에서 설명한 것처럼 이 방정식의 5개의 해는 제곱근과 허수 단위만으로 나타낼 수 있다. 차수 n이 좀더 높아져도 n차 방정식 $x^n = 1$의 해는 모두 자연수의 멱근으로 나타낼 수 있다. 이것은 지난번에 말한 것과 같이 가우스가 증명하였다.

그래서 아벨은 어떤 경우에 멱근으로 풀 수 있을까에 흥미를 느꼈다. 그리고 멱근만을 사용하여 풀 수 있는 방정식을 모두 찾아내려 했지만, 달성하지 못했다.

'방정식의 어려움을 측정하는 방법'을 완성하여 '어떤 경우에 멱근을 사용하여 풀 수 있는가'를 명백하게 밝힌 것은 갈루아였다.

갈루아가 살았던 1811년부터 1832년은 빅토르 위고의 소설《레미제라블》의 배경이 된 시대(1815년에서 1833년)와 겹친다. 갈루아가 두 살 때 나폴레옹이 엘바 섬으로 추방되면서 프랑스 혁명으로 무너졌던 부르봉 왕조가 부흥한다. 그러나 이 왕정은 16년밖에 지속되지 못하고 1830년 7월 혁명으로 종말을 고한다. 루브르 미술관에 소장된 외젠 들라크루아의 그림 '민중을 이끄는 자유의 여신'(**그림2**)은 이 7월 혁명을 그린 것이다. 19세가 될 즈음의 갈루아도 공화주의

그림 2

자로서 혁명에 참여한다.

그러나 그 다음 달에 자본가나 은행가와 같은 부르주아 계급에 의
해 추천된 루이 필리프가 입헌군주로 즉위하면서 공화주의자들은
좌절을 맞게 된다. 정치적으로 급진파에 속해 있던 갈루아는 20세 때
투옥된다. 그리고 출옥 후에 결투의 도전을 받아 치명상을 입고 사망
해버린다. 정치적 혼란과 사회의 모순에 농락당한 인생이었다.

아벨처럼 갈루아도 16세 때 5차방정식의 해법을 발견했다고 생
각했지만, 스스로 잘못을 알아차려 5차방정식은 일반적으로는 풀 수
없다고 생각하게 되었다. 이것은 아벨의 증명으로부터 5년 후의 일
이다. 그러나 갈루아는 거기서 한 발 더 나아가 다음 해에 모든 차수

의 방정식에 대하여 그 방정식이 멱근으로 풀 수 있을지 없을지를 판정하는 방법을 발견한다. 이것이야말로 아벨이 목표로 했던 결과였다. 갈루아는 이것을 논문으로 정리하여 프랑스 과학 아카데미에 보냈다.

당시 심사관이던 오귀스탱 루이 코시가 이 논문을 읽지 않은 채 분실해버렸다는 설이 있어서 갈루아의 전기에서는 종종 코시가 악역으로 묘사된다. 분명히 코시는 예전에 아벨이 투고한 중요한 논문을 분실한 전과가 있다. 아벨의 이 논문은 노르웨이 정부의 항의로 과학 아카데미의 서류 더미 안에서 발굴되어 사후 10년 이상 지난 후에야 출판되었다.

그러나 최근 과학사가의 연구에 따르면 코시는 갈루아가 투고한 논문을 높이 평가했던 것으로 보인다. 그리고 과학 아카데미의 간행물에 게재하는 대신 손을 본 후에 아카데미가 주최하는 논문 대상에 응모하도록 갈루아에게 추천한 것으로 보인다고 한다. 코시는 정치적으로는 왕정파로 공화파인 갈루아와는 대조적이었지만, 수학에서는 서로 통하는 부분이 있었을 것이다. 갈루아에게 불운으로 작용한 것은 자신이 지지했던 7월 혁명 때문에 왕정파인 코시가 실각한 뒤 망명해버려서 그의 이론을 유일하게 이해했던 사람을 잃어버린 것이다. 또 코시의 추천에 따라 응모한 논문 '방정식의 멱근에 의한 해법의 조건에 대하여'도 수상에 실패하고 만다.

더 큰 불운이 계속된다. 고향의 읍장이었던 자유파 소속 아버지가 보수파의 중상 때문에 자살해버린 것이다. 또 에콜 폴리테크니크(고등 이공과 대학)의 수험에 2년 연속 실패한다. 과학 아카데미에 세 번째 논문을 제출하지만 코시가 망명한 뒤의 아카데미에는 더 이상은 그의 연구를 이해할 수 있는 수학자가 없었다.

절망한 갈루아는 혁명에 몸을 던지고 투옥된다. 그리고 결투를 한다.

갈루아는 결투 전날 밤부터 이른 아침에 걸쳐 친한 친구인 오귀스트 슈발리에에게 편지를 써서 현재 '갈루아 이론'으로 알려진 이론의 전모를 전하려 하였다. 또 편지의 마지막에는 '애매함의 이론'에 대하여 한참 탐구 중이라고도 적혀 있다. 그러나 그것이 무엇이었는지는 지금도 모른다. 갈루아의 편지는 다음과 같은 말로 끝을 맺는다.

나에게는 더 이상 시간이 없다. 내 아이디어는 이 광대한 분야에서 충분히 발전된 것이라고는 할 수 없는데 말이다.

너무 이른 죽음이 야속하다.

갈루아가 세 번째로 과학 아카데미에 투고한 논문은 다행히도 남아 있다. 수학자 조제프 리우빌은 이 유고를 어렵게 해독하여 그 해설을 1846년에 발표하였다. 이것으로 인해 갈루아의 이론이 드디어 받아들여지게 되었다. 고대 바빌로니아 시대부터 3,000년 이상에 걸쳐 발전해온 x에 대한 방정식 이론이 드디어 완결된 것이다.

그러나 갈루아의 업적은 방정식의 이론에 그치지 않는다. 갈루아가 방정식의 성질을 조사하기 위해 생각해낸 '군'이라는 개념은 수학의 여러 가지 문제에 적용되었다. 또 물리학에서도 군의 개념이 중요하게 되었다. 예를 들면 2012년 유럽의 연구소 CERN에서 발견된 '힉스 입자'라고 불리는 소립자도 소립자들 사이에 작용하는 힘의 성질을 군을 사용해 설명하기 위해서 필요한 것으로 예견되어진 것이다.

이 책의 마지막을 장식하는 논제로 갈루아가 창시한 군의 개념을 해설하고 이것이 아벨에 의한 '5차 일반 방정식의 해법의 불가능성'과 갈루아의 이론에 어떻게 사용되는지를 소개하고자 한다.

도형의 대칭성이란 무엇인가?

갈루아 이론에서 중심적 역할을 하는 '대칭성'이라는 사고방식을 먼저 그림으로 예를 들어 설명해보자. 도형을 거울에 비춘 것처럼 오른쪽과 왼쪽을 서로 바꿔도 모양이 달라지지 않을 때 좌우 대칭이라고 한다. 대칭성이란 이렇게 좌우로 서로 치환하는 것을 좀 더 일반적인 조작으로 확장한 것이다.

제6장 '우주의 형태를 측정한다'에서 《플랫 랜드》라는 소설을 거론했다. 이 이야기의 무대는 2차원의 세계로 사람들은 삼각형, 사각형, 오각형 같은 평면 도형의 모양을 하고 있다. 19세기 영국의 계급 사회를 풍자한 작품이므로 도형의 형태에 따라 신분이 정해져, 하층 노동자는 이등변 삼각형, 중산 계급은 삼각형, 신사 계급은 정사각형과 정오각형, 귀족 계급은 정육각형부터. 최고위로서 군림하는 성직자는 원이다.

왜 정다각형의 꼭짓점 수가 많아질수록 지위가 높아지는가?

먼저 정삼각형의 대칭성을 생각해보자. 정삼각형은 무게중심을 중심축으로 반시계방향으로 120도 회전시켜도, 240도 회전시켜도 원래 형태에 그대로 포개진다. 그 세 개의 꼭짓점에 1, 2, 3이라는 번호를 매기면 120도 회전은 **그림3**과 같이 꼭짓점1의 장소에 꼭짓점

그림 3 정삼각형의 무게중심을 중심으로 회전

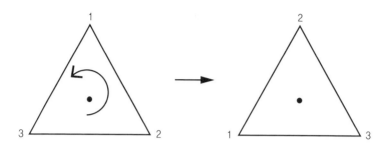

2를, 꼭짓점2의 장소에 꼭짓점3을, 꼭짓점3의 장소에 꼭짓점1을 위치시키는 조작이라고도 생각할 수 있다.

정삼각형을 어떻게 회전시키는가는 그 세 개의 꼭짓점이 어디로 향하느냐에 따라 정해진다. 그러면 **그림3**과 같은 120도 회전을

$$\begin{pmatrix} 1 & 2 & 3 \\ 2 & 3 & 1 \end{pmatrix}$$

라고 나타내보자. 첫 번째 행의 (1 2 3)은 세 개의 꼭짓점의 번호를, 아래 행의 (2 3 1)은 정삼각형을 회전한 뒤에 꼭짓점 번호가 어떻게 바뀌었는가를 나타낸다.

정삼각형을 이동할 때 플랫 랜드(2차원의 세계)에 머물러 있다고 가정하면 허용되는 대칭성은 120도와 240도의 회전뿐이다. 그러나 이 삼각형이 3차원 공간 안에 떠 있다고 하면 또 다른 회전 방법이 있다.

예를 들면 **그림4**와 같이 꼭짓점1에서 그 대변(마주보는 변) $\overline{23}$으로 내려 그은 수선(수직으로 내린 선)의 둘레로 삼각형을 180도 회

그림 4   꼭짓점1에서 대변에 내린 수선 주위를 도는 회전

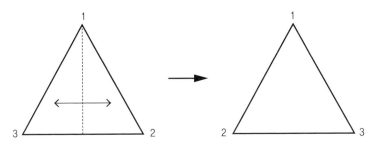

전시켜도 원래 형태로 포개진다.

이때 꼭짓점1의 위치는 바뀌지 않지만, 꼭짓점2와 꼭짓점3은 서로 바뀐다.

이 회전은 앞서 말한 것과 같은 표시로는

$$\begin{pmatrix} 1 & 2 & 3 \\ 1 & 3 & 2 \end{pmatrix}$$

가 된다.

이렇게 회전시켜도 같은 형태로 돌아오는 것을 대칭성이라고 표현한다. 무게중심 둘레의 120도와 240도의 회전은 정삼각형의 대칭성 때문에, 꼭짓점에서 대변으로 내려 그은 수선 둘레로 180도 회전시켜도 대칭성이 보존된다.

정삼각형의 대칭성은 이것이 전부다. 이를 확인하려면 앞에서와 같이 꼭짓점의 행방을 생각해보면 된다. 회전한 뒤에 꼭짓점1의 행방은 1, 2, 3의 세 가지 경우가 있다.

$$\begin{pmatrix} 1 & 2 & 3 \\ 1 & & \end{pmatrix}, \begin{pmatrix} 1 & 2 & 3 \\ 2 & & \end{pmatrix}, \begin{pmatrix} 1 & 2 & 3 \\ 3 & & \end{pmatrix}$$

꼭짓점 1의 행방을 정하면 꼭짓점2의 행방은 남은 두 개의 꼭짓점 중 하나이므로 각각 두 가지 경우.

$$\begin{pmatrix} 1 & 2 & 3 \\ 1 & 2 & \end{pmatrix}, \begin{pmatrix} 1 & 2 & 3 \\ 2 & 3 & \end{pmatrix}, \begin{pmatrix} 1 & 2 & 3 \\ 3 & 1 & \end{pmatrix}$$
$$\begin{pmatrix} 1 & 2 & 3 \\ 1 & 3 & \end{pmatrix}, \begin{pmatrix} 1 & 2 & 3 \\ 2 & 1 & \end{pmatrix}, \begin{pmatrix} 1 & 2 & 3 \\ 3 & 2 & \end{pmatrix}$$

마지막 꼭짓점3의 행방은 하나 밖에 남아 있지 않으므로 삼각형의 세 개 꼭짓점의 행방은 $3 \times 2 \times 1 = 6$가지 경우가 있게 된다.

$$\begin{pmatrix} 1 & 2 & 3 \\ 1 & 2 & 3 \end{pmatrix}, \begin{pmatrix} 1 & 2 & 3 \\ 2 & 3 & 1 \end{pmatrix}, \begin{pmatrix} 1 & 2 & 3 \\ 3 & 1 & 2 \end{pmatrix}$$
$$\begin{pmatrix} 1 & 2 & 3 \\ 1 & 3 & 2 \end{pmatrix}, \begin{pmatrix} 1 & 2 & 3 \\ 2 & 1 & 3 \end{pmatrix}, \begin{pmatrix} 1 & 2 & 3 \\ 3 & 2 & 1 \end{pmatrix}$$

위 식의 첫 번째 행은 0도, 120도, 240도의 회전, 두 번째 행은 수직선 둘레로 180도의 회전으로 이루어져 있다는 것을 알아차릴 수 있는가? 물론 0도의 회전이란 '아무것도 하지 않은' 것으로, 아무것도 하지 않으면 형태가 바뀌지 않는 것은 당연하지만, 이것도 대칭성의 하나로 치자. 이렇듯 정삼각형의 대칭성은 '무게중심을 축으로 한 회전'과 '수선을 축으로 한 회전'이 전부인 것을 알았다. 모두 합쳐서 6가지 경우이다.

같은 방법으로 조사해보면 정사각형의 형태를 보존하는 회전은 8가지 경우, 정오각형은 10가지 경우, 정육각형은 12가지 경우가 된다. 일반적으로 정n각형의 형태를 바꾸지 않는 회전 방법은 $2 \times n$가지 경우가 있다. 플랫 랜드에서는 대칭성이 클수록 높은 지위인 것과 같다.

이처럼 2차원 도형의 경우에는 도형의 회전이 몇 가지 경우 존재하는지만으로 대칭성의 크고 작음이 정해졌다. 그러나 대칭성이 가지는 정보는 그것뿐만이 아니다.

'군'의 발견

네가 유치원에 다니게 되었을 즈음 오하이오 주립대학의 하라다 고이치로의 명저 《군의 발견》(이와나미 서점)이 출판되었다. '군'이란 수학 용어로서, 음독으로 '군'이라고 발음한다. (옮긴이 주: 일본은 한자어를 음독 뿐 아니라 훈독도 한다. 군(群)은 훈독으로 '무리'라고 읽기도 한다.) 내가 즐거운 듯이 읽고 있자니 아내(너의 엄마)가 '무리의 발견이라고? 어떤 이야기야?' 하고 물어왔다. 그때는 박장대소해버렸지만, 하라다의 책 서문에는 '무리'라고 읽어도 상관없다고 쓰여 있다. '군'이란 갈루아가 만든 프랑스어의 수학 용어 'groupe(영어로는 group)'의 일본어 번역으로 '어떤 성질을 가지는 것들의 집합'이라는 뜻이므로 '무리'라는 표현이 잘 들어맞을 수도 있지. 이 '어떤 성질'이라는 것이 무엇인지 이야기해보자.

앞에서 정삼각형의 회전 이야기를 했지만, 삼각형을 무게중심을 축으로 회전한 다음 계속해서 수선을 축으로 회전하면 어떻게 될까? 무게중심을 축으로 120도 회전하면 꼭짓점은

$$\begin{pmatrix} 1 & 2 & 3 \\ 2 & 3 & 1 \end{pmatrix}$$

로 이동한다. 예를 들면 꼭짓점1은 $1 \rightarrow 2$로 이동한다. 다음으로 삼각형을 꼭짓점1에서 변 $\overline{23}$으로 내려 그은 수직선의 둘레로 180도 회전하면 꼭짓점은

$$\begin{pmatrix} 1 & 2 & 3 \\ 1 & 3 & 2 \end{pmatrix}$$

로 이동한다. 예를 들면 꼭짓점2는 $2 \rightarrow 3$으로 이동한다. 그러므로 두 번의 회전 결과 꼭짓점1은 $1 \rightarrow 2 \rightarrow 3$으로 이동하게 된다. 이처럼 $2 \rightarrow 3 \rightarrow 2, 3 \rightarrow 1 \rightarrow 1$이 된다. 이것을

$$\begin{pmatrix} 1 & 2 & 3 \\ 2 & 3 & 1 \end{pmatrix} \times \begin{pmatrix} 1 & 2 & 3 \\ 1 & 3 & 2 \end{pmatrix} = \begin{pmatrix} 1 & 2 & 3 \\ 3 & 2 & 1 \end{pmatrix}$$

라고 나타낸다고 하자.

이 우변은 꼭짓점2에서 대변 $\overline{31}$으로 내려 그은 수직선의 둘레로 180도 회전되어 있다. 그러므로 이 식은 정삼각형을 '무게중심의 둘

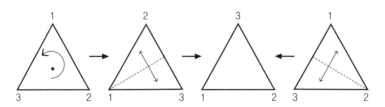

그림5 왼쪽의 2번의 회전을 계속 행하면 오른쪽의 1번의 회전과 같은 결과가 된다.

레로 120도 회전'한 뒤에 '꼭짓점1에서 수선의 둘레로 180도 회전'
하면 '꼭짓점2에서의 수직선의 둘레로 180도 회전'이 된다는 것을
보여주고 있다. 정삼각형을 회전하면 이 식처럼 된다는 것을 **그림5**에
나타냈다.

정삼각형의 회전을 계속해서 반복하면 다른 회전이 된다. 이것을
'회전의 곱셈'으로 생각하면 회전의 곱셈도 숫자의 곱셈과 같은 성질
을 가지고 있는 것을 알 수 있다.

제2장에서 덧셈과 곱셈의 기본법칙에 관해 이야기했다. 예를 들
면 곱셈에는 결합 법칙

$$(a \times b) \times c = a \times (b \times c)$$

이 성립한다. 또 모든 a에 대하여

$$1 \times a = a \times 1 = a$$

를 만족하는 항등원 '1'이 존재하고 곱셈의 역인 나눗셈

$$a \div a = 1$$

도 가능하다. 이 a로 나누는 것을 a^{-1}을 곱한다고 생각하면

$$a \times a^{-1} = 1$$

라고 쓸 수도 있다.

'회전의 곱셈'도 이러한 성질을 가지고 있다. 예를 들면 항등원 1은 0도 회전. 또 어떤 회전의 역은 반대 방향으로 같은 각도만큼 회전하는 것이다. 어떤 방향으로 회전시킨 후 역방향으로 같은 만큼 회전시키면 원래 위치로 돌아오기 때문이다. 이것을 $a \times a^{-1} = 1$로 나타낸다. 결합법칙 $(a \times b) \times c = a \times (b \times c)$이 성립하는 것도 곱셈의 정의를 생각해보면 금방 알 수 있다.

이처럼 곱셈과 나눗셈을 할 수 있고 항등원이 있으며 곱셈의 결합법칙이 성립하는 '무리'를 군이라고 부른다. 앞에서도 적었지만, 이것은 갈루아가 붙인 이름이다.

'숫자'와 '군'은 다른 점도 있다. 먼저 숫자끼리는 곱셈, 나눗셈 외에 덧셈 및 뺄셈도 가능하지만, 군에서는 덧셈과 뺄셈은 생각하지 않는다. 또 숫자의 곱셈은 결합법칙 외에 교환법칙

$$a \times b = b \times a$$

가 성립하지만, 군이 경우에는 교환법칙이 성립한다고는 할 수 없다. 예를 들면 정삼각형의 회전 대칭성의 경우 무게중심의 둘레로 120도 회전한 다음 꼭짓점1에서 내려 그은 수선의 둘레로 180도 회전하면 앞에서 설명한 바와 같이

$$\begin{pmatrix} 1\,2\,3 \\ 2\,3\,1 \end{pmatrix} \times \begin{pmatrix} 1\,2\,3 \\ 1\,3\,2 \end{pmatrix} = \begin{pmatrix} 1\,2\,3 \\ 3\,2\,1 \end{pmatrix}$$

로 꼭짓점2에서 내려 그은 수선 둘레의 회전이 되지만, 곱하는 순서

를 바꾸면

$$\begin{pmatrix} 1\,2\,3 \\ 1\,3\,2 \end{pmatrix} \times \begin{pmatrix} 1\,2\,3 \\ 2\,3\,1 \end{pmatrix} = \begin{pmatrix} 1\,2\,3 \\ 2\,1\,3 \end{pmatrix}$$

이 된다. 이것은 꼭짓점2가 아니라 꼭짓점3에서 내려 그은 수선 둘레의 회전이다. 즉 곱하는 순서에 따라 답이 달라진다. 숫자의 곱셈과 달리 회전의 곱셈에서는 교환법칙이 성립하지 않는다.

지금부터 대칭성을 사용하여 '방정식을 멱근으로 풀 수 있을지 없을지'를 생각해보겠다. 이때 '교환법칙이 성립하는지 어떤지'가 중요해진다.

정삼각형의 회전 대칭성에 관해 하나 더 이야기해두자. 이것은 다음에 3차방정식의 해의 공식을 설명할 때 도움이 된다.

무게중심을 축으로 한 120도 회전을

$$\Omega = \begin{pmatrix} 1\,2\,3 \\ 2\,3\,1 \end{pmatrix}$$

꼭짓점1에서 대변으로 내려 그은 수직선을 축으로 한 180도 회전을

$$\Lambda = \begin{pmatrix} 1\,2\,3 \\ 1\,3\,2 \end{pmatrix}$$

와 같이 Ω(오메가), Λ(람다)라는 기호로 나타내기로 한다. 120도 회전을 세 번 계속하면 360도 회전, 즉 회전하지 않은 것과 같게 되므로

$$\Omega^3 = 1$$

가 된다. 또 180도 회전을 두 번 해도 360도 회전이 되므로

$$\Lambda^2 = 1$$

라는 식도 성립한다.

앞에서 본 것처럼 무게중심을 축으로 한 회전 Ω와 수직선을 축으로 한 회전 Λ는 '교환되지 않는다'. 즉 곱하는 순서에 따라 답이 달라진다.

$$\Lambda \times \Omega \neq \Omega \times \Lambda$$

그러나 이런 관계는 성립한다.

$$\Lambda \times \Omega = \Omega^2 \times \Lambda, \ \Lambda \times \Omega^2 = \Omega \times \Lambda$$

나중에 설명하는 것과 같이 이것은 3차방정식을 멱근으로 풀 수 있는 이유가 된다. Λ와 Ω의 정의를 사용하면 금방 알 수 있으므로 스스로 확인해보자.

이 Λ와 Ω를 사용하면 정삼각형의 6가지 경우의 대칭 회전을

$$1, \ \Omega, \ \Omega^2$$
$$\Lambda, \ \Omega \times \Lambda, \ \Omega^2 \times \Lambda$$

라고 나타낼 수 있다. 왜 이것뿐일까?

예를 들면 첫 번째 행은 $(1, \Omega, \Omega^2)$와 같이 되어 있는데 $\Omega^3 = 1$이므로 이 행은 이것으로 끝이다. 두 번째 행도 $\Omega^3 \times \Lambda = \Lambda$이므로 $(\Lambda, \Omega \times \Lambda, \Omega^2 \times \Lambda)$으로 더 이상은 없다. 또 $\Lambda^2 = 1$이므로 이것의 뒤를 잇는 $(\Lambda^2, \Omega \times \Lambda^2, \Omega^2 \times \Lambda^2)$는 첫 번째 행과 같아진다.

그럼 Ω와 Λ를 곱하는 순서를 반대로 한 $\Lambda \times \Omega$는 어떤지 보면, 위에 나타낸 것처럼 $\Lambda \times \Omega = \Omega^2 \times \Lambda$이므로 이것은 새로운 회전이 아니다. Λ와 Ω를 어떤 순서로 곱해 봐도 반드시 이 6가지 중의 하나가 되며 이것으로 정삼각형의 대칭 회전을 모두 나타낼 수 있다. 이 성질은 다음에서 3차방정식의 해의 공식을 유도할 때 활약하게 된다.

2차방정식 '해의 공식'의 비밀

이제 대칭성을 어느 정도 이해하고 있다고 생각하고, 이것을 사용하여 방정식을 풀어보자. 먼저 2차방정식이다.

이번 9장의 처음에서도 이야기한 것처럼 방정식의 해의 공식은 고대 바빌로니아 시대부터 알려져왔다. 그러나 3차방정식인 카르다노의 공식과 4차방정식인 페라리의 공식이 발견된 후로 몇 세기나 흘렀지만, 5차방정식의 해의 공식은 발견되지 않았다. 그래서 어떻게 하면 공식을 발견할 수 있을까하고 방법을 모색하던 중에 도대체 2차, 3차, 4차 방정식은 왜 해의 공식이 있는가를 다시 생각해보고자 하는 사람이 나타났다. 18세기 프랑스 혁명의 시기를 살았으며 갈루아가 한 살 때 작고한 라그랑주였다. 제2장에서 2차방정식을 이야기할 때도 등장했다. 라그랑주는 1770년에 '대수 방정식의 해에 대하여'라는 제목의 논문을 베를린 아카데미의 저널에 발표했다. 이 논문은 대칭성의 사고방식을 이용하여 방정식의 해의 공식이 가지는 의미를 생각해보자고 하는 것이었다. 아벨과 갈루아도 이 논문을 읽고 5차방정식 문제에 몰두했다. 라그랑주의 아이디어를 설명하자.

2차방정식에서 x^2의 앞에 있는 계수가 0이 아니면 식 전체를 이 계수로 나눠서 x^2의 계수를 1로 만들 수 있으므로 방정식을

$$x^2 + ax + b = 0$$

라는 형태로 나타낼 수 있다. 이 방정식의 해는

$$x = \frac{-a \pm \sqrt{a^2 - 4b}}{2}$$

가 된다. 이것이 해가 되는 것은 방정식에 대입하면 확인할 수 있다. 그러나 라그랑주는 여기에서 더 나아가 도대체 왜 이 공식에 제곱근이 필요한가를 생각했다.

방정식의 해가 ζ_1, ζ_2이었다고 하자(ζ는 제타라고 읽는다). 그럼 방정식의 좌변은 $x = \zeta_1$와 ζ_2를 대입했을 때 0이 되므로

$$x^2 + ax + b = (x - \zeta_1)(x - \zeta_2)$$

로 인수분해할 수 있게 된다. 이 우변을 x에 대해 전개하여 좌변과 비교하면

$$a = -\zeta_1 - \zeta_2, \quad b = \zeta_1 \times \zeta_2$$

가 된다. 이것은 고등학교 수학에서 배우는 '해와 계수의 관계'이다.

이 식을 가만히 보고 있으면 재미있는 것을 알아차리게 된다. 두 개의 해 ζ_1과 ζ_2를 치환해도 a와 b는 변하지 않는다는 것이다. 즉 방정식의 계수는 두 개의 해의 치환에 대하여 '대칭'이다. 그래서 계수 a와 b는 ζ_1과 ζ_2의 '대칭식'이라고 부른다.

앞에서는 정삼각형을 회전할 때 세 개의 꼭짓점이 어떻게 바뀌는 가를 생각했다. 같은 방법으로 2차방정식의 두 개의 해 ζ_1과 ζ_2의 치환의 대칭성을 나타내기 위해

$$1 = \begin{pmatrix} 1 & 2 \\ 1 & 2 \end{pmatrix}, \quad \Gamma = \begin{pmatrix} 1 & 2 \\ 2 & 1 \end{pmatrix}$$

라는 기호를 사용하기로 하자(Γ는 감마라고 읽는다). 그러면 1과 Γ 라는 두 개의 군을 만들 수 있다. 두 개의 해를 치환할 수 있는 군이므로 이것은 '2차의 대칭군'이라고 하며 S_2라는 기호로 나타낸다.

계수 a와 b가 대칭식이라는 것과 해의 공식에 제곱근이 나타난다는 것 사이에는 깊은 관련성이 있다. 이것을 이해하기 위해 두 개의 해의 다음과 같은 조합을 생각해보자(β는 베타라고 읽는다).

$$\beta_+ = \zeta_1 + \zeta_2, \quad \beta_- = \zeta_1 - \zeta_2$$

이 두 개의 조합으로부터 본래의 해를 다음과 같이 나타낼 수도 있다.

$$\zeta_1 = \frac{1}{2}(\beta_+ + \beta_-), \quad \zeta_2 = \frac{1}{2}(\beta_+ - \beta_-)$$

먼저 해와 계수의 관계로부터

$$\beta_+ = \zeta_1 + \zeta_2 = -a$$

이므로 β_+는 방정식의 계수로 나타낼 수 있다. 여기서 β_-도 방정식의 계수로 나타낼 수 있다면 위 식으로부터 해 ζ_1, ζ_2도 정해지므로 해의 공식을 구한 것이 된다.

그런데 여기서 문제가 있다. 앞에서 본 것처럼 방정식의 계수 a와 b는 해의 대칭식으로 되어 있으므로 ζ_1과 ζ_2의 치환으로 변하지 않는다. 그러면 a와 b를 더하거나 빼도, 곱하거나 나눠도 해의 치환으로는 변하지 않게 된다. 원래의 a와 b가 해의 치환으로 불변이므로 그것을 어떻게 가감승제해도 불변인 채로 남아 있는 것은 당연하다.

한편 해를 나타내는 데 필요한 β_-는 두 개의 해의 치환 Γ로 인해

$$\beta_- \rightarrow -\beta_-$$

가 되어 부호가 변해버린다. 이것은 β_-는 a와 b의 가감승제로는 나타낼 수 없다는 것을 말한다. 그러나 해의 공식을 위해서는 β_-를 a와 b로 나타낼 필요가 있다. 어떻게 하면 좋을까?

여기서 생각할 수 있는 것은 β_-도 $-\beta_-$도 제곱하면 같아진다는 것이다.

$$\beta_-^2 = (-\beta_-)^2$$

따라서 β_-를 a와 b의 가감승제로 나타낼 수는 없어도 그 제곱 β_-^2이라면 가감승제로 나타낼 수 있다. 실제로 해보면

$$\beta_-^2 = (\zeta_1 - \zeta_2)^2 = (\zeta_1 + \zeta_2)^2 - 4\zeta_1 \times \zeta_2 = a^2 - 4b$$

가 되어 방정식의 계수로 나타낼 수 있다. 여기서 양변의 제곱근을 계산하면

$$\beta_- = \pm \sqrt{a^2 - 4b}$$

가 된다.

이것으로 $\beta_\pm$의 양변을 방정식의 계수로 나타낼 수 있으므로 방정식의 해는

$$\zeta_1, \zeta_2 = \frac{1}{2}(\beta_+ \pm \beta_-) = \frac{-a \pm \sqrt{a^2 - 4b}}{2}$$

가 된다. 이것이 2차 방정식의 해의 공식이다.

지금까지의 이야기를 돌이켜보면 2차 방정식의 계수 a와 b가 해 ζ_1과 ζ_2의 대칭식이 되는 것이 문제였다. 대칭식을 아무리 가감승제해도 대칭식밖에는 되지 않는다. 한편 두 개의 해 ζ_1과 ζ_2는 대칭군 S_2의 Γ의 작용으로 치환되어 버리므로 그들 자신은 대칭이 아니다. 그러므로 두 개의 해는 계수의 가감승제만으로는 나타낼 수 없다

는 결론이 나온다. 가감승제가 아닌 다른 조작(지금의 경우에는 제곱근)이 필요했던 것은 그 때문이었다.

3차방정식은 왜 풀 수 있을까?

2차방정식의 경우에는 해의 공식을 알고 있으므로 대칭군의 고마움도 그다지 알 수 없었을지 모른다. 그러면 대칭성을 사용하여 3차 방정식

$$x^3 + ax^2 + bx + c = 0$$

의 해를 유도해보자.

가우스의 '대수학의 기본정리'에 따르면 이 방정식에는 반드시 3개의 복소수 해가 있다(복소수의 해가 우연히 일치하는 때도 있다). 이 해를 ζ_1, ζ_2, ζ_3이라고 하면 앞에서와 마찬가지로

$$x^3 + ax^2 + bx + c = (x - \zeta_1)(x - \zeta_2)(x - \zeta_3)$$

이므로 우변을 전개하여 좌변과 비교하면

$$\begin{cases} a = -(\zeta_1 + \zeta_2 + \zeta_3) \\ b = \zeta_1\zeta_2 + \zeta_2\zeta_3 + \zeta_3\zeta_1 \\ c = -\zeta_1\zeta_2\zeta_3 \end{cases}$$

가 된다. 이것이 3차 방정식의 '해와 계수의 관계'이다.

이번에는 3개의 해 ζ_1, ζ_2, ζ_3의 치환의 대칭성을 생각해보자. 방정식의 계수 a, b, c는 모두 다 3개의 해의 대칭식이 된다. 여기서도 2차방정식의 경우와 같이 해의 치환으로 불변인 계수 a, b, c를 사용하여 3개의 해 ζ_1, ζ_2, ζ_3를 어떻게 나타내는가가 문제가 된다.

3차방정식의 3개 해의 치환 대칭성을 이해하기 위해 이 장의 첫 부분에서 이야기한 정삼각형의 회전 대칭성을 돌이켜 생각해보자. 정삼각형에서는 3개의 꼭짓점에 착안하여 그것이 회전으로 인해 어디로 가는가를 생각했다. 꼭짓점의 행방을 정하면 회전이 정해진다. 이 3개 꼭짓점의 치환과 3개의 해 ζ_1, ζ_2, ζ_3의 치환을 대응시키면 정삼각형의 회전 대칭성은 3개의 해의 치환 대칭성, 즉 3차 대칭군 S_3와 같은 것이라는 것을 알 수 있다.

앞에서 설명한 것과 같이 정삼각형의 형태를 보존하는 회전(즉 대칭군 S_3)은

$$\Omega = \begin{pmatrix} 1 & 2 & 3 \\ 2 & 3 & 1 \end{pmatrix}$$

와

$$\Lambda = \begin{pmatrix} 1 & 2 & 3 \\ 1 & 3 & 2 \end{pmatrix}$$

이므로

$$1, \; \Omega, \; \Omega^2$$

$$\Lambda, \; \Omega \times \Lambda, \; \Omega^2 \times \Lambda$$

로 나타낼 수 있다. 이렇게 대칭군 S_3를 Ω와 Λ의 조합으로 나타낼 수 있다는 것을 이용하여 3차 방정식의 해의 공식을 유도해보자.

그 전에, 앞에서 이야기한 2차방정식을 복습해두자. 2차방정식일 때는 2개의 해 ζ_1와 ζ_2를 치환하는 대칭성 Γ

$$\Gamma = \begin{pmatrix} 1 & 2 \\ 2 & 1 \end{pmatrix}$$

에 주목하여 $\beta_+ = \zeta_1 + \zeta_2$와 $\beta_- = \zeta_1 - \zeta_2$를 생각했다. 이 Γ의 치환으로 β_+는 불변이지만 β_-에는 $\beta_+ \rightarrow -\beta_+$처럼 마이너스 부호가 붙는다. 이 부호는 제곱하면 없어지므로 $(\beta_-)^2$이 해의 치환으로 불변이 된다. 이처럼 $\beta_+ = \zeta_1 + \zeta_2$와 $\beta_-^2 = (\zeta_1 - \zeta_2)^2$은 치환해도 불변이므로 방정식의 계수로 나타낼 수 있다. 이로부터 2차 방정식의 해의 공식을 유도했다.

해의 치환 Γ는 두 번 연속해서 치환하면 원레로 돌아가므로 $\Gamma^2 = 1$이 된다. 한편 이 치환으로 β_-에는 (-1)이 붙는다. 이것을 두 번 연속하면 원래로 돌아오는 것은 $(-1)^2 = 1$이기 때문이다. 즉 대칭성의 $\Gamma^2 = 1$이라는 성질과 β_-에 붙는 수 (-1)의 $(-1)^2 = 1$라는 성질은 서로 관련이 있다. 이것을 기억해두자.

같은 방법으로 생각하면 3차방정식의 해의 공식을 발견하기 위해서는 3개의 해 ζ_1, ζ_2, ζ_3의 조합으로 대칭군 S_3에서 불변이 되는 조합을 구하면 된다는 것을 알 수 있다. S_3는 Ω와 Λ의 조합이므로 먼

저 Ω에서 불변인 조합을 찾아보자. 예를 들면

$$\beta_0 = \zeta_1 + \zeta_2 + \zeta_3$$

를 생각하면 이것은 Ω에서 불변이 된다.

이 외에 이러한 조합은 없을까?

2차방정식일 때는 $\beta_- = \zeta_1 - \zeta_2$라는 조합이 중요했다. 이 조합은 해의 치환 Γ에서 불변이 아니라 (-1)이 붙는다.

같은 방법으로 Ω의 대칭성에서 완전히 불변이 아니더라도 $\beta \to z \times \beta$처럼 어떤 수 z을 곱하는 것 같은 조합 β는 없는지 생각해본다. 이 대칭성에는 $\Omega^3 = 1$이라는 성질이 있으므로 세 번 계속하면 원래로 돌아온다. 그러므로 수 z도 $z^3 = 1$이 될 필요가 있다. 지난 제8장에서 설명한 것과 같이 이 식에는

$$z = 1, \quad \frac{-1 + i\sqrt{3}}{2}, \quad \frac{-1 - i\sqrt{3}}{2}$$

라는 해가 있다.

$$w = \frac{-1 + i\sqrt{3}}{2}$$

라는 기호를 사용하면 이 세 개의 해는

$$z = 1, w, w^2$$

라고 나타낼 수 있다. $z^3 = 1$의 해이므로 물론 $w^3 = 1$이다.

앞에서 생각했던

$$\beta_0 = \zeta_1 + \zeta_2 + \zeta_3$$

는 Ω에서 불변이므로 $z = 1$에 대응한다. 그럼 Ω의 치환으로 $z = w$ 와 w^2를 곱하는 조합은 없을까? 답을 적으면

$$\begin{cases} \beta_1 = \zeta_1 + w^2\zeta_2 + w\zeta_3 \\ \beta_2 = \zeta_1 + w\zeta_2 + w^2\zeta_3 \end{cases}$$

이다.

확인해보자. Ω의 대칭성으로 $1 \rightarrow 2, 2 \rightarrow 3, 3 \rightarrow 1$로 치환되면

$$\beta_1 \rightarrow \zeta_2 + w^2\zeta_3 + w\zeta_1$$

이 된다. 한편 β_1에 w를 곱하고 $w^3 - 1$을 사용하면

$$\mathrm{w} \times (\zeta_1 + w^2\zeta_2 + w\zeta_3) = w\zeta_1 + w^3\zeta_2 + w^2\zeta_3 = \zeta_2 + w^2\zeta_3 + w\zeta_1$$

이 된다. 즉 Ω의 치환으로 $\beta_1 \rightarrow w\beta_1$이 되는 것을 알 수 있다. 똑같이 $\beta_2 \rightarrow w^2\beta_2$가 되는 것도 나타낼 수 있다.

이제 Ω에서 불변인 조합을 3개 만들 수 있다. 먼저 β_0는 그 자신이 불변. β_1과 β_2에는 Ω의 치환으로 각각 w와 w^2을 곱하지만,

$w^3 = 1$이므로 세제곱한 β_1^3와 β_2^3는 Ω에서 불변이 된다.

이것으로 Ω에서 불변인 조합이 $\beta_0, \beta_1^3, \beta_2^3$의 3개인 것을 알았다. 여기서 다음으로 대칭군 S_3의 재료가 되는 또 다른 치환

$$\Lambda = \begin{pmatrix} 1 & 2 & 3 \\ 1 & 3 & 2 \end{pmatrix}$$

에 대하여 생각해보자.

이것은 방정식의 해를 $\zeta_2 \longleftrightarrow \zeta_3$로 치환하므로 $\beta_0 = \zeta_1 + \zeta_2 + \zeta_3$는 불변이다. Ω에서도 Λ에서도 불변이므로 이 조합은 대칭군 S_3의 전체에서 불변이 된다. 대칭군에서 불변인 조합은 방정식의 계수로 나타낼 수 있다. 실제 해와 계수의 관계로부터

$$\beta_0 = -a$$

가 된다.

한편 남은 두 개의 조합은 Λ에서 치환된다.

$$\beta_1^3 \longleftrightarrow \beta_2^3$$

앞에서 2차방정식을 풀었을 때와 같은 방법을 사용하면 불변인 조합으로 만들 수 있다.

먼저 $(\beta_1^3 + \beta_2^3)$는 2개의 치환으로 바뀌지 않는다. β_1^3와 β_2^3이 Ω에서도 불변인 것을 확인하였으므로 이 조합은 3차 대칭군 S_3 전체에서 불변이다. 그러므로 방정식의 계수 a, b, c로 나타낼 수 있다. 실제로

$$\beta_1^3 + \beta_2^3 = -2a^3 + 9ab - 27c$$

가 된다.

그럼 $(\beta_1^3 - \beta_2^3)$는 어떤지 보면 Ω에서는 불변이지만, Λ에서는 부호가 반대로 된다. 이 문제를 해결하기 위해서는 이것을 제곱하면 된다. 실제로 $(\beta_1^3 - \beta_2^3)^2$는 방정식의 계수 a, b, c로 나타낼 수 있다.

$$(\beta_1^3 - \beta_2^3) = (2a^3 - 9ab + 27c)^2 + 4(3b - a^2)^3$$

여기까지 했으면 남은 것은 순서대로 거꾸로 해나가는 일이다. 먼저 $(\beta_1^3 - \beta_2^3)^2$은 a, b, c로 나타낼 수 있으므로 그 제곱근으로 $(\beta_1^3 - \beta_2^3)$를 계산할 수 있다. 이것을 $(\beta_1^3 + \beta_2^3)$의 식과 조합하면

$$\begin{cases} \beta_1^3 + \beta_2^3 = -2a^3 + 9ab - 27c \\ \beta_1^3 - \beta_2^3 = \pm \sqrt{(2a^3 - 9ab + 27c)^2 + 4(3b - a^2)^3} \end{cases}$$

가 된다. 이 두 식의 양변을 더하거나 빼면 β_1^3과 β_2^3이 정해진다. 더욱이 그 값의 세제곱으로 β_1과 β_2를 구할 수 있다. β_0는 해와 계수의 관계로부터

$$\beta_0 = -a$$

라고 정해져 있다. 이것으로 β_0, β_1, β_2를 해의 계수 a, b, c의 가감승제와 세제곱근, 제곱근으로 나타낼 수 있다.

이들 β는 방정식의 3개의 해 ζ_1, ζ_2, ζ_3를 사용하여

$$\begin{cases} \beta_0 = \zeta_1 + \zeta_2 + \zeta_3 \\ \beta_1 = \zeta_1 + w^2\zeta_2 + w\zeta_3 \\ \beta_2 = \zeta_1 + w\zeta_2 + w^2\zeta_3 \end{cases}$$

라고 정의되었다. 이것을 ζ_1, ζ_2, ζ_3에 관한 연립방정식으로 생각하면 $w^2 + w + 1 = 0$이므로 그 해는

$$\begin{cases} \zeta_1 = \dfrac{1}{3}(\beta_0 + \beta_1 + \beta_2) \\[2mm] \zeta_2 = \dfrac{1}{3}(\beta_0 + w\beta_1 + w^2\beta_2) \\[2mm] \zeta_3 = \dfrac{1}{3}(\beta_0 + w^2\beta_1 + w\beta_2) \end{cases}$$

가 된다. β_0, β_1, β_2는 방정식 계수의 가감승제와 세제곱근, 제곱근으로 나타낼 수 있으므로 이들을 위 식에 대입하면 3개의 해 ζ_1, ζ_2, ζ_3의 공식이 된다.

이렇게 얻은 해의 공식을 구체적으로 적으면

$$\begin{cases} \zeta_1 = -\dfrac{a}{3} + \sqrt[3]{-\dfrac{q}{2} + \sqrt{\dfrac{p^3}{27} + \dfrac{q^2}{4}}} + \sqrt[3]{-\dfrac{q}{2} - \sqrt{\dfrac{p^3}{27} + \dfrac{q^2}{4}}} \\[4mm] \zeta_2 = -\dfrac{a}{3} + w\sqrt[3]{-\dfrac{q}{2} + \sqrt{\dfrac{p^3}{27} + \dfrac{q^2}{4}}} + w^2\sqrt[3]{-\dfrac{q}{2} - \sqrt{\dfrac{p^3}{27} + \dfrac{q^2}{4}}} \\[4mm] \zeta_3 = -\dfrac{a}{3} + w^2\sqrt[3]{-\dfrac{q}{2} + \sqrt{\dfrac{p^3}{27} + \dfrac{q^2}{4}}} + w\sqrt[3]{-\dfrac{q}{2} - \sqrt{\dfrac{p^3}{27} + \dfrac{q^2}{4}}} \end{cases}$$

가 된다. 단,

$$p = b - \frac{a^2}{3}, \quad q = c - \frac{ab}{3} + \frac{2a^3}{27}$$

이다. 이것은 그야말로 카르다노의 공식이다. 여기서는 라그랑주의 방법에 따라 방정식 해의 치환 대칭성에 착안해서 해의 공식을 유도하였다.

이전 제8장의 첫 부분에서 3차방정식 $x^3 - 6x + 2 = 0$는 실수해를 가지는데 해의 공식에는 허수가 필요하다는 것을 이야기하였다. 이 방정식에서는 $a = 0$, $b = -6$, $c = 2$이므로 $p = -6$, $q = 2$. 이것을 앞 페이지의 공식에 대입하면 예를 들면 $\zeta_1 = \sqrt[3]{-1 + \sqrt{-7}} + \sqrt[3]{-1 - \sqrt{-7}}$ 이 되어 허수 $\sqrt{-7}$가 나타난다.

'방정식을 풀 수 있다'란 어떤 것인가?

다시 한번 2차방정식

$$x^2 + ax + b = 0$$

을 푸는 방법을 복습해보자. 먼저 계수 a와 b가 해 ζ_1와 ζ_2의 치환으로 불변인 것에 주목하였다. 이 두 개의 해의 조합에서 치환으로 불변이 되는 것으로 $(\zeta_1 + \zeta_2)$와 $(\zeta_1 - \zeta_2)^2$를 생각하면 둘 다 a와 b를 사용해 다음과 같이 나타낼 수 있다.

$$\zeta_1 + \zeta_2 = -a, \quad (\zeta_1 - \zeta_2)^2 = a^2 - 4b$$

두 번째 식의 제곱근은 $\zeta_1 - \zeta_2 = \pm\sqrt{a^2 - 4b}$이므로 이것을 $\zeta_1 + \zeta_2 = -a$와 조합하여 ζ_1와 ζ_2에 대한 연립 1차방정식이라고 생각한다. 이 식을 풀어서 2차방정식의 해의 공식을 유도했다.

3차방정식

$$x^3 + ax^2 + bx + c = 0$$

의 경우에도 계수 a, b, c가 해 ζ_1, ζ_2, ζ_3의 치환으로 불변이었다. 그래서 이 치환을 나타내는 3차 대칭군 S_3을 Ω와 Λ를 사용하여 나타낼 수 있다는 것을 이용하여 3개 해의 S_3에서의 불변인 조합 β_0, $(\beta_1^3 + \beta_2^3)$, $(\beta_1^3 - \beta_2^3)$를 만든다. 이것들은 방정식의 계수 a, b, c로 나타낼 수 있으므로 이것으로부터 ζ_1, ζ_2, ζ_3가 정해졌다.

두 경우 모두 해를 더하거나 빼거나 하는 조작과 멱승의 조작을 조합하여 방정식의 계수로 나타낼 수 있도록 하였다. 이때 해의 조합이 대칭군에서 불변이 되도록 하는 것이 중요하다. 대칭군에서 불변인 것은 반드시 방정식의 계수로 나타낼 수 있기 때문이다. 2차, 3차 방정식일 때는 분명히 그렇게 되었다. 2차방정식에서는 $(\zeta_1 + \zeta_2)$와 $(\zeta_1 - \zeta_2)^2$가 그 조합이었고 3차방정식에서는 β_0, $(\beta_1^3 + \beta_2^3)$, $(\beta_1^3 - \beta_2^3)$가 그 조합이었다.

라그랑주는 이처럼 방정식의 해의 치환에 주목함으로써 방정식을 풀 수 있는 이유를 설명했다. 갈루아는 여기에서 한 걸음 더 나아가 그 이유가 S_2나 S_3라는 대칭군의 성질에 따른 것임을 밝혔다. 원래 치환의 대칭성을 정리하여 '군'이라는 개념을 생각한 것은 갈루아가 처음이었다.

2차방정식일 때 S_2에서 불변인 조합이 생긴 것은 S_2가 1과 Γ만으로 되어 있었기 때문이다. 따라서 Γ에서 불변인 조합을 만드는 것만으로 괜찮았다. 이것이 $(\zeta_1 + \zeta_2)$와 $(\zeta_1 - \zeta_2)^2$이었다.

2차방정식의 경우는 이야기가 너무 간단하여 대칭군의 고마움을 알기 어렵지만, 3차나 4차 방정식일 때는 그 이익이 명확하다.

조금 전에 대칭군 S_3는 Ω와 Λ라는 두 개를 재료로 만들 수 있다는 이야기를 하였다. 이 두 개의 재료는 $\Omega^3 = 1$과 $\Lambda^2 = 1$이라는 간단한 성질을 가진다. 또 Ω와 Λ는 교환되지 않지만(곱하는 순서를 바꾸면 답이 달라진다), $\Lambda \times \Omega = \Omega^2 \times \Lambda$가 되므로 대칭군 S_3는 실질적으로 두 개의 군 $\{1, \Omega, \Omega^2\}$와 $\{1, \Lambda\}$로 분해할 수 있다. 앞에서 S_3의 6가지 경우의 치환을

$$1, \Omega, \Omega^2$$
$$\Lambda, \Omega \times \Lambda, \Omega^2 \times \Lambda$$

로 나타낼 수 있는 것은 그 때문이다.

이것을 보면 대칭군 S_3가 $\{1, \Omega, \Omega^2\}$와 $\{1, \Lambda\}$라는 두 개의 간단한 군의 조합으로 이루어져 있는 것을 알 수 있다. 먼저 $\{1, \Lambda\}$라는 군이 있고 거기에 왼쪽으로부터 $\{1, \Omega, \Omega^2\}$를 붙이면 S_3의 여섯 개의 치환이 모두 가능하게 되어 있다. 러시아의 마트료시카 인형은 몸통 부분을 위아래로 분리할 수 있어서 그것을 둘로 나누면 안에 약간 작은 인형이 들어 있다. 그 인형을 또 위아래로 나누면 그 안에 조금 더 작은 인형이 들어 있다. 대칭군 S_3도 이 마트료시카 인형처럼 두 개의 군이 '포개지는 형태'로 되어 있다.

이것을 이용하면 S_3에서 불변인 3차방정식의 해의 조합을 만들 수 있다. 먼저 Ω에서 불변인 조합 β_0, β_1^3, β_2^3를 만든 후에 Λ에서 불변인 조합 β_0, $(\beta_1^3 + \beta_2^3)$, $(\beta_1^3 - \beta_2^3)$로 하면 된다. 이러한 조합은 제곱, 세제곱만으로 이루어져 있으므로 3차방정식은 이것을 반대로 되돌리기 위한 제곱근과 세제곱근만으로 풀 수 있다.

그럼 4차방정식은 어떨까? 이때는 4차 대칭군 S_4가 문제가 된다. 2차 대칭군 S_2은 1과 Γ의 두 개의 치환으로 이루어져 있고 3차 대칭군 S_3은 여섯 개의 치환으로 이루어져 있었다. 4차 대칭군 S_4의 경우, 24개의 치환이 있다. 이것들은 $\Lambda_1^2 = 1$, $\Lambda_2^2 = 1$, $\Lambda_3^2 = 1$, $\Omega^3 = 1$을 만족하는 $\Lambda_1, \Lambda_2, \Lambda_3, \Omega$를 사용하여

$$\Lambda_1^n \times \Lambda_2^m \times \Omega^r \times \Lambda_3^s$$
$$(n = 0, 1; \quad m = 0, 1; \quad r = 0, 1, 2; \quad s = 0, 1)$$

와 같이 포개지는 형태로 나타낼 수 있다. 분명히 조합은 전부 $2 \times 2 \times 3 \times 2 = 24$개로 이루어져 S_4의 원래(요소)의 수와 일치한다. 바꿔 말하자면 대칭군 S_4는 4개의 간단한 군 $\{1, \Lambda_1\}$, $\{1, \Lambda_2\}$, $\{1, \Omega, \Omega^2\}$와 $\{1, \Lambda_3\}$이 포개지는 형태로 이루어져 있다. 여기에서 '간단한 군'이란 하나의 치환의 멱승만으로 $\{1, \Omega, \Omega^2, \cdots, \Omega^{p-1}\}$로 된다는 뜻이다. 수학에서는 이러한 군을 '순환군'이라고 한다.

4차의 대칭군 S_4의 이러한 성질을 이용하면 S_4에서 불변인 4차방정식의 해의 조합을 만들 수 있다. 4개의 해로부터 시작하여

(1) 먼저 Λ_1에서 불변인 조합을 만들고(이것은 제곱을 사용하면 가능),

(2) 다음으로 Λ_2에서 불변인 조합을 만들고(이것도 제곱을 사용하면 가능),

(3) 다음으로 Ω에서 불변인 조합을 만들고(이것도 세제곱을 사용하면 가능),

(4) 마지막으로 Λ_3에서 불변인 조합을 만들면 된다(이것은 제곱을 사용하면 가능).

이렇게 이루어진 조합은 대칭군 S_4에서 불변이므로 4차방정식의 계수로 나타낼 수 있다는 것이 보장된다. 그래서 이것으로부터 반대로 되돌아가면 원래의 4개의 해도 방정식의 계수로 나타낼 수 있다. 이것이 4차방정식의 해의 공식이다. 불변인 조합을 만들 때 사용한 것은 제곱과 세제곱뿐이므로 반대로 되돌아가는 데 필요한 것은 제곱근과 세제곱근뿐이다. 이것으로 《아르스 마그나》에 적힌 페라리의 공식을 재현할 수 있다.

5차방정식과 정20면체

드디어 5차방정식이다. 여기서는 5개의 해 $\zeta_1, \zeta_2, \cdots, \zeta_5$의 치환을 나타내는 5차 대칭군 S_5가 문제가 된다. 이 군이 지금까지의 $\zeta_2, \zeta_3, \zeta_4$처럼 간단한 군(순회군)이 포개지는 형태로 되어 있으면 멱근으로 풀 수 있고 그렇지 않으면 풀 수 없다.

5차 대칭군 S_5는 지금부터 설명하는 특별한 군 I와 2개의 해, 예를 들면 ζ_1와 ζ_2의 치환의 군 $\{1, \Lambda_1\}$로 분해할 수 있다.

그림 6 　정20면체

그러나, 이 군 I는 더 이상은 분해할 수 없다. (이 이유는 웹사이트에서 해설하고 있다.)

앞서 3차 대칭군 S_3와 정삼각형의 회전 대칭성이 같다는 것을 설명했다. 마찬가지로 I라는 군도 어떤 도형의 회전 대칭성에 대응한다. 단 그 도형은 2차원 도형이 아니라 **그림6**과 같은 3차원의 정20면

그림 7 　정20면체

체이다. 이 때문에 I 는 정20면체군이라고 부른다. 이 I 는 정20면체라는 뜻의 영어 단어 'icosahedron'의 머리글에서 따온 것이다.

정20면체군은 앞에서부터 방정식을 풀 때 활약하고 있는 $\{1, \Omega, \Omega^2, \cdots, \Omega^{p-1}\}$라는 형태의 '순환군'과는 성질이 다르다. 특히 중요한 점은 정20면체군에는 교환되지 않는 회전이 포함되어 있다는 것이다. 예를 들면 **그림7**의 왼쪽처럼 꼭짓점을 상하로 관통하는 축을 중심으로 $72(=\frac{360}{5})$도 회전하면 정20면체는 원래의 형태로 돌아간다. 또한 오른쪽처럼 정삼각형의 면의 중심을 관통하는 축을 중심으로 하는 $120(=\frac{360}{3})$도 회전도 정20면체의 대칭성의 특징이다. 이 두 종류의 회전을 계속하면 그 결과는 회전 순서에 따라 달라진다. 곱셈의 순서가 '교환되지 않는다'는 것이다.

3차 대칭군 S_3의 경우도 $\Lambda \times \Omega \neq \Omega \times \Lambda$처럼 곱셈의 순서가 교환되지 않는 것이 있었지만, 이 경우에는 $\Lambda \times \Omega = \Omega^2 \times \Lambda$이므로 S_3의 전체를

$$1, \Omega, \Omega^2$$
$$\Lambda, \Omega \times \Lambda, \Omega^2 \times \Lambda$$

로 정리하여 $\{1, \Omega, \Omega^2\}$와 $\{1, \Lambda\}$로 분해할 수 있었다. 3차방정식을 제곱근과 세제곱근으로 풀 수 있었던 이유는 거기에 있었다.

그러나, 웹사이트에서 해설한 것처럼 정20면체군은 더는 분해할 수 없고 더군다나 그 안에서는 곱셈의 순서를 바꿀 수 없다. 그 때문에 5차방정식일 때는 5개의 해를 더하거나 빼거나 하는 조작과 멱승의 조작을 반복하는 것만으로는 S_5에서 불변인 조합을 만들 수 없다.

5개의 해가 방정식의 계수의 멱근으로 표현되어 있으면 덧셈 뺄셈이나 멱승을 반복하여 원래의 계수로 되돌릴 수 있다. 그것이 불가능하다는 것은 멱근만으로 해의 공식을 나타낼 수 없다는 것이 된다. 이로써 5차방정식은 멱근만으로는 풀 수 없다는 것을 알 수 있다.

갈루아로부터의 편지

지금 설명한 것을 갈루아 본인으로부터 들어보자. 결투 전날 밤에 친구인 슈발리에에게 보낸 편지에는 이렇게 적혀 있었다.

> 나는 어떤 경우에 멱근을 사용하여 방정식을 풀 수 있는지에 대한 논점을 규명했다. (중략) 만일 이들 군이 각각 소수 개의 순열을 가진다면 그 방정식은 멱근을 사용하여 풀 수 있다. 그렇지 않은 경우엔 멱근을 사용하는 것만으로는 풀 수 없다.
>
> 《아벨/갈루아 타원함수론》 다카세 마사히토 번역, 아사쿠라 서점

여기서 갈루아가 말하는 '이들 군'이란 해의 치환의 군을 계속 분해해갈 때 나타나는 군을 말한다.

예를 들면 3차방정식에서 대칭군 S_3은 Ω와 Λ를 재료로 한다. 이때의 '이들 군'이란 $\{1, \Omega, \Omega^2\}$와 $\{1, \Lambda\}$를 가리키며, 그 '순열의 개수'는 2와 3이다.

4차방정식에서 대칭군 S_4은 Ω와 Λ를 재료로 한다. 이때의 '이들 군'은 $\{1, \Lambda\}$, $\{1, \Lambda_2\}$, $\{1, \Omega, \Omega^2\}$와 $\{1, \Lambda_3\}$로 '순열의 개수'는 2, 2, 3과

2. 역시 모두 소수로 되어 있으므로 방정식을 멱근으로 풀 수 있다는 것이 갈루아의 판정이다.

'순열의 개수'가 소수 p일 때 그 군은 $\{1, \Omega, \Omega^2, \cdots, \Omega^{p-1}\}$라는 순회군이 된다는 것을 증명할 수 있다. 이때 이 군에서 불변이 되는 해의 조합을 만들려면 더하거나 빼거나 한 것을 p제곱하면 된다. 그리고 이것을 반대로 되돌리려면 p제곱근을 계산하면 된다. 해의 치환이 이러한 군으로 분해될 때는 방정식을 멱근으로 풀 수 있다는 것이다.

그런데 5차방정식일 때는 대칭군 S_5의 '이들 군'이란 정20면체군 I와 $\{1, \varLambda\}$가 된다. I에는 60가지 경우의 회전이 있으며 60은 소수가 아니다. '순열의 개수'가 소수가 아니므로 갈루아가 마지막 편지에 적어 놓은 판정조건을 적용하면 5차방정식은 멱근으로 풀 수 없다는 것을 알 수 있다.

식의 어려움과 형태의 아름다움

여기서는 일반적인 형태의 n차 방정식을 생각했지만, 갈루아의 방법은 특별한 방정식에도 적용할 수 있다. 예를 들면

$$x^5 - 15x^4 + 85x^3 - 225x^2 + 274x - 120 = 0$$

은 5차방정식이지만 5개의 정수해 $x = 1, 2, 3, 4, 5$를 가진다. 또 n차 방정식

$$x^n = 1$$

의 해는 n이 어떠한 자연수일 경우에도 모두 자연수의 멱근으로 나타낼 수 있다. 이러한 방정식의 성질을 나타내기 위해서는 대칭군보다 일반적인 '갈루아군'이라는 것을 사용한다.

갈루아군이 어떠한 것인가에 대해 여기서는 설명하지 않지만, 간단히 말하면 방정식 하나하나에 대응하여 정해지는 군이다. 일반적인 n차 방정식의 갈루아군은 n차의 대칭군이 되지만, 특별한 형태의 방정식에서는 갈루아군이 작아지는 예도 있다.

갈루아군은 식의 풀기 어려움을 나타내고 있다. 예를 들면 1차방정식

$$ax + b = 0$$

에는 해가 하나밖에 없으므로 치환도 하나의 해를 자신의 값으로 할 수밖에 없다. 이때 갈루아군은 {1}이 된다. 1차방정식은 간단한 식이므로 그것에 대응하는 갈루아군도 간단하다.

일반적인 2차방정식

$$x^2 + ax + b = 0$$

에서 갈루아군은 $S_2 = \{1, \Gamma\}$. 이때는 Γ라는 치환이 있으므로, 해를 a와 b의 가감승제만으로 나타낼 수 없고 제곱근이 필요하게 된다.

방정식의 차수가 높아지면 갈루아군도 커진다. 일반적인 5차방정

식에서 갈루아군은 S_5로 그중에 정20면체군이 포함돼 있으므로, 5차방정식은 멱근만으로는 풀 수 없다.

　그러나, 특별한 형태의 방정식에서는 갈루아군이 작아지는 예도 있다. 예를 들면 앞서 등장했던 5차방정식

$$x^5 - 15x^4 + 85x^3 - 225x^2 + 274x - 120 = 0$$

의 갈루아군은 1차방정식과 같이 {1}이다.

　또

$$x^3 = 1, x^5 = 1, x^{17} = 1, x^{257} = 1, x^{65537} = 1$$

등의 방정식에서는 갈루아군이 {1, Λ} ($\Lambda^2 = 1$)와 같이 군이 포개지는 형태로 되어 있다. 이것은 방정식의 차수가 $n = 2^{2^k} + 1$이라는 형태의 소수로 되어 있는 것을 이용하면 증명할 수 있다. 이때는 방정식의 해를 더하고 빼고 제곱하는 조작을 반복하기만 하면 방정식의 계수(지금의 경우에는 1과 −1)로 나타낼 수 있기 때문이다. 그래서 이것을 반대로 되돌리면 방정식의 해를 모두 제곱근으로 나타낼 수 있게 된다. 방정식 $x^n = 1$의 n개의 해를 가우스 평면상에 점으로 나타내보면 정n각형의 꼭짓점이 된다. 제곱근이면 자와 컴퍼스로 작도할 수 있으므로 정삼각형, 정5각형, 정17각형, 정257각형, 정65537각형을 작도할 수 있다는 것도 알 수 있다.

　한편, 일반적인 자연수 n에 관한 방정식 $x^n = 1$의 갈루아군에는 {1, Λ}뿐만 아니라 다양한 소수 p에 대하여 {1, Ω, Ω^2, $\cdots$, Ω^{p-1}}이

란 군이 포개지는 형태로 되어 있다. 이와 같은 방정식은 제곱근만으로는 풀 수 없지만, 일반적인 멱근을 사용하면 풀 수 있다.

어려운 방정식을 풀기 위해서는 사용하는 수의 범위를 넓힐 필요가 있다. 정수 계수의 1차방정식이라면 분수를 사용하여 풀 수 있다. 2차방정식을 풀기 위해서는 정수의 제곱근이, 3차방정식에서는 세제곱근이 필요하게 된다. 그리고 5차 이상이 되는 방정식에서는 멱근으로 나타낼 수 없는 수가 등장한다. 일반적인 5차방정식의 해는 멱근으로는 나타낼 수 없지만, 타원 모듈러 함수라는 것을 사용하면 나타낼 수 있다.

갈루아군은 방정식을 풀기 위해 어떤 수가 필요한지를 알려준다. 단순하게 '5차방정식이 어렵다'라는 것이 아니라 '방정식의 어려움이란 무엇인가'를 묻고 이것에 본질적인 해답을 준 것이 갈루아였다.

갈루아가 창시한 '군'이라는 사고방식은 수학의 다양한 분야에서 사용되었다. 앞에서 정다각형의 대칭성을 군으로 설명했지만, 이러한 것을 생각할 수 있게 된 것도 갈루아 이후의 일이다. 정20면체군도 기하학 도형의 대칭성을 나타내고 있다. 내게는 평면에 그려진 정다각형보다 입체적인 정20면체가 더 아름답게 보이지만, 이것은 대칭성을 나타내는 군이 더욱 복잡하게 이루어져 있기 때문이라고 생각한다. 이 경우에는 군의 복잡성이 기하학 도형의 아름다움을 나타내고 있다고 할 수 있다.

2003년에 러시아 수학자 그리고리 페렐만이 증명하여 화제가 되었던 '푸앵카레 추측'은 도형의 복잡함을 군으로 나타내는 방법과 관계가 있다. 20세기 초에 프랑스 수학자 앙리 푸앵카레는 갈루아군의 사고방식을 기하학에 응용하는 것을 생각했다. 그리고 다양한 형태의 공간의 복잡성을 나타내기 위해서 '기본군'이라는 군을 제안하였다. 푸앵카레는 기본군이 가장 간단한 {1}이 되는 공간은 3차원에서는 한 종류밖에 없다고 생각했지만 증명할 수는 없었다. 이 추측은 공간의 차원이 2차원일 때는 맞다고 옛날부터 알려져 있었지만, 5차원 이상일 때는 스티븐 스메일이 1961년에 증명하여 필즈상을 받고 4차원일 때는 마이클 프리드먼이 1982년에 증명하여 필즈상을 받았다. 페렐만은 마지막으로 남은 3차원일 때 이 추측을 증명하였다(21년 주기로 증명이 밝혀진 것은 우연이겠지만). 페렐만에게도 2006년에 필즈상이 수여되어 국제수학자연합의 존 볼 회장이 상트페테르부르크까지 만나러 와서 받도록 설득했지만 그는 상을 거절해버렸다.

갈루아 이래 수학의 세계에서 발전해 온 '군'의 사고방식은 20세기가 되면서 과학의 다양한 분야에서도 응용되었다. 예를 들면 아인슈타인은 물리법칙이 대칭성을 가져야 한다는 원리를 바탕으로 특수 상대성 이론이나 일반 상대성 이론을 구축했다. 화학이나 재료과학에서도 군의 사고방식을 이용하여 분자나 결정의 구조를 분류한다. 내가 연구하는 소립자론에서도 소립자와 그들 사이의 힘을 이해하는 데 군은 없어서는 안 될 개념이다.

이처럼 갈루아가 '방정식의 어려움이란 무엇인가'를 파고들어 생각하던 중에 탄생한 '군'이라는 사고방식은 과학이나 기술의 발전에 커다란 공헌을 하고 있다.

또 하나의 혼을 얻다

이 책에서는 21세기에 의미 있는 인생을 보내는 데 필요한 수학에 관해 이야기하였다. 리스크를 판단하기 위한 확률이나 큰 수를 추측하는 방법 등 일상생활에서도 바로 도움이 될 것 같은 주제도 있었지만, 이번 장의 주제처럼 '방정식을 멱근으로 풀 수 있는가'와 같이 순수한 지적 흥미를 유발하는 문제도 있었다.

2차방정식의 해의 공식처럼 일상생활에서 사용할 기회가 적은 수학은 의무교육으로 가르칠 필요가 없다고 생각하는 사람도 있어서 실제로 유토리 교육이 추진되었을 때 해의 공식은 중학교의 학습지도요령에서 빠져 있었다. 그러나 '도움이 안 되는 수학'도 공부할 가치가 있다. 수학에는 언어를 배운다는 측면이 있기 때문이다.

호주 북동부에 포름푸로라는 원주민이 살고 있는데 이 사람들이 사용하는 언어에는 '오른쪽'이나 '왼쪽'이라는 단어가 없다고 한다. 그 대신 장소를 가리킬 때는 항상 동서남북을 사용한다. 예를 들면 '당신의 북쪽 다리에 개미가 붙어 있어요!'라는 식이다. 그래서 포름푸로족 사람들은 항상 동서남북에 신경을 쓰기 때문에 방향감각이 아주 뛰어나 결코 길을 잃어버리는 일이 없다고 한다.

일본어와 영어에도 여러 가지 다른 점이 있다. 예를 들면 영어 문장에는 반드시 주어가 있지만, 일본어에는 주어가 없는 문장이 허용된다. '어제 뭐했어?' '영화를 보러 갔습니다.'와 같은 대화가 무리 없이 성립하지만 두 문장 다 주어가 없다.

스탠퍼드 대학의 심리학 연구실에서 최근 다음과 같은 실험을 했다. 일본어를 하는 사람과 영어를 하는 사람에게 각각 비디오를 보여주었다. 비디오에는 등장인물이 꽃병을 깨거나 우유를 흘리는 장면이 나온다. 이 비디오를 보여준 후에 '누가 꽃병을 깨뜨렸는가?'라고 물어봤다. 그러자 일본어를 하는 사람도 영어를 하는 사람도 비디오 속 등장인물이 꽃병을 일부러 깼을 때는 그 사람을 확실히 기억하고 있었다. 그런데 꽃병이 우연히 깨졌을 때는 일본어를 하는 사람은 누가 꽃병을 깼는지 잘 기억하지 못했다고 한다. 이것은 본 것을 말로 표현할 때 주어를 사용하지 않기 때문이라고 생각할 수 있다.

반대로 일본어가 더 잘하는 표현도 있다. 예를 들면 일본어에는 '나'와 '당신'을 표현하는 단어가 많다. 존댓말이나 존경어도 발달했다. 그 때문에 일본어를 사용할 때는 상대와의 관계를 잘 생각해서 얘기하게 된다.

이렇게 어떤 언어를 사용하는가는 우리가 주위에서 일어나는 일들을 어떻게 느끼는가, 또 그것에 대해 어떻게 생각하는가에 크나큰 영향을 준다.

고대 로마 제국이 멸망한 뒤 유럽을 다시 통일한 샤를 대제는 "다른 언어를 배우는 것은 또 하나의 영혼을 얻는 것이다."라고 말했다고 한다. 우리들의 사고방식은 말에 지배되므로 외국어를 습득하는 것은 새로운 사고방식을 배우는 것이 된다는 뜻이다.

수학은 기본원리로 되돌아가서 사물을 가능한 한 정확하게 표현하기 위해 만들어진 말이다. 제6장에서 인용했던 데카르트의 《방법서설》과 같이 "완전한 열거와 광범위한 재검토를 한다". '예상 밖이었다'와 같은 것은 허용되지 않는다. 또 "단순한 것에서 복잡한 것으로 순서를 따라서 사고를 유도한다." 애매한 표현을 용납하지 않고 "명확한 증명을 통해서 진리라고 인정되지 않으면 참이라고 인정할 수 없다."

수학을 공부하는 것은 우리 삶에 바로 도움이 되는 방법을 배우는 것뿐만 아니라 이러한 사고방식을 단련하는 것이기도 하다고 생각한다. 제2장의 앞부분에서도 인용한 일론 머스크의 말처럼 "진정한 의미의 혁신을 일으키려면 기본원리부터 접근할 필요가 있다. 어떤 분야라도 그 분야의 가장 기본적인 진리를 찾아내고 거기에서부터 다시 생각하지 않으면 안 된다."

물론 이러한 방법으로 할 수 없는 일도 있다. 일본의 근대 평론을 확립하여 현대 일본인의 사고방식에 커다란 영향을 끼친 고바야시 히데오는 자신의 대표작 중 하나인 《무상이라는 것》 첫머리에 나오는 글 '다에마(当麻)'에서 "아름다운 '꽃'이 있을 뿐, '꽃'의 아름다움이라고 할 만한 것은 없다."라고 적고 있다. 즉 아름다움이라는 것은 구체적인 것이어서 추상적인 개념으로 이해할 수 있는 대상이 아니라고 말하는 것이리라.

수학에서 언급하는 대상은 한정돼 있다. 그러나 그 한정된 대상 속에는 드넓고 풍요로운 세계가 있다. 팔짱을 낀 채로 "어려운 '방정식'이 있을 뿐, '방정식'의 어려움이라는 말은 없다"라고 중얼거리고는 거기서 사고를 멈춰버리는 것이 아니라 그 '어려움'을 어떻게든 수학으로 표현하려고 한 결과 '군'이라는 말을 만들어낸 것이 갈루아였다. 그리고 이 '군'이 수학의 새로운 대지를 여는 열쇠가 되었다.

수학은 발전 과정에 있는 언어다. 과학의 최첨단에서는 최신 과학 지식을 표현하기 위해서 지금도 새로운 수학이 계속 생겨나고 있다. 내가 소속되어 있는 카블리 연구소에서도 수학자와 물리학자가 새로운 수학을 만들며 우주의 수수께끼를 해명하는 데 몰두하고 있다.

이제껏 말할 수 없었던 것을 말하고 풀 수 없었던 문제를 풀기 위해서 새로운 말을 만든다. 이것은 인간의 지식활동 중에서 가장 훌륭한 것 중 하나일 것이다. 이 책에서는 고대 바빌로니아와 그리스 시대부터 중국과 아라비아 문명의 황금기, 중세 유럽에서부터 르네상스의 과학혁명, 에도시대의 일본 수학, 프랑스 혁명과 독일 근대대학 제도를 거쳐서 현대에 이르기까지 인류가 몇천 년에 걸쳐서 만들어온 수학의 다양한 면면을 보아왔다. 이러한 활동을 접함으로써 '또 하나의 영혼을 얻는' 것도 수학을 배우는 중요한 의의라고 생각한다.

| 후기 |

딸아이는 캘리포니아에서 태어나고 자랐습니다. 현지 학교에서 의무 교육을 받았는데, 일본어 보습학교에서 일본식 학교생활도 체험했습니다. 딸이 보습학교 초등부를 졸업할 때 저는 사은회에서 학부모의 한 사람으로서 스피치를 했습니다. 지도해주신 선생님께 감사드리고, 일본어와 영어 2개 국어를 말할 수 있는 사람으로 성장하는 것은 사물을 보다 폭넓게 그리고 깊게 생각할 수 있는 일이라는 이야기를 했습니다. 그리고 수학도 언어의 하나라고 말했습니다. "일본어와 영어 2개 언어를 말할 수 있는 여러분이 수학도 공부한다면 3개 국어를 쓸 수 있는 사람으로 활약할 수 있을 것으로 기대됩니다."라는 것으로 끝을 맺었습니다. 나의 블로그에서 이 스피치의 원고를 본 겐토샤(幻冬舍)의 고기타 준코(小木田順子) 씨로부터 '이 이야기의 속편과 같은 수학책'을 제안 받았고, 이것이 이 책의 집필 계기가 되었습니다.

　마침 겐토샤가 웹사이트를 시작하는 시기라서 9개월간 격주로 수학칼럼을 연재했습니다. 내 칼럼 외에는 모두 부드러운 기사인지라, 마치 화사한 파티에 딱딱한 교복을 입고 온 느낌이었습니다만 기사가 올라가면 매번 '인기기사 랭킹'의 탑을 차지했고 그 해의 '가장 반응이 많았던 기사'의 하나로 선정되는 등 많은 사람들의 사랑을 받았습니다. 웹사이트의 독자에게 수학의 즐거움과 훌륭함을 전하고자 한 것으로 기사의 내용도 연마되어 갔습니다.

연재할 때는 원고를 LaTeX 구문으로 쓰고, JavaScript 라이브러리의 MathJax를 사용해서 독자의 웹브라우저 위에 수식을 표시했습니다. 이때, 겐토샤의 웹 담당자 야규 신이치(柳生眞一) 씨로부터 많은 도움을 받았습니다.

연재분을 단행본으로 출판하기 위해서 전체 스토리를 다시 생각하고, 주제를 취사선택한 다음 설명하는 방법도 모두 다시 고쳤습니다. 또한 수학 각 분야의 연구자들께 검토를 요청해서 비판도 받았습니다. 특히 오사카 대학의 다니구치 다카시(谷口隆) 씨, 러시아 국립 경제고등학원의 다케베 쇼지(武部尚志) 씨로부터 많은 중요한 코멘트를 얻었습니다.

또한 제5장 '무한세계와 불완전성 정리'에 대해서는, 수리논리학 전문가로부터 몇 가지 지적을 받았습니다. 특히 나라 여자대학의 가모 히로야스(鴨浩靖) 씨로부터는 꼼꼼한 조언을 받았습니다.

이런 의견 덕분에 보다 좋은 원고가 완성되었습니다. 감사합니다. 물론 원고 내용에 대해서는 저에게 모든 책임이 있습니다. 용어에 대해서는, 원칙적으로 중학교나 고등학교 교과서에 따랐으므로 전문분야 학술용어 사용법과는 다른 경우가 있을 수도 있습니다.

고기타 씨는 겐토샤 신서《중력이란 무엇인가》와《강한 힘과 약한 힘》의 편집을 담당한 '과학 아웃리치' 코치입니다. 이 책을 만드는 데도 수학 내용을 잘 파악하고 화제의 선택이나 난이도 조절에 유익

한 조언을 해주었습니다.

제가 수학 칼럼을 연재했을 때 딸아이는 고등학교 입시생이었습니다. 지금은 제1지망이었던 뉴잉글랜드 기숙학교에 합격해서 작년 가을부터 기숙사생활을 하고 있습니다. 이 책은 집을 떠나는 딸에게 뭔가 전해주고 싶다는 마음으로 기술했습니다.

수학과 민주주의는 둘 다 고대 그리스에서 탄생했습니다. 수학은 종교와 권위에 의존하지 않고 만인에게 받아들여진 이론만을 사용해서 진실을 찾아가는 방법입니다. 위에서 강요하는 결론을 받아들이는 것이 아니라 한 사람 한 사람이 자신의 머리로 자유롭게 생각하고 판단합니다. 이런 자세는 민주주의가 건전하게 기능하기 위해서도 필요합니다. 수학과 민주주의가 거의 동시대에 같은 장소에서 등장한 것은 우연이 아니라고 생각합니다.

경제협력개발기구(OECD)가 행하고 있는 15세 청소년 대상 학력 국제비교(PISA)에서도 '수학적 문해'란 '수학이 세계에 미치는 역할을 인식하고, 건설적이고 적극적이고 사려 깊은 시민에게 필요한 확고한 기초에 뿌리를 내린 판단과 결정을 하는 데 도움이 되는 지식'으로 정의하고 있습니다.

인터넷에 의해 세계의 지식이 순식간에 손에 들어오게 되었습니다. 정보의 홍수에 밀려 떠내려가지 않고 본질을 파악하고 새로운 가치를 창조하기 위해서는 스스로 생각하는 힘이 여느 때보다 중요해졌습니다. 이 책에서 소개하는 수학의 언어가 이것을 위한 힌트가 된다면 좋겠습니다.

2015년 봄

오구리 히로시

옮긴이

서혜숙

서울대학교 수학교육과를 졸업하고 일본 쓰꾸바대학교에서 수학교육학으로 석박사 과정을 수료했다. 현재 마곡중학교에서 수학을 가르치고 있다.

고선윤

서울대학교 동양사학과를 졸업하고 한국외국어대학교 일어일문학과에서 박사 학위를 받았다. 현재 백석예술 대학교 외국어학부에서 학생들을 가르치고 있다. 저서로는《토끼가 새라고?》와《헤이안의 사랑과 풍류》가 있으며,《수학 올림피아드 수재들의 풀이 비법》,《3일 만에 읽는 수학의 원리》등의 책을 우리말로 옮겼다.

수학의 언어로 세상을 본다면

초판 1쇄 발행 | 2017년 6월 9일
개정 1쇄 발행 | 2024년 11월 25일

지은이   오구리 히로시
옮긴이   서혜숙·고선윤
책임편집   박선진
디자인   김수미

펴낸곳   (주)바다출판사
주소   서울시 마포구 성지1길 30 3층
전화   02-322-3885(편집), 02-322-3575(마케팅)
팩스   02-322-3858
이메일   badabooks@daum.net
홈페이지   www.badabooks.co.kr

ISBN   979-11-6689-310-0 03410